기적의 문제 해결법

초등 3-1

길벗스쿨

유형 탄생의 비밀을 알면

최상위 수학문제도 만만해!

최상위 수학학습, 사고하는 과정이 중요하다!

수학은 문제를 해결하는 힘을 기르는 학문이에요. 선행보다는 심화가 실력 향상에 더 도움이 됩니다.

개념 이해를 확인하는 기본 수학문제는 보는 순간 쉽게 풀어 정답을 구할 수 있습니다.
이때는 문제가 비교적 단순해서 깊은 사고가 필요하지 않습니다.
그렇다면 어려운 수학문제는 어떨까요?
'도대체 무엇을 구하라는 것이지? 어떤 방법으로 풀어야 하지?' 등 문제를 이해하는 것부터 어떤 개념을 적용하여 어떤 순서로 해결할지 여러 가지 생각을 하게 됩니다.
만약 답이 틀렸다면 문제를 다시 읽고, 왜 틀렸는지 생각하고, 옳은 답을 구하기 위해 다시 계획하고 실행하는 사고 과정을 반복하게 됩니다. 이처럼 어려운 문제를 해결하기 위해 논리적으로 사고하는 과정 속에서 수학적 사고력과 문제해결력이 향상됩니다. 이것이 바로 최상위 수학학습을 해야 하는 이유입니다.

최상위 수학학습, 초등에서는 달라야 한다!

초등학생은 아직 추상적 개념에 대한 논리적 사고력이 부족하므로 중고등학생과는 다른 학습설계가 필요합니다.

어려운 수학문제를 논리적으로 생각해서 풀기란 쉽지 않습니다.
논리적 사고가 완전히 발달하지 못한 초등학생에게는 더더욱 힘든 일입니다.
피아제의 인지발달 단계에 따르면 추상적인 개념에 대한 논리적이고 체계적인 사고는 11세 이후 발달하며, 그 이전에는 자신이 직접 경험한 구체적 경험 중심의 직관적, 논리적 조작사고가 이루어집니다.
이에 초등학생의 최상위 수학학습은 중고등학생과는 달라야 합니다.
초등학생의 심화학습은 학생의 인지발달 단계에 맞게 구체적 경험을 통해 논리적으로 조작하는 사고 방법을 익히는 것에 중점을 두어야 합니다.
그래야만 학년이 올라감에 따라 체계적, 논리적 사고를 활용하여 학습할 수 있습니다.

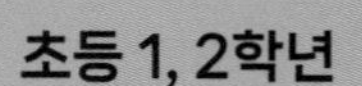 초등 1, 2학년	• 암기력이 가장 좋은 시기 • 구구단과 같은 암기 위주의 단순반복 학습, 개념을 확장하는 선행심화 학습 • 호기심이나 상상을 촉진하는 다양한 활동을 통한 경험심화 학습
초등 3, 4학년	• 구체적 사물들 간의 관계성을 통하여 사고를 확대해 나가는 시기 • 배운 개념이 다른 개념으로 어떻게 확장, 응용되는지 구체적인 문제들을 통해 인지하고, 그 사이의 인과관계를 유추하는 응용심화 학습
초등 5, 6학년	• 추상적, 논리적 사고가 시작되는 시기 • 공부의 양보다는 생각의 깊이를 더해 주는 사고심화 학습

유형 탄생의 비밀을 알면 해결전략이 보인다!

중고등학생은 다양한 문제를 학습하면서 스스로 조직화하고 정교화할 수 있지만
초등학생은 아직 논리적 사고가 미약하기에 스스로 조직화하며 학습하기가 어렵습니다.
그러므로 최상위 수학학습을 시작할 때 무작정 다양한 문제를 풀기보다 어려운 문제들을 관련 있는 것끼리 묶어 함께 학습하는 것이 효과적입니다. 문제와 문제가 어떻게 유기적으로 연결, 발전되는지 파악하고, 그에 따라 해결전략은 어떻게 바뀌는지 구체적으로 비교하며 학습하는 것이 좋습니다.
그래야 문제를 이해하기 쉽고, 비슷한 문제에 응용하기도 쉽습니다.

⊙ 최상위 수학문제를 조직화하는 3가지 원리 ⊙

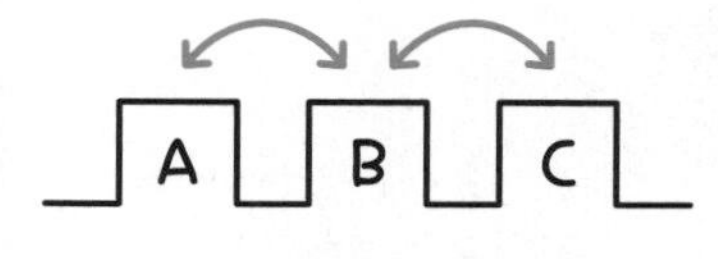

해결전략이나 문제형태가
비슷해 보이는 유형

1. 비교설계

비슷해 보이지만 다른 해결전략을 적용해야 하는 경우와 똑같은 해결전략을 활용하지만 표현 방식이나 소재가 다른 경우는 함께 비교하며 학습해야 해결전략의 공통점과 차이점을 확실히 알 수 있습니다. 이 유형의 문제들은 서로 혼동하여 틀리기 쉬우므로 문제별 이용되는 해결전략을 꼭 구분하여 기억합니다.

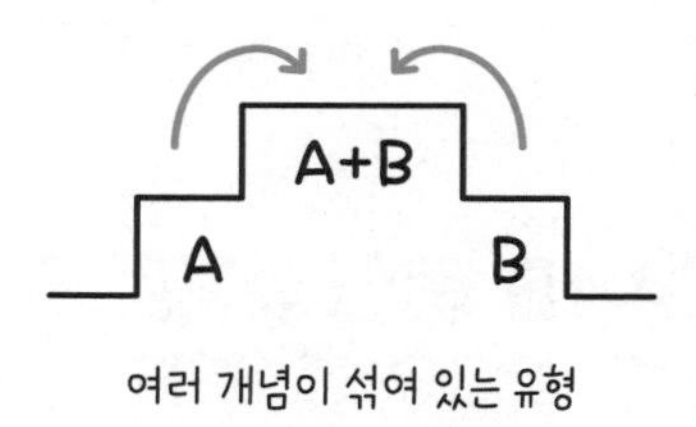

2. 결합설계

수학은 나선형 학습! 한 번 배우고 끝나는 것이 아니라 개념에 개념을 더하며 확장해 나갑니다. 문제도 여러 개념을 섞어 종합적으로 확인하는 최상위 문제가 있습니다. 각각의 개념을 먼저 명확히 알고 있어야 여러 개념이 결합된 문제를 해결할 수 있습니다. 이에 각각의 개념을 확인하는 문제를 먼저 학습한 다음, 결합 문제를 풀면서 어떤 개념을 먼저 적용하는지 해결순서에 주의하며 학습합니다.

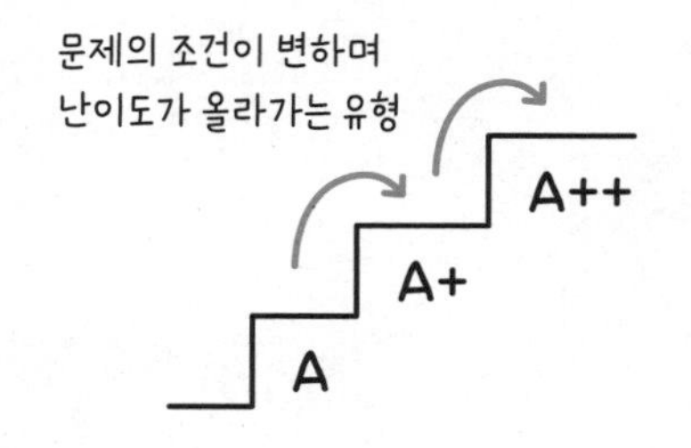

3. 심화설계

어려운 문제는 기본 문제에서 조건을 하나씩 추가하거나 낯설게 변형하여 만듭니다. 이때 문제의 조건이 바뀜에 따라 해결전략, 풀이 과정이 알고 있는 것과 어떻게 달라지는지를 비교하면서 학습하면 문제 이해도 빠르고, 해결도 쉽습니다. 나아가 더 어려운 문제가 주어졌을 때 어떻게 적용할지 알 수 있어 문제해결력을 키울 수 있습니다.

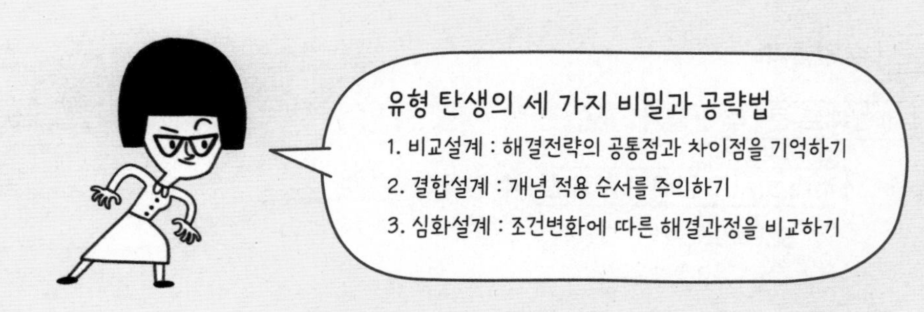

해결전략과 문제해결과정을 쉽게 익히는

기적의 문제해결법 학습설계

기적의 문제해결법은 최상위 수학문제를 출제 원리에 따라 분리 설계하여 문제와 문제가 어떻게 유기적으로 연결, 발전되는지, 그에 따른 해결전략은 어떻게 달라지는지 구체적으로 비교 학습할 수 있도록 구성되어 있습니다.

1 해결전략의 공통점과 차이점을 비교할 수 있는 'ABC 비교설계'

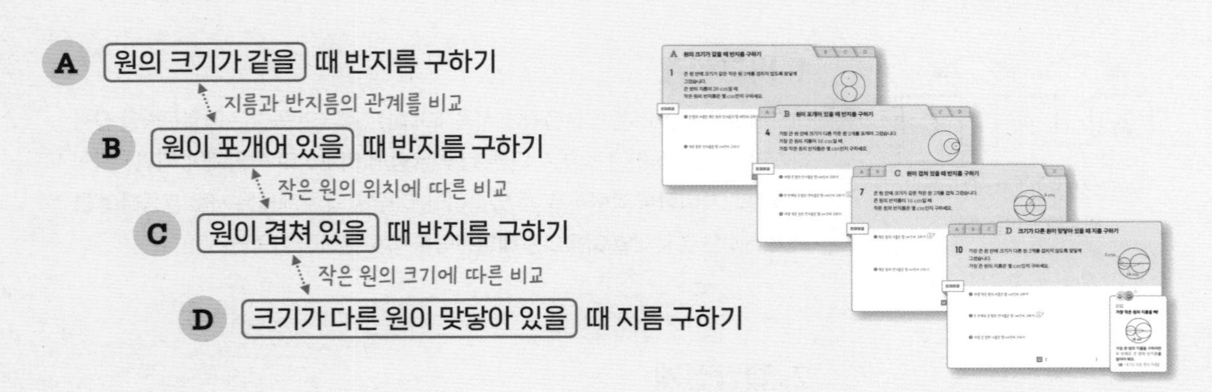

2 각 개념을 먼저 학습 후 결합문제를 해결하는 'A+B 결합설계'

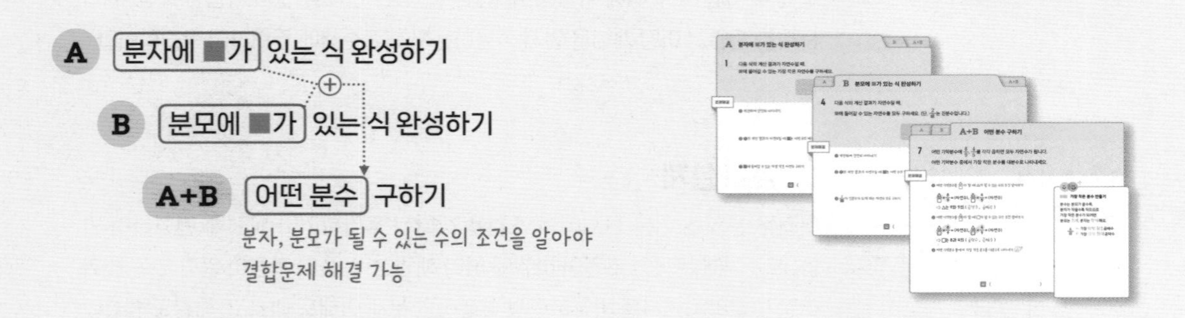

3 조건 변화에 따른 풀이의 변화를 파악할 수 있는 'A++ 심화설계'

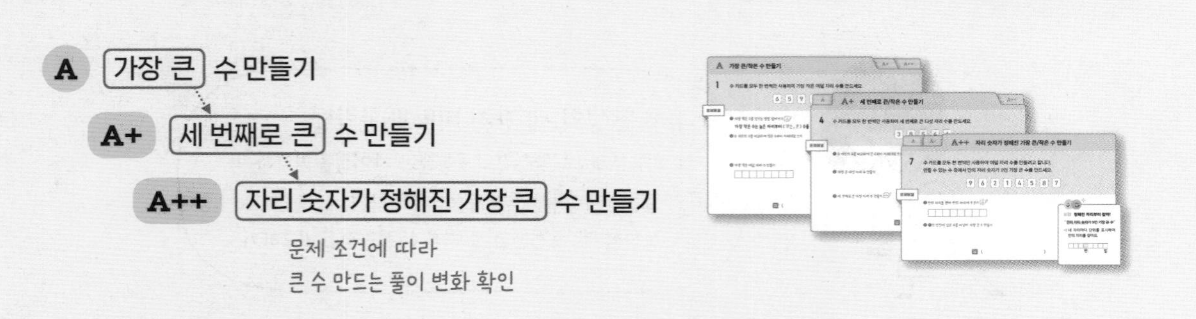

수학적 문제해결력을 키우는

기적의 문제해결법 구성

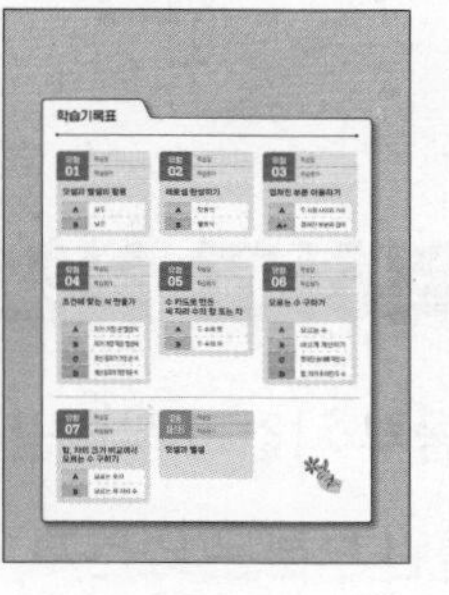

언제, 얼마나 공부할지 스스로 계획하고, 학습 후 기억에 남는 내용을 기록하며 스스로 평가합니다. 이때, 내일 다시 도전할 문제, 한 번 더 풀어 볼 문제, 비슷한 문제를 찾아 더 풀어 보기 등 구체적으로 나의 학습 상태를 기록하는 것이 좋습니다.

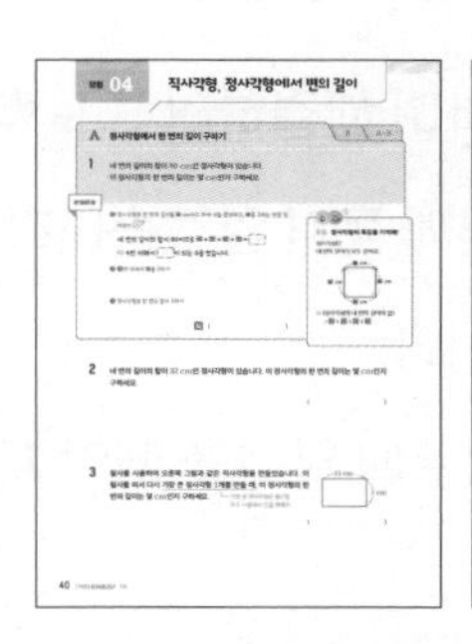

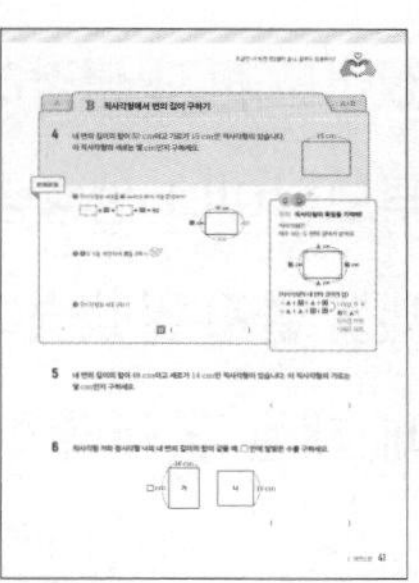

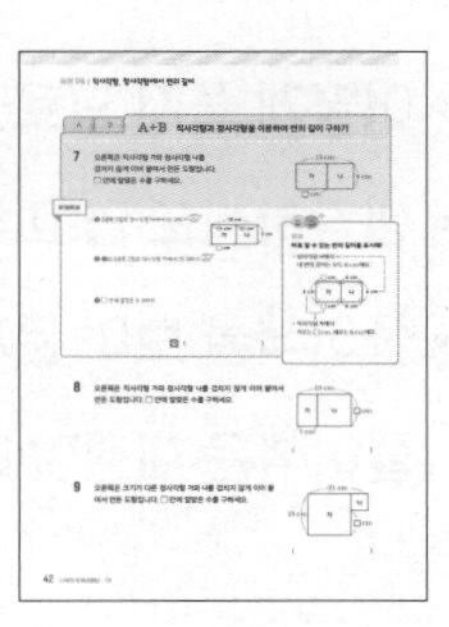

학기별 대표 최상위 수학문제 40여 가지를 엄선!

다양한 변형 문제들을 3가지 원리에 따라 조직화하여

해결전략과 해결과정을 비교하면서 학습할 수 있습니다.

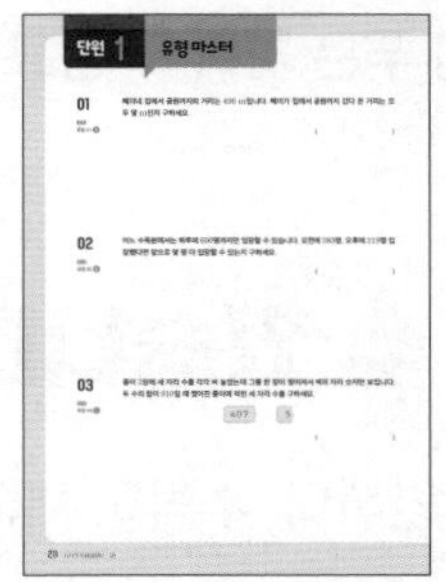

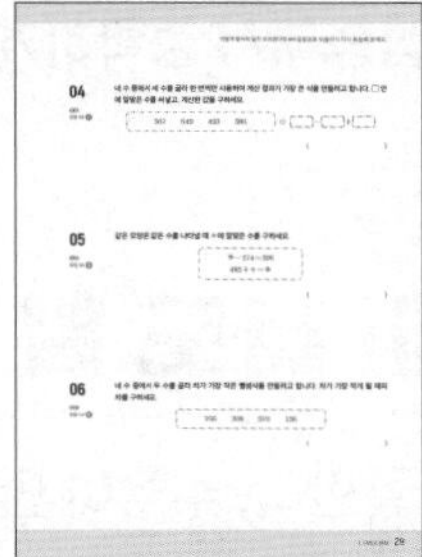

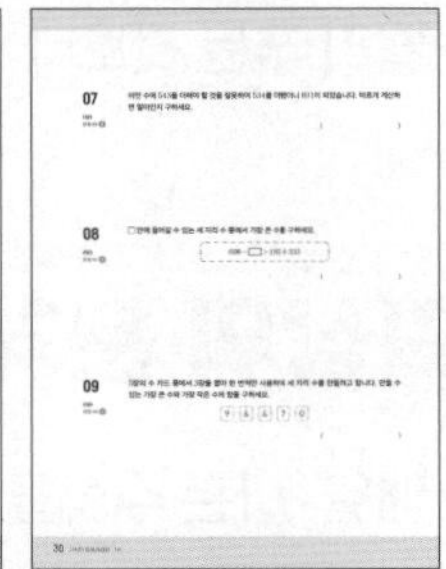

정답을 맞히는 것도 중요하지만, 어떻게 이해하고 논리적으로 사고하는지가 더 중요합니다. 정답뿐만 아니라 해결과정에 오류나 허점은 없는지 꼼꼼하게 확인하고, 이해되지 않는 문제는 관련 유형으로 돌아가서 재점검하여 이해도를 높입니다.

이름

의 **공부 다짐**

나 ______ 은(는) 「기적의 문제해결법」을 공부할 때

스스로 계획하고 실천하겠습니다.

- 언제, 얼마만큼(공부 시간과 학습량) 공부할 것인지 나에게 맞게, 내가 정하겠습니다.
- 채점을 하면서 틀린 부분은 없는지, 틀렸다면 왜 틀렸는지도 살펴보겠습니다.
- 오늘 공부를 반성하며 다음에 더 필요한 공부도 계획하겠습니다.

일단, 내 힘으로 풀어 보겠습니다.

- 어떻게 풀지 모르겠어도 혼자 생각하며 해결하려고 노력하겠습니다.
- 생각하지도 않고 부모님이나 선생님께 묻지 않겠습니다.
- 풀이책을 보며 문제를 풀지 않겠습니다.
  풀이책은 채점할 때, 채점 후 왜 틀렸는지 알아볼 때만 사용하겠습니다.

딱! 집중하겠습니다.

- 딴짓하지 않고, 문제를 해결하는 것에만 딱! 집중하겠습니다.
- 목표로 한 양(또는 시간)을 다 풀 때까지 책상에서 일어나지 않겠습니다.
- 빨리 푸는 것보다 집중해서 정확하게 푸는 것이 더 중요함을 기억하겠습니다.

최상위 문제! 나도 할 수 있습니다.

- 매일 '나는 수학을 잘한다, 수학이 만만하다, 수학이 재미있다'라고 생각하겠습니다.
- 모르니까 공부하는 것! 많이 틀렸어도 절대로 실망하거나 자신감을 잃지 않겠습니다.
- 어려워도 포기하지 않고 계속! 도전하겠습니다.

차례

덧셈과 뺄셈

학습계열표

2-1 **3. 덧셈과 뺄셈**
- 두 자리 수의 덧셈
- 두 자리 수의 뺄셈

3-1 **1. 덧셈과 뺄셈**
- 세 자리 수의 덧셈
- 세 자리 수의 뺄셈

4-2 **1. 분수의 덧셈과 뺄셈**
- 분모가 같은 분수의 덧셈과 뺄셈

4-2 **3. 소수의 덧셈과 뺄셈**
- 소수의 덧셈과 뺄셈

학습기록표

유형 01 학습일 / 학습평가

덧셈과 뺄셈의 활용

A	모두
B	남은

유형 02 학습일 / 학습평가

세로셈 완성하기

A	덧셈식
B	뺄셈식

유형 03 학습일 / 학습평가

겹쳐진 부분 이용하기

A	두 지점 사이의 거리
A+	겹쳐진 부분의 길이

유형 04 학습일 / 학습평가

조건에 맞는 식 만들기

A	차가 가장 큰 뺄셈식
B	차가 가장 작은 뺄셈식
C	계산 결과가 가장 큰 식
D	계산 결과가 가장 작은 식

유형 05 학습일 / 학습평가

수 카드로 만든 세 자리 수의 합 또는 차

A	두 수의 합
B	두 수의 차

유형 06 학습일 / 학습평가

모르는 수 구하기

A	모르는 수
B	바르게 계산하기
C	찢어진 종이에 적힌 수
D	합, 차가 주어진 두 수

유형 07 학습일 / 학습평가

합, 차의 크기 비교에서 모르는 수 구하기

A	모르는 숫자
B	모르는 세 자리 수

유형 마스터 학습일 / 학습평가

덧셈과 뺄셈

유형 01 덧셈과 뺄셈의 활용

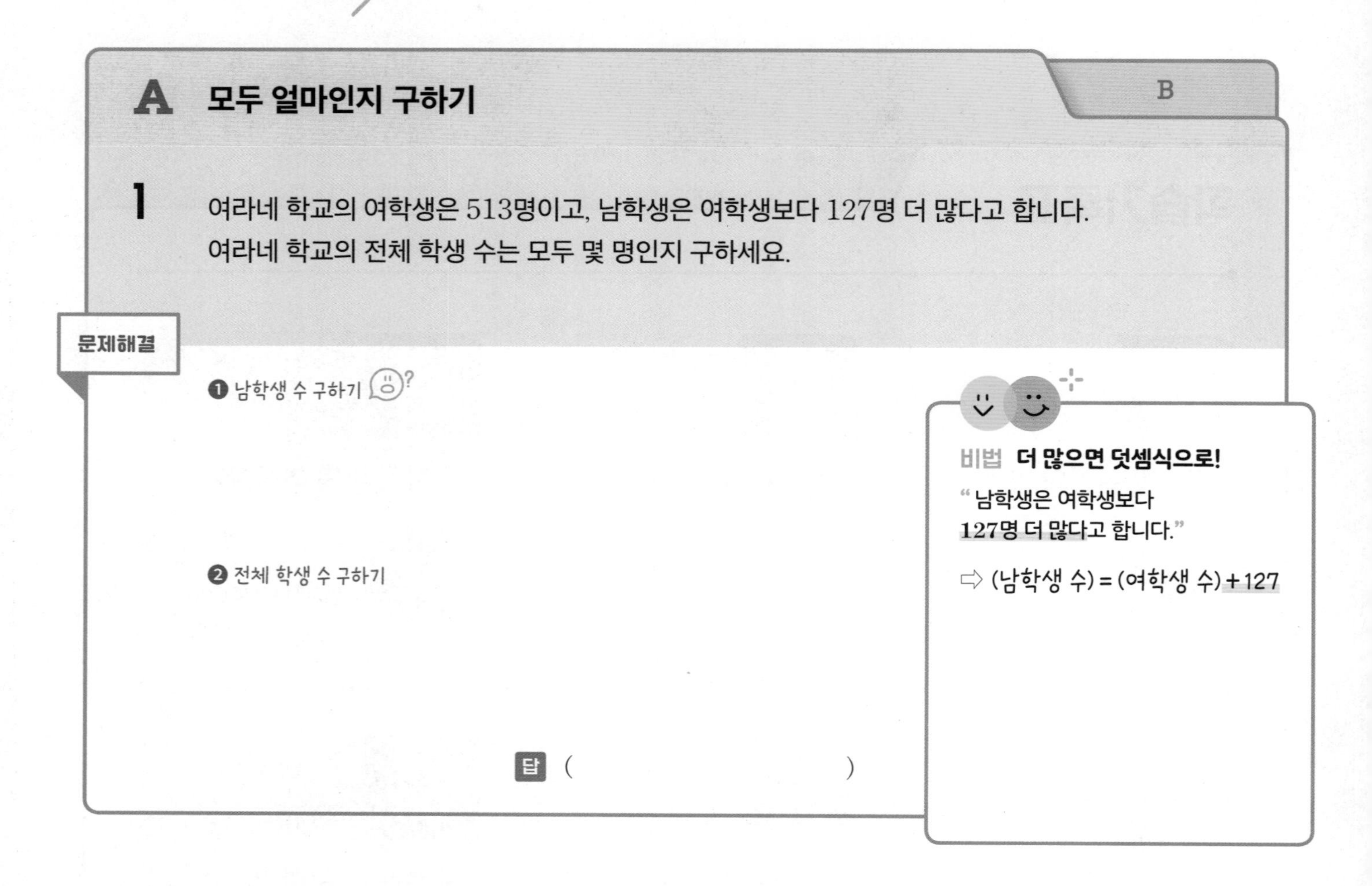

A 모두 얼마인지 구하기

1 여라네 학교의 여학생은 513명이고, 남학생은 여학생보다 127명 더 많다고 합니다. 여라네 학교의 전체 학생 수는 모두 몇 명인지 구하세요.

문제해결

❶ 남학생 수 구하기

❷ 전체 학생 수 구하기

답 (   )

비법 **더 많으면 덧셈식으로!**
"남학생은 여학생보다 127명 더 많다고 합니다."
⇨ (남학생 수) = (여학생 수) + 127

2 선아는 어제 줄넘기를 378번 했고, 오늘은 어제보다 49번 더 적게 했습니다. 선아가 어제와 오늘 줄넘기를 모두 몇 번 했는지 구하세요.

더 적으면 뺄셈식으로 식을 세워요.

(   )

먼저 역사책이 몇 권 있는지 알아봐요.

3 민율이네 학교 도서관에 동화책과 역사책이 있는데 동화책은 역사책보다 280권 더 많습니다. 동화책이 725권 있다면 민율이네 학교 도서관에 있는 동화책과 역사책은 모두 몇 권인지 구하세요.

(   )

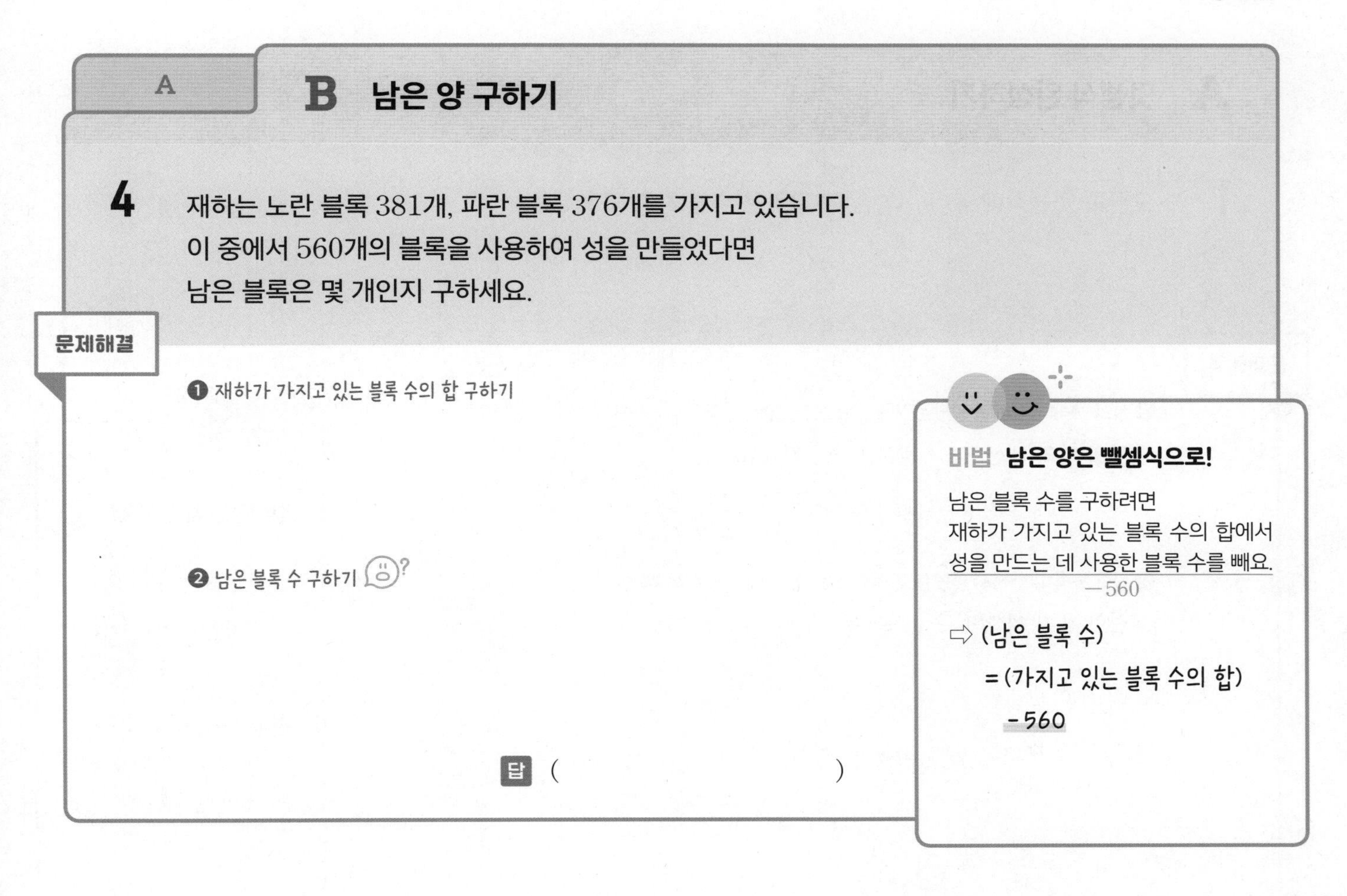

A

B 남은 양 구하기

4 재하는 노란 블록 381개, 파란 블록 376개를 가지고 있습니다.
이 중에서 560개의 블록을 사용하여 성을 만들었다면
남은 블록은 몇 개인지 구하세요.

문제해결

❶ 재하가 가지고 있는 블록 수의 합 구하기

❷ 남은 블록 수 구하기

답 (　　　　　　　　　　)

비법 남은 양은 뺄셈식으로!

남은 블록 수를 구하려면
재하가 가지고 있는 블록 수의 합에서
성을 만드는 데 사용한 블록 수를 빼요.
−560

⇨ (남은 블록 수)
= (가지고 있는 블록 수의 합)
−560

5 채윤이네 가족은 과수원에서 배 368개와 감 542개를 땄습니다. 그중에서 105개를 할머니 댁에 드렸다면 남은 배와 감은 몇 개인지 구하세요.

(　　　　　　　　)

6 길이가 5 m인 철사 중에서 307 cm를 사용했습니다. 남은 철사는 몇 cm인지 구하세요.

(　　　　　　　　)

유형 02

세로셈 완성하기

A 덧셈식 완성하기

B

1 오른쪽 덧셈식에서 ㉠, ㉡, ㉢에 알맞은 수를 각각 구하세요.

	2	㉠	9
+	㉡	4	㉢
1	0	1	3

문제해결

❶ 일의 자리 계산에서 알맞은 것에 ○표 하고, ㉢에 알맞은 수 구하기

일의 자리 계산: (9+㉢=3 , 9+㉢=13)

❷ 십의 자리 계산에서 알맞은 것에 ○표 하고, ㉠에 알맞은 수 구하기

십의 자리 계산: (1+㉠+4=1 , 1+㉠+4=11)

❸ 백의 자리 계산에서 ㉡에 알맞은 수 구하기

답 ㉠ (　　　), ㉡ (　　　), ㉢ (　　　)

비법

받아올림에 주의해!

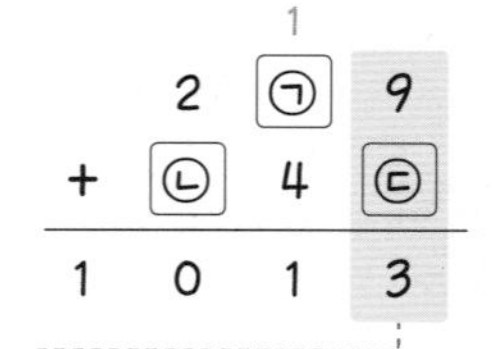

일의 자리 계산에서 9+㉢의 일의 자리 숫자가 3이므로 받아올림이 있어요.

2 오른쪽 덧셈식의 □ 안에 알맞은 수를 써넣으세요.

	6	4	□
+	□	5	7
	9	□	5

3 오른쪽 덧셈식에서 같은 모양은 같은 수를 나타냅니다. ■, ★에 알맞은 수를 각각 구하세요.

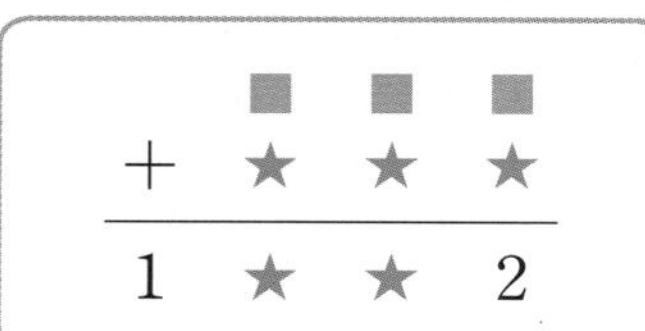

■ (　　　), ★ (　　　)

A

B 뺄셈식 완성하기

4 오른쪽 뺄셈식에서 ㉠, ㉡, ㉢에 알맞은 수를 각각 구하세요.

$$\begin{array}{rccc} & \boxed{㉠} & 5 & 2 \\ - & 1 & 8 & \boxed{㉡} \\ \hline & 7 & \boxed{㉢} & 4 \end{array}$$

문제해결

❶ 일의 자리 계산에서 알맞은 것에 ○표 하고, ㉡에 알맞은 수 구하기

일의 자리 계산: (2 - ㉡ = 4 , 10 + 2 - ㉡ = 4)

❷ 십의 자리 계산에서 ㉢에 알맞은 수 구하기

❸ 백의 자리 계산에서 ㉠에 알맞은 수 구하기

답 ㉠ (　　　　), ㉡ (　　　　), ㉢ (　　　　)

비법
받아내림에 주의해!

$$\begin{array}{rccc} & & 4 & 10 \\ & \boxed{㉠} & \cancel{5} & 2 \\ - & 1 & 8 & \boxed{㉡} \\ \hline & 7 & \boxed{㉢} & 4 \end{array}$$

일의 자리 계산에서 2－㉡이 4에요. 뺀 결과의 수 4가 빼지는 수 2보다 크므로 받아내림이 있어요.

5 오른쪽 뺄셈식의 □ 안에 알맞은 수를 써넣으세요.

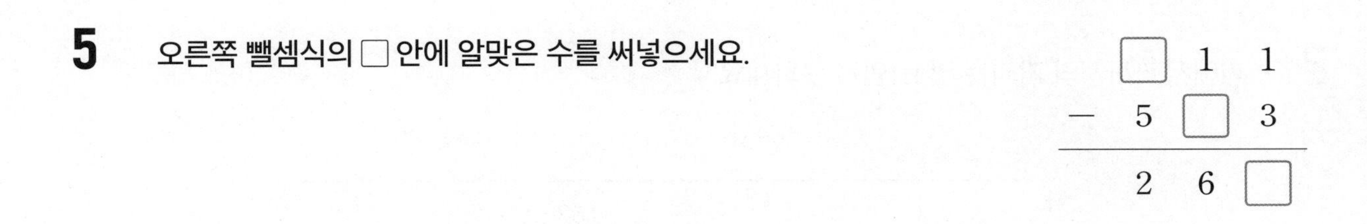

6 오른쪽 뺄셈식에서 같은 기호는 같은 수를 나타냅니다. ㉠, ㉡, ㉢에 알맞은 수를 각각 구하세요.

$$\begin{array}{rccc} & \boxed{㉠} & \boxed{㉡} & 4 \\ - & 2 & \boxed{㉠} & \boxed{㉢} \\ \hline & 4 & 8 & 5 \end{array}$$

㉠ (　　　　), ㉡ (　　　　), ㉢ (　　　　)

유형 03

겹쳐진 부분 이용하기

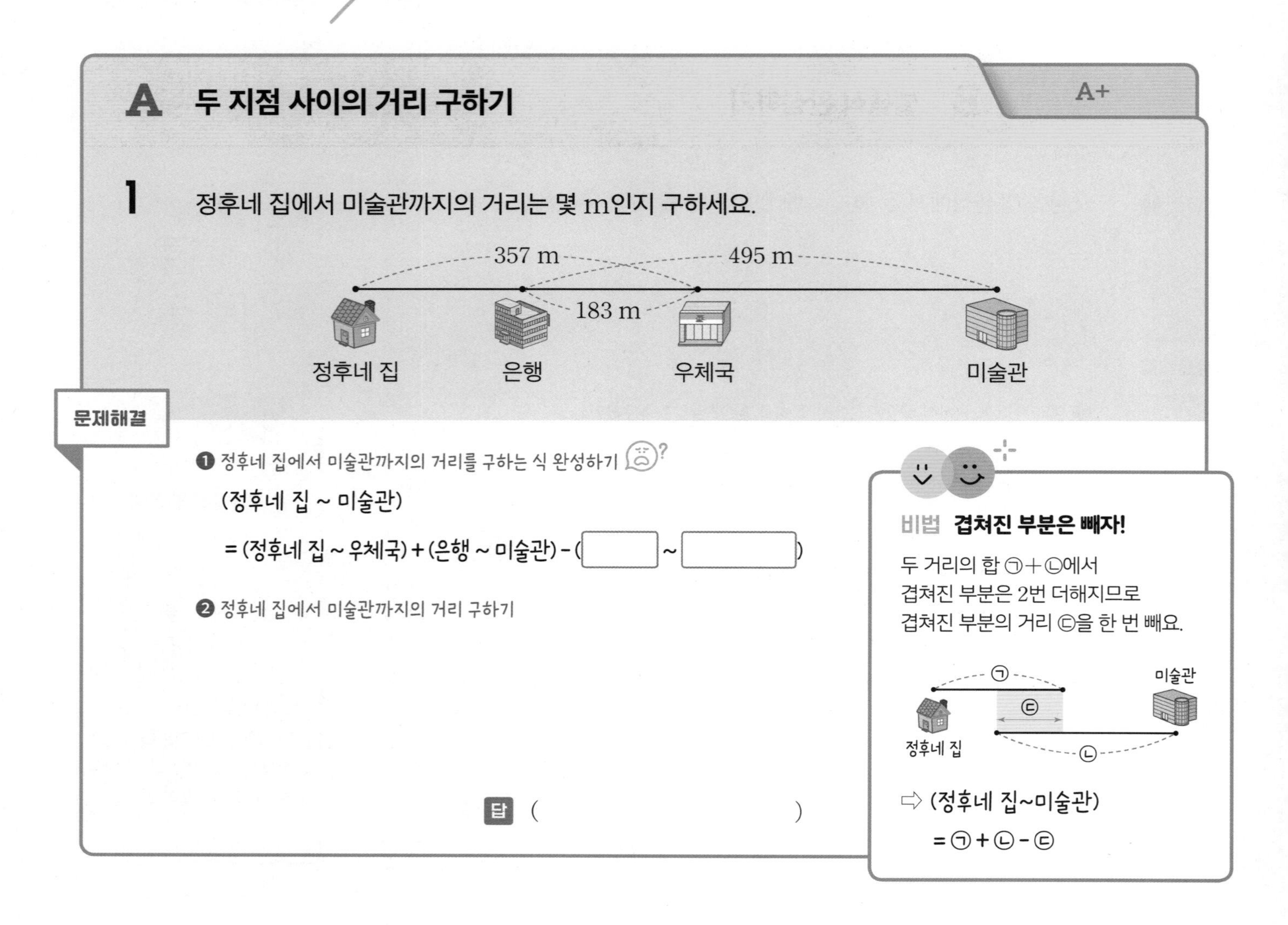

A 두 지점 사이의 거리 구하기

A+

1 정후네 집에서 미술관까지의 거리는 몇 m인지 구하세요.

문제해결

❶ 정후네 집에서 미술관까지의 거리를 구하는 식 완성하기

(정후네 집 ~ 미술관)

= (정후네 집 ~ 우체국) + (은행 ~ 미술관) − (~   )

❷ 정후네 집에서 미술관까지의 거리 구하기

답 (   )

비법 겹쳐진 부분은 빼자!

두 거리의 합 ㉠+㉡에서
겹쳐진 부분은 2번 더해지므로
겹쳐진 부분의 거리 ㉢을 한 번 빼요.

⇨ (정후네 집~미술관)
= ㉠ + ㉡ − ㉢

2 가에서 라까지의 거리는 몇 m인지 구하세요.

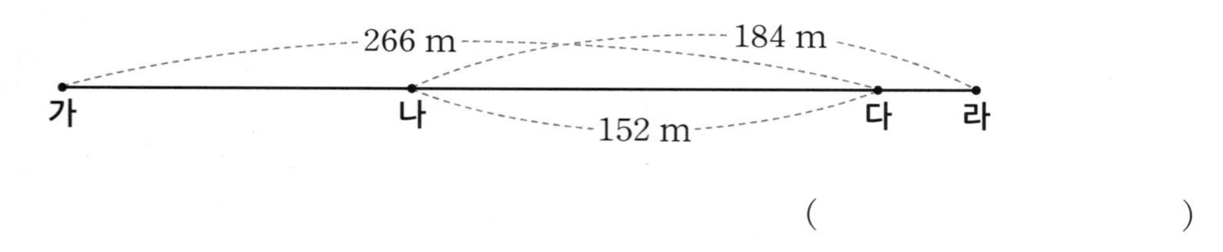

(   )

3 길이가 134 cm인 색 테이프 3장을 그림과 같이 45 cm씩 겹쳐서 이어 붙였습니다. 이어 붙인 색 테이프의 전체 길이는 몇 cm인지 구하세요.

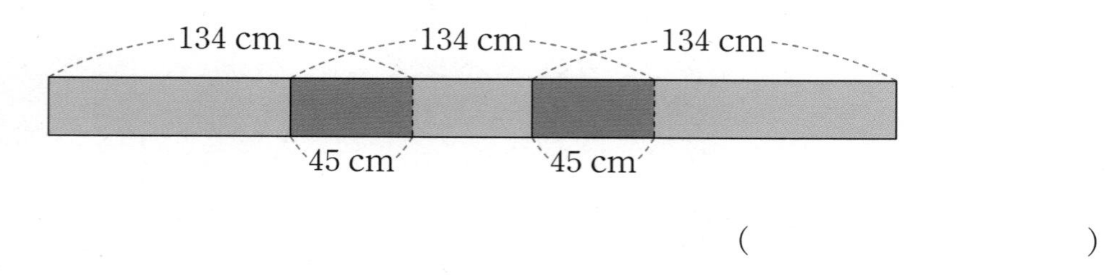

(   )

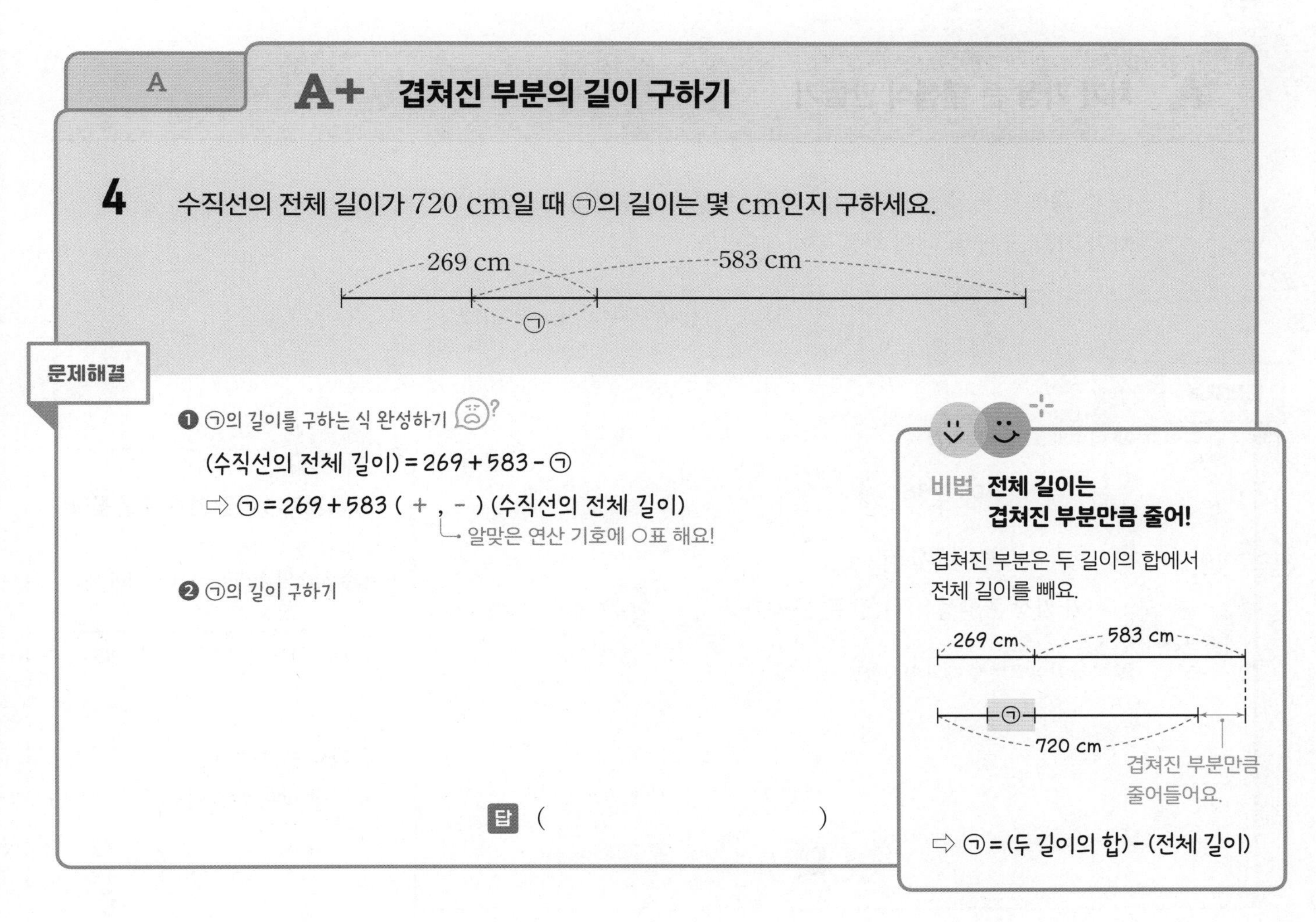

A

A+ 겹쳐진 부분의 길이 구하기

4 수직선의 전체 길이가 720 cm일 때 ㉠의 길이는 몇 cm인지 구하세요.

문제해결

❶ ㉠의 길이를 구하는 식 완성하기

(수직선의 전체 길이) = 269 + 583 − ㉠

⇨ ㉠ = 269 + 583 (+ , −) (수직선의 전체 길이)

└→ 알맞은 연산 기호에 ○표 해요!

❷ ㉠의 길이 구하기

답 (   )

비법 **전체 길이는 겹쳐진 부분만큼 줄어!**

겹쳐진 부분은 두 길이의 합에서 전체 길이를 빼요.

⇨ ㉠ = (두 길이의 합) − (전체 길이)

5 수직선의 전체 길이가 774 cm일 때 ㉠의 길이는 몇 cm인지 구하세요.

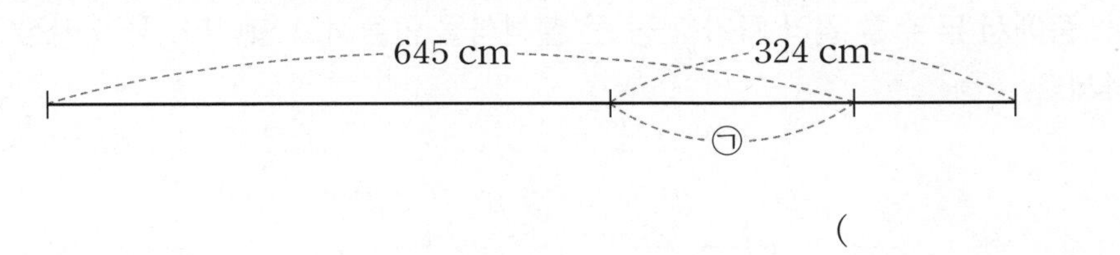

(   )

6 파란색 테이프 356 cm와 노란색 테이프 317 cm를 그림과 같이 겹쳐서 이어 붙였더니 전체 길이가 568 cm가 되었습니다. 겹쳐진 부분은 몇 cm인지 구하세요.

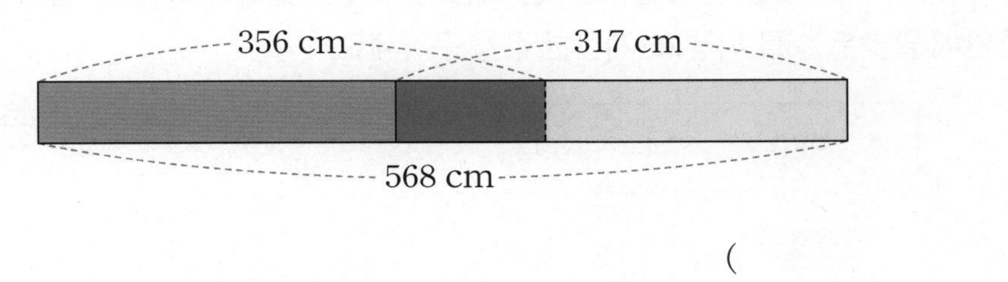

(   )

유형 04 조건에 맞는 식 만들기

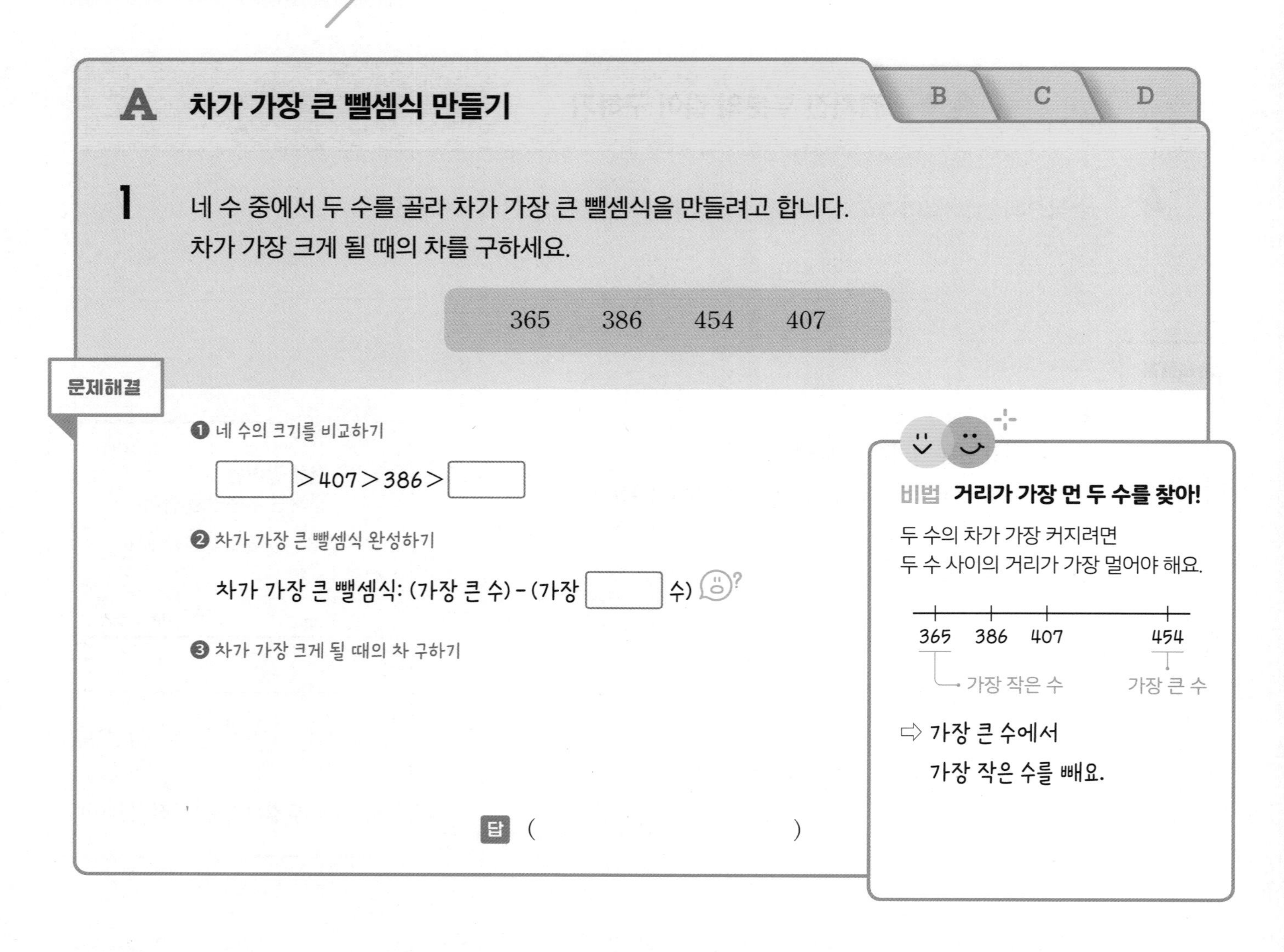

A 차가 가장 큰 뺄셈식 만들기

B C D

1 네 수 중에서 두 수를 골라 차가 가장 큰 뺄셈식을 만들려고 합니다. 차가 가장 크게 될 때의 차를 구하세요.

365 386 454 407

문제해결

❶ 네 수의 크기를 비교하기

□ > 407 > 386 > □

❷ 차가 가장 큰 뺄셈식 완성하기

차가 가장 큰 뺄셈식: (가장 큰 수) − (가장 □ 수)

❸ 차가 가장 크게 될 때의 차 구하기

답 (   )

비법 거리가 가장 먼 두 수를 찾아!

두 수의 차가 가장 커지려면
두 수 사이의 거리가 가장 멀어야 해요.

365 386 407 454

가장 작은 수 가장 큰 수

⇨ 가장 큰 수에서
가장 작은 수를 빼요.

2 네 수 중에서 두 수를 골라 차가 가장 큰 뺄셈식을 만들려고 합니다. 차가 가장 크게 될 때의 차를 구하세요.

897 281 290 900

(   )

3 네 수 중에서 세 수를 골라 한 번씩만 사용하여 계산 결과가 가장 큰 뺄셈식을 만들려고 합니다. □ 안에 알맞은 수를 써넣고, 계산한 값을 구하세요.

980 654 392 523 ⇨ □ − □ − □

(   )

A | **B 차가 가장 작은 뺄셈식 만들기** | C | D

4 네 수 중에서 두 수를 골라 차가 가장 작은 뺄셈식을 만들려고 합니다. 차가 가장 작게 될 때의 차를 구하세요.

634 471 720 358

문제해결

❶ 백의 자리 숫자의 차가 가장 작은 두 수를 각각 찾기

634와 [ ], 471과 [ ]

❷ ❶에서 찾은 두 수의 차를 각각 구하여 차가 가장 작게 될 때의 차 구하기

답 ( )

비법
거리가 가장 가까운 두 수를 찾아!
두 수의 차가 가장 작아지려면
두 수 사이의 거리가 가장 가까워야 해요.

358 471 634 720

$471-358=?$ $720-634=?$

⇨ 백의 자리 숫자의 차가 가장 작은 두 수의 차를 구해요.

5 네 수 중에서 두 수를 골라 차가 가장 작은 뺄셈식을 만들려고 합니다. 차가 가장 작게 될 때의 차를 구하세요.

215 976 334 849

( )

6 네 수 중에서 두 수를 골라 차가 가장 작은 뺄셈식을 만들려고 합니다. 차가 가장 작게 될 때의 차를 구하세요.

893 742 367 625

( )

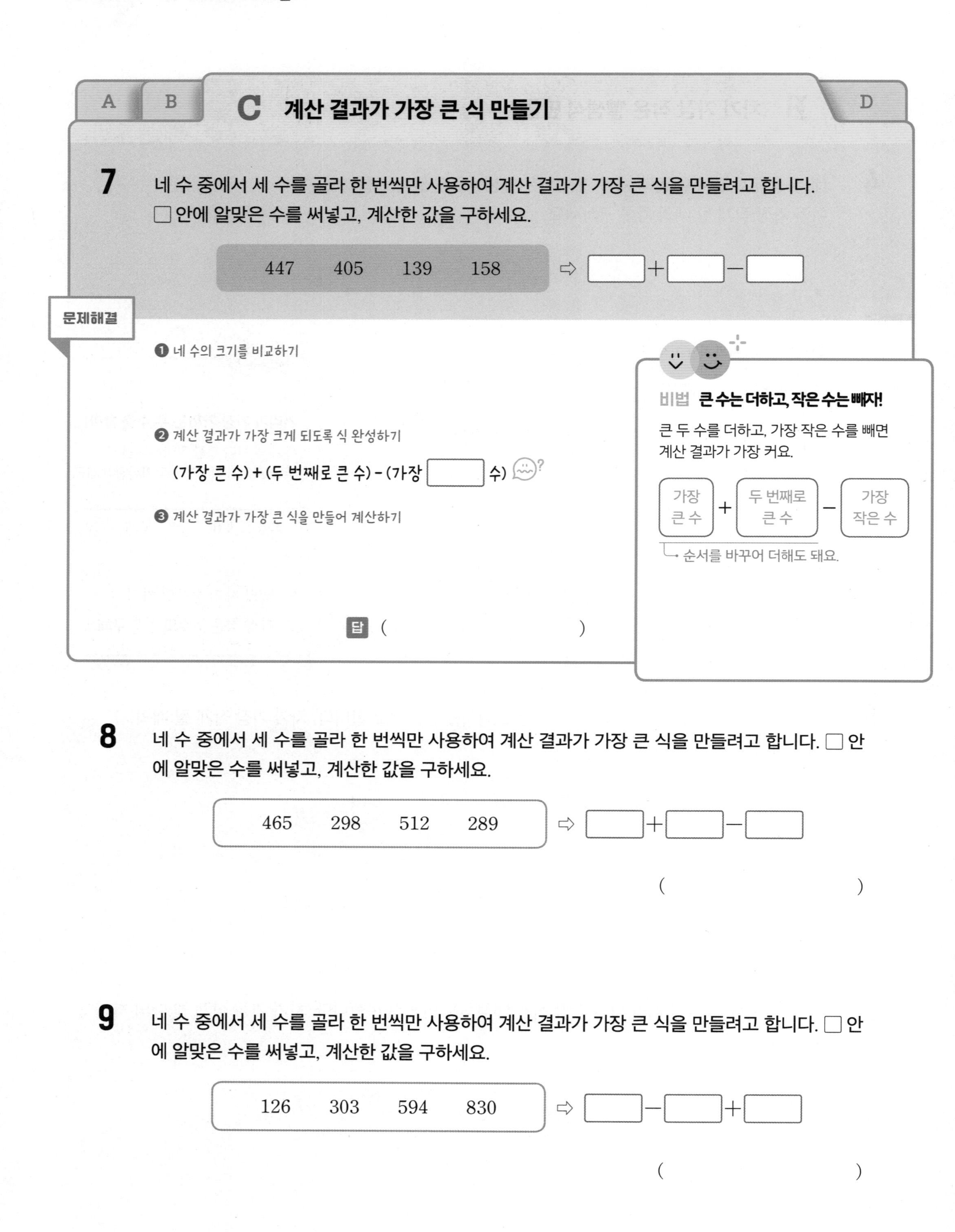

A B **C 계산 결과가 가장 큰 식 만들기** D

7 네 수 중에서 세 수를 골라 한 번씩만 사용하여 계산 결과가 가장 큰 식을 만들려고 합니다. □ 안에 알맞은 수를 써넣고, 계산한 값을 구하세요.

447 405 139 158 ⇨ □ + □ − □

문제해결

❶ 네 수의 크기를 비교하기

❷ 계산 결과가 가장 크게 되도록 식 완성하기

(가장 큰 수) + (두 번째로 큰 수) − (가장 □ 수)

❸ 계산 결과가 가장 큰 식을 만들어 계산하기

답 (   )

비법 큰 수는 더하고, 작은 수는 빼자!

큰 두 수를 더하고, 가장 작은 수를 빼면 계산 결과가 가장 커요.

가장 큰 수 + 두 번째로 큰 수 − 가장 작은 수

└ 순서를 바꾸어 더해도 돼요.

8 네 수 중에서 세 수를 골라 한 번씩만 사용하여 계산 결과가 가장 큰 식을 만들려고 합니다. □ 안에 알맞은 수를 써넣고, 계산한 값을 구하세요.

465 298 512 289 ⇨ □ + □ − □

(   )

9 네 수 중에서 세 수를 골라 한 번씩만 사용하여 계산 결과가 가장 큰 식을 만들려고 합니다. □ 안에 알맞은 수를 써넣고, 계산한 값을 구하세요.

126 303 594 830 ⇨ □ − □ + □

(   )

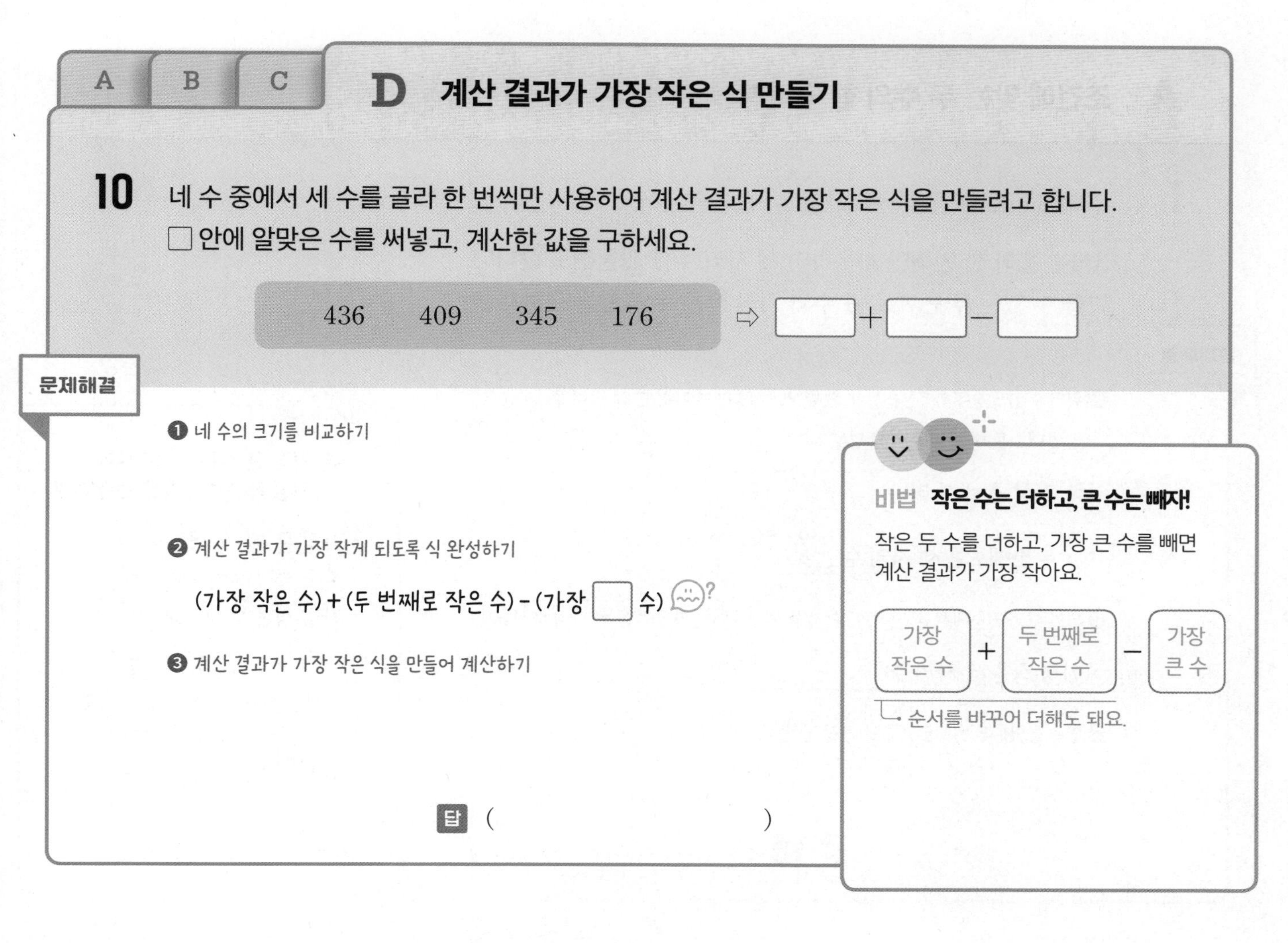

A B C

D 계산 결과가 가장 작은 식 만들기

10 네 수 중에서 세 수를 골라 한 번씩만 사용하여 계산 결과가 가장 작은 식을 만들려고 합니다. □ 안에 알맞은 수를 써넣고, 계산한 값을 구하세요.

436 409 345 176 ⇨ □+□−□

문제해결

❶ 네 수의 크기를 비교하기

❷ 계산 결과가 가장 작게 되도록 식 완성하기

(가장 작은 수)+(두 번째로 작은 수)−(가장 □ 수)

❸ 계산 결과가 가장 작은 식을 만들어 계산하기

답 (   )

비법 작은 수는 더하고, 큰 수는 빼자!

작은 두 수를 더하고, 가장 큰 수를 빼면 계산 결과가 가장 작아요.

가장 작은 수 + 두 번째로 작은 수 − 가장 큰 수

└ 순서를 바꾸어 더해도 돼요.

11 네 수 중에서 세 수를 골라 한 번씩만 사용하여 계산 결과가 가장 작은 식을 만들려고 합니다. □ 안에 알맞은 수를 써넣고, 계산한 값을 구하세요.

368 372 516 531 ⇨ □+□−□

(   )

12 네 수 중에서 세 수를 골라 한 번씩만 사용하여 계산 결과가 가장 작은 식을 만들려고 합니다. □ 안에 알맞은 수를 써넣고, 계산한 값을 구하세요.

757 213 819 783 ⇨ □+□−□

(   )

유형 05 수 카드로 만든 세 자리 수의 합 또는 차

A 조건에 맞는 두 수의 합 구하기

B

1 수 카드 4, 7, 0, 2, 6 중에서

3장을 뽑아 한 번씩만 사용하여 세 자리 수를 만들려고 합니다.
만들 수 있는 두 번째로 큰 수와 가장 작은 수의 합을 구하세요.

문제해결

❶ 위의 수 카드 중에서 3장을 뽑아 한 번씩만 사용하여 가장 큰 세 자리 수, 두 번째로 큰 세 자리 수 각각 만들기

- 가장 큰 세 자리 수: 7 6 ☐
- 두 번째로 큰 세 자리 수: ☐ ☐ ☐

❷ 위의 수 카드 중에서 3장을 뽑아 한 번씩만 사용하여 가장 작은 세 자리 수 만들기

가장 작은 세 자리 수: ☐ ☐ ☐

❸ 만들 수 있는 두 번째로 큰 수와 가장 작은 수의 합 구하기

답 (　　　　　　　　)

비법 **가장 큰 수는 큰 숫자부터, 가장 작은 수는 작은 숫자부터!**

- 가장 큰 수: 7 6 4
  ⇨ 큰 숫자부터 차례로 놓아요.
- 가장 작은 수: 0 2 4 (✕)
  2 0 4
  ⇨ 작은 숫자부터 차례로 놓아요. 단, 0은 가장 높은 자리에 올 수 없어요.

2 수 카드 8, 3, 1, 5, 9 중에서 3장을 뽑아 한 번씩만 사용하여 세 자리 수를 만들려고 합니다. 만들 수 있는 가장 큰 수와 두 번째로 작은 수의 합을 구하세요.

(　　　　　　　　)

3 수 카드 6, 0, 3, 8, 1 중에서 3장을 뽑아 한 번씩만 사용하여 세 자리 수를 만들려고 합니다. 만들 수 있는 두 번째로 큰 수와 두 번째로 작은 수의 합을 구하세요.

(　　　　　　　　)

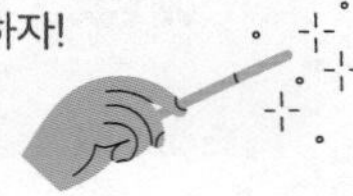

A

B 조건에 맞는 두 수의 차 구하기

4 수 카드 5, 2, 3, 4, 8 중에서
3장을 뽑아 한 번씩만 사용하여 세 자리 수를 만들려고 합니다.
만들 수 있는 가장 큰 수와 가장 작은 수의 차를 구하세요.

문제해결

❶ 위의 수 카드 중에서 3장을 뽑아 한 번씩만 사용하여 가장 큰 세 자리 수, 가장 작은 세 자리 수 각각 만들기

- 가장 큰 세 자리 수: ☐☐☐
- 가장 작은 세 자리 수: ☐☐☐

❷ ❶에서 만든 두 수의 차 구하기

답 (   )

비법 가장 큰 수는 큰 숫자부터, 가장 작은 수는 작은 숫자부터!

- 가장 큰 수는 큰 숫자부터 차례로 놓아요.
- 가장 작은 수는 작은 숫자부터 차례로 놓아요.

5 수 카드 7, 9, 6, 0, 3 중에서 3장을 뽑아 한 번씩만 사용하여 세 자리 수를 만들려고 합니다. 만들 수 있는 가장 큰 수와 두 번째로 작은 수의 차를 구하세요.

(   )

6 수 카드 4, 6, 1, 8, 2 중에서 3장을 뽑아 한 번씩만 사용하여 세 자리 수를 만들려고 합니다. 만들 수 있는 두 번째로 큰 수와 두 번째로 작은 수의 차를 구하세요.

(   )

유형 06 모르는 수 구하기

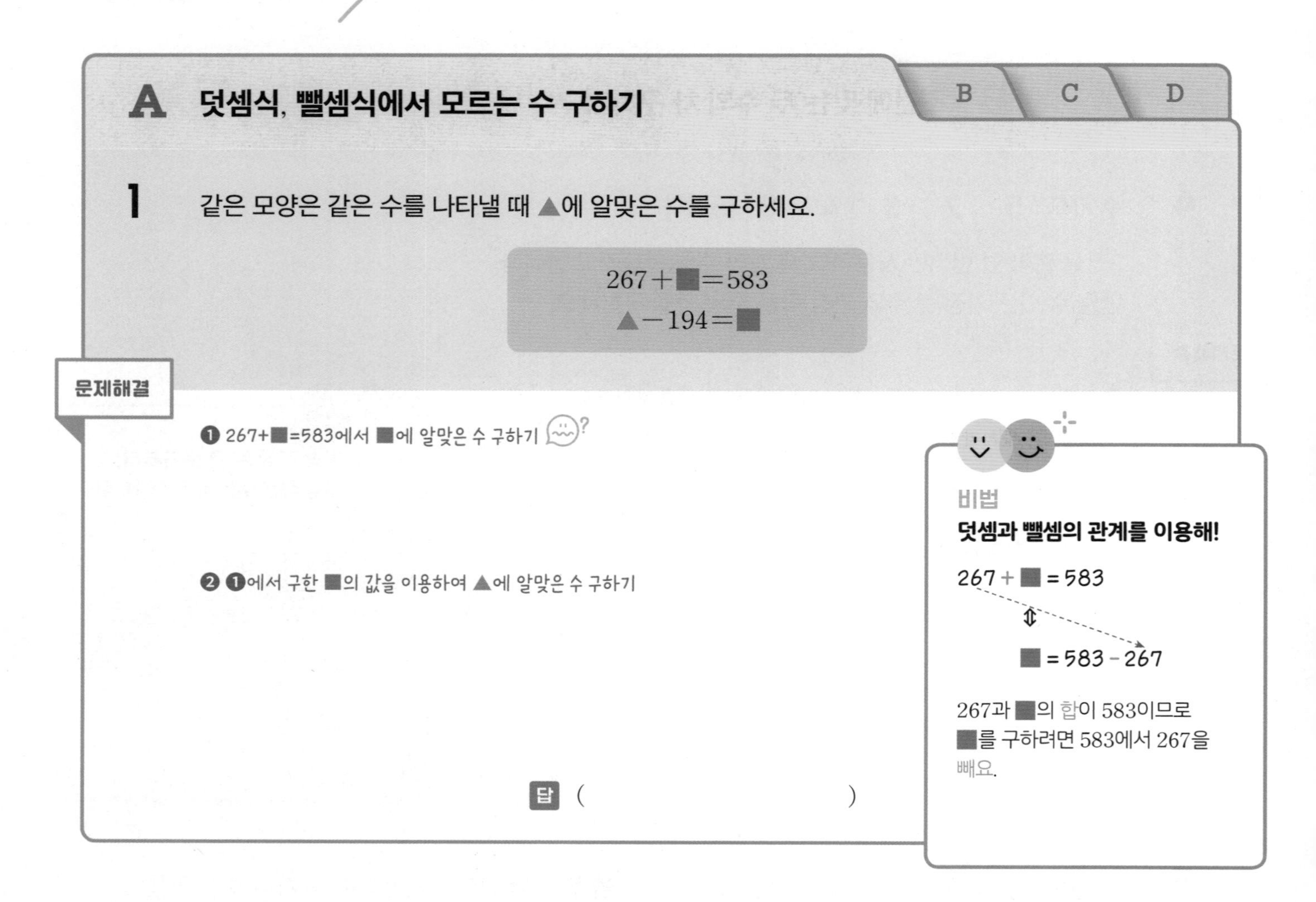

A 덧셈식, 뺄셈식에서 모르는 수 구하기

B C D

1 같은 모양은 같은 수를 나타낼 때 ▲에 알맞은 수를 구하세요.

267+■=583
▲−194=■

문제해결

❶ 267+■=583에서 ■에 알맞은 수 구하기

❷ ❶에서 구한 ■의 값을 이용하여 ▲에 알맞은 수 구하기

답 (   )

비법
덧셈과 뺄셈의 관계를 이용해!

267 + ■ = 583
⇕
■ = 583 − 267

267과 ■의 합이 583이므로 ■를 구하려면 583에서 267을 빼요.

2 같은 모양은 같은 수를 나타낼 때 ●에 알맞은 수를 구하세요.

♥+289=661
745+♥=●

(   )

3 같은 모양은 같은 수를 나타낼 때 ♣에 알맞은 수를 구하세요.

853−★=204
★+♣=918

853에서 ★을 빼면 204이므로
853에서 204를 빼면 ★이 돼요.

(   )

A | **B** 어떤 수를 구하여 바르게 계산하기 | C | D

4

어떤 수에서 183을 빼야 할 것을 잘못하여 더했더니 777이 되었습니다.
바르게 계산하면 얼마인지 구하세요.

문제해결

❶ 어떤 수를 ■라고 하여 잘못 계산한 식을 완성하기

잘못 계산한 식: ■ (+ , -) 183 = 777

❷ ❶의 식을 계산하여 어떤 수 ■를 구하기

❸ 바르게 계산하기

답 (   )

비법 어떤 수를 ■라고 하자!

잘못 계산한 식 "어떤 수에서 183을 빼야 할 것을 잘못하여 더했더니 777이 되었습니다."

⇨ ■ + 183 = 777

바르게 계산하기 "어떤 수에서 183을 빼야 할 것을 잘못하여 더했더니 777이 되었습니다."

⇨ ■ - 183

5

어떤 수에 378을 더해야 할 것을 잘못하여 뺐더니 87이 되었습니다. 바르게 계산하면 얼마인지 구하세요.

(   )

6

어떤 세 자리 수의 백의 자리 숫자와 일의 자리 숫자를 바꾸어 만든 수에 489를 더했더니 816이 되었습니다. 어떤 세 자리 수에 489를 더하면 얼마인지 구하세요.

(   )

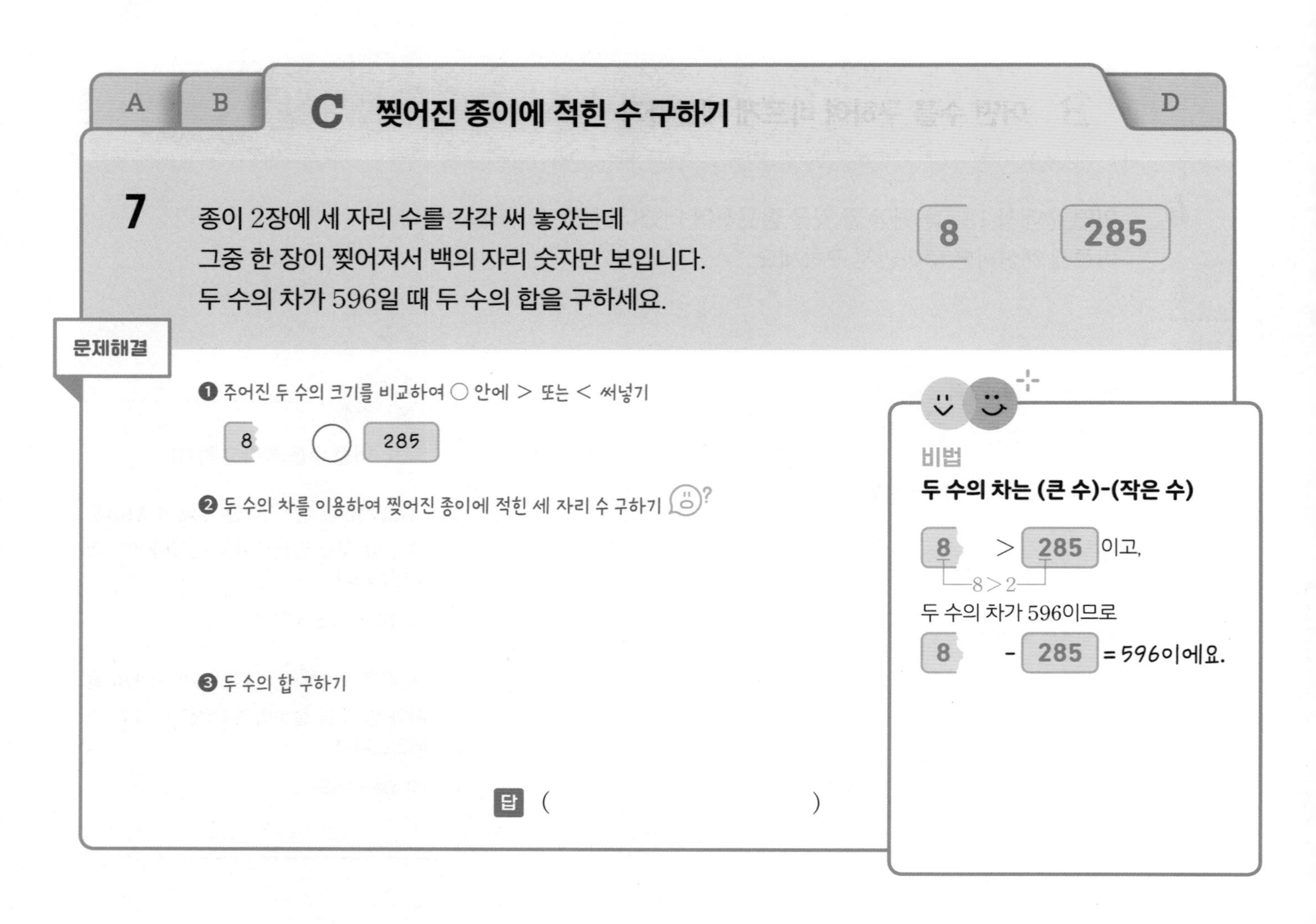

A B **C 찢어진 종이에 적힌 수 구하기** D

7 종이 2장에 세 자리 수를 각각 써 놓았는데
그중 한 장이 찢어져서 백의 자리 숫자만 보입니다.
두 수의 차가 596일 때 두 수의 합을 구하세요.

[8] [285]

문제해결

❶ 주어진 두 수의 크기를 비교하여 ○ 안에 > 또는 < 써넣기

[8] ○ [285]

❷ 두 수의 차를 이용하여 찢어진 종이에 적힌 세 자리 수 구하기

❸ 두 수의 합 구하기

답 (　　　　　　　　)

비법
두 수의 차는 (큰 수)-(작은 수)

[8] > [285] 이고,
8 > 2
두 수의 차가 596이므로
[8] - [285] = 596이에요.

8 종이 2장에 세 자리 수를 각각 써 놓았는데 그중 한 장이 찢어져서 일의 자리 숫자만 보입니다. 두 수의 합이 629일 때 두 수의 차를 구하세요.

(　　　　　　　　)

9 종이 2장에 세 자리 수를 각각 써 놓았는데 그중 한 장이 찢어져서 백의 자리 숫자만 보입니다. 두 수의 차가 337일 때 두 수의 합을 구하세요.

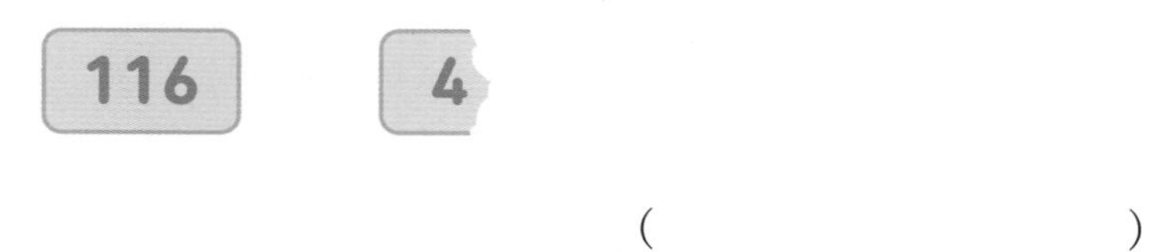

(　　　　　　　　)

A B C **D** 합, 차가 주어진 두 수 구하기

10 어떤 두 수의 합은 671이고, 차는 203입니다.
두 수 중에서 작은 수를 구하세요.

문제해결

❶ 작은 수를 ■라고 하여 큰 수를 ■를 사용하여 나타내기

작은 수: ■, 큰 수: ■ + □

❷ 두 수의 합을 ■를 사용한 식으로 나타내기

(작은 수) + (큰 수) = ■ + ■ + □ = 671

❸ ❷의 식을 계산하여 작은 수 ■를 구하기

답 (　　　　　　)

비법 작은 수를 ■라 하고, 큰 수를 ■를 이용해서 나타내!

두 수의 차와 작은 수 ■를 이용하여 큰 수도 ■를 사용한 식으로 나타내요.

두 수의 차	작은 수	큰 수
1	■	■+1
2	■	■+2
3	■	■+3
⋮	⋮	⋮
203	■	■+203

11 어떤 두 수의 합은 696이고, 차는 456입니다. 두 수 중에서 작은 수를 구하세요.

(　　　　　　)

12 100, 101과 같이 연속하는 두 수가 있습니다. 연속하는 두 수의 합이 863일 때 두 수 중에서 큰 수를 구하세요.

(　　　　　　)

유형 07 합, 차의 크기 비교에서 모르는 수 구하기

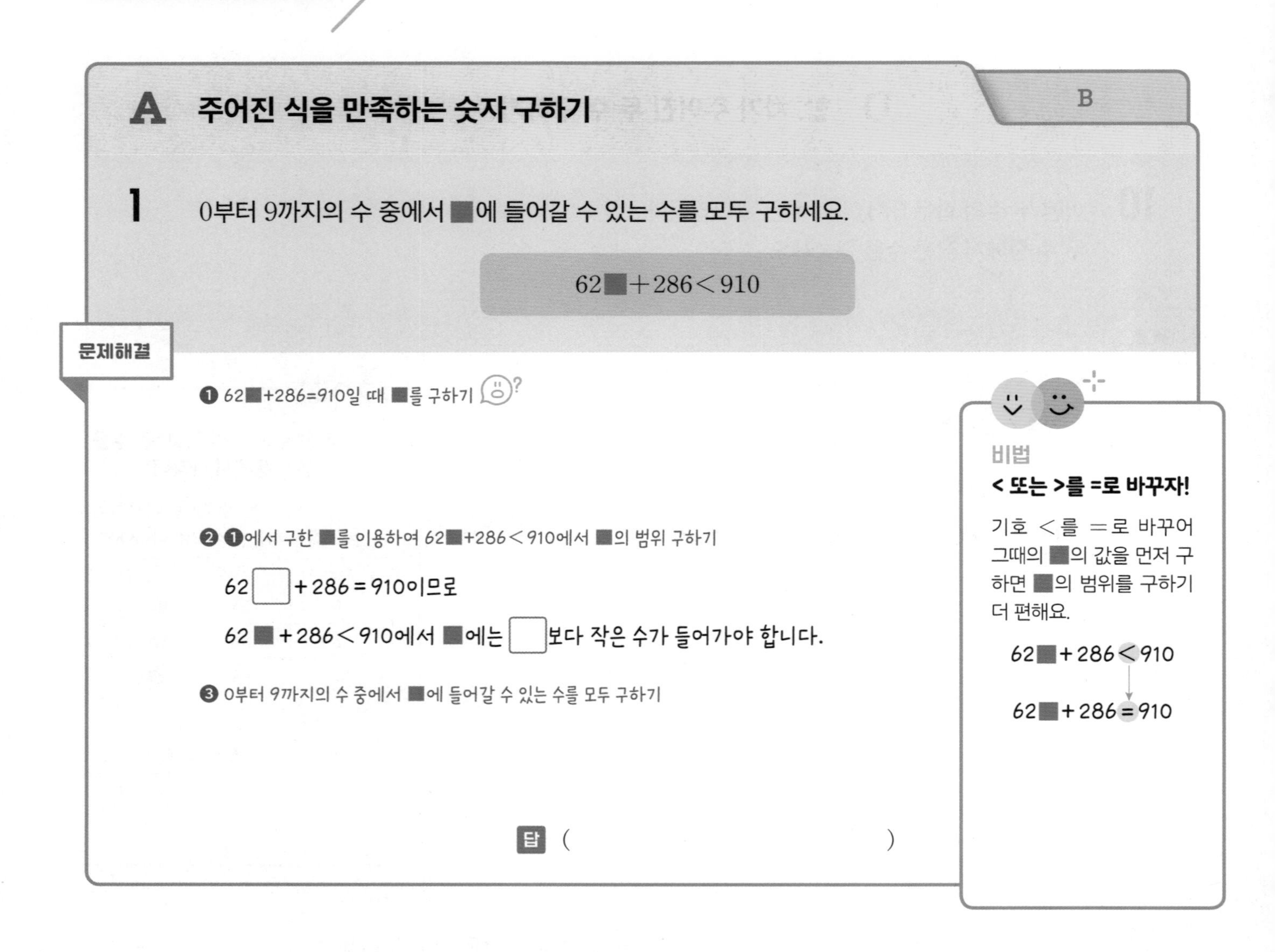

A 주어진 식을 만족하는 숫자 구하기

1 0부터 9까지의 수 중에서 ■에 들어갈 수 있는 수를 모두 구하세요.

$$62\blacksquare+286<910$$

문제해결

❶ $62\blacksquare+286=910$일 때 ■를 구하기

❷ ❶에서 구한 ■를 이용하여 $62\blacksquare+286<910$에서 ■의 범위 구하기

62☐ + 286 = 910이므로

62■ + 286 < 910에서 ■에는 ☐보다 작은 수가 들어가야 합니다.

❸ 0부터 9까지의 수 중에서 ■에 들어갈 수 있는 수를 모두 구하기

답 (   )

비법
< 또는 >를 =로 바꾸자!

기호 <를 =로 바꾸어 그때의 ■의 값을 먼저 구하면 ■의 범위를 구하기 더 편해요.

$62\blacksquare+286<910$
↓
$62\blacksquare+286=910$

2 0부터 9까지의 수 중에서 ☐ 안에 들어갈 수 있는 수를 모두 구하세요.

$$349+58\square>936$$

(   )

3 식이 적힌 종이의 일부분에 물감이 묻어 십의 자리 수가 보이지 않습니다. 0부터 9까지의 수 중에서 보이지 않는 부분에 들어갈 수 있는 수를 모두 구하세요.

$$4\,\square\,3-126<327$$

(   )

A

B 주어진 식을 만족하는 세 자리 수 구하기

4 ■에 들어갈 수 있는 세 자리 수 중에서 가장 작은 수를 구하세요.

$$805-■<648$$

문제해결

❶ 805-■=648일 때 ■를 구하기

❷ ❶에서 구한 ■를 이용하여 805-■<648에서 ■의 범위 구하기

805-[ ]=648이므로

805-■<648에서 ■에는 [ ]보다 큰 수가 들어가야 합니다.

❸ ■에 들어갈 수 있는 세 자리 수 중에서 가장 작은 수를 구하기

답 (　　　　　　)

비법 작은 수에 적용하여 이해해!

예) 0부터 9까지의 수 중에서 $10-■<6$의 ■에 들어갈 수 있는 수 구하기

$10-4=6$

$10-5<6$

$10-6<6$

⋮

⇨ $10-■$가 6보다 작아야 하므로 ■에는 4보다 큰 수가 들어가야 해요.

5 □ 안에 들어갈 수 있는 세 자리 수 중에서 가장 큰 수를 구하세요.

$$275+\square<821$$

(　　　　　　)

6 □ 안에 들어갈 수 있는 세 자리 수는 모두 몇 개인지 구하세요.

$$573<953-\square$$

(　　　　　　)

01

유형 01 A

혜미네 집에서 공원까지의 거리는 496 m입니다. 혜미가 집에서 공원까지 갔다 온 거리는 모두 몇 m인지 구하세요.

( )

02

유형 01 B

어느 수목원에서는 하루에 600명까지만 입장할 수 있습니다. 오전에 283명, 오후에 219명 입장했다면 앞으로 몇 명 더 입장할 수 있는지 구하세요.

( )

03

유형 06 C

종이 2장에 세 자리 수를 각각 써 놓았는데 그중 한 장이 찢어져서 백의 자리 숫자만 보입니다. 두 수의 합이 910일 때 찢어진 종이에 적힌 세 자리 수를 구하세요.

407 5

( )

04

유형 04 C

네 수 중에서 세 수를 골라 한 번씩만 사용하여 계산 결과가 가장 큰 식을 만들려고 합니다. □ 안에 알맞은 수를 써넣고, 계산한 값을 구하세요.

( )

05

유형 06 A

같은 모양은 같은 수를 나타낼 때 ★에 알맞은 수를 구하세요.

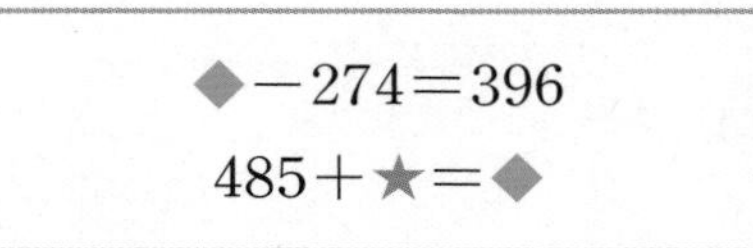

( )

06

유형 04 B

네 수 중에서 두 수를 골라 차가 가장 작은 뺄셈식을 만들려고 합니다. 차가 가장 작게 될 때의 차를 구하세요.

( )

07

어떤 수에 543을 더해야 할 것을 잘못하여 534를 더했더니 891이 되었습니다. 바르게 계산하면 얼마인지 구하세요.

유형 06 B

(　　　　　　　　　)

08

□ 안에 들어갈 수 있는 세 자리 수 중에서 가장 큰 수를 구하세요.

698－□＞195＋333

유형 07 B

(　　　　　　　　　)

09

5장의 수 카드 중에서 3장을 뽑아 한 번씩만 사용하여 세 자리 수를 만들려고 합니다. 만들 수 있는 가장 큰 수와 가장 작은 수의 합을 구하세요.

유형 05 A

9 6 4 7 0

(　　　　　　　　　)

10

유형 02 B

오른쪽 뺄셈식에서 같은 모양은 같은 수를 나타냅니다. ★, ♥에 알맞은 수를 각각 구하세요.

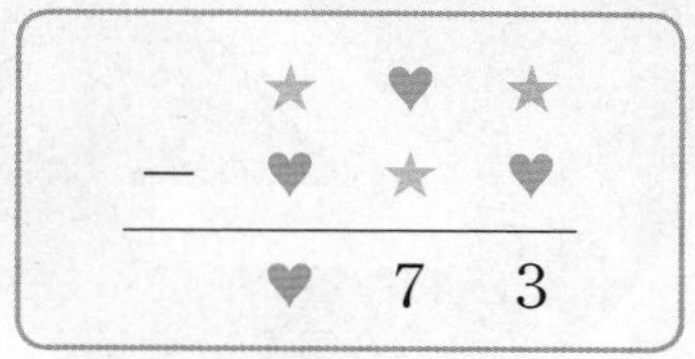

★ (　　　　　　), ♥ (　　　　　　)

11

유형 06 D

어떤 두 수의 합은 985이고, 차는 305입니다. 두 수 중에서 큰 수를 구하세요.

(　　　　　　　　)

12

유형 03 A+

길이가 218 cm인 색 테이프 3장을 그림과 같이 같은 간격으로 겹쳐서 이어 붙였습니다. 이어 붙인 색 테이프의 전체 길이가 594 cm일 때, 색 테이프의 겹쳐진 한 부분은 몇 cm인지 구하세요.

(　　　　　　　　)

2

평면도형

학습계열표

2-1 **2. 여러 가지 도형**
- 원, 삼각형, 사각형, 오각형, 육각형의 이해
- 평면도형의 구성 요소 _ 꼭짓점, 변

3-1 **2. 평면도형**
- 선분, 반직선, 직선
- 각, 직각, 직각삼각형
- 직사각형, 정사각형

4-1 **2. 각도**
- 각도
- 예각, 둔각

4-2 **2. 삼각형**
- 여러 가지 삼각형의 정의와 성질

학습기록표

유형 01 학습일 / 학습평가

선분, 직선, 반직선, 각

A	선분, 직선, 반직선의 수
B	각의 수

유형 02 학습일 / 학습평가

각, 직각의 개수

A	각의 개수
B	직각의 개수

유형 03 학습일 / 학습평가

크고 작은 도형의 개수

A	직사각형의 개수
B	직각삼각형의 개수

유형 04 학습일 / 학습평가

직사각형, 정사각형에서 변의 길이

A	정사각형에서 한 변의 길이
B	직사각형에서 변의 길이
A+B	이어 붙인 도형

유형 05 학습일 / 학습평가

이어 붙여서 만든 도형의 둘레

A	정사각형 이어 붙이기
B	직사각형 이어 붙이기

유형 마스터 학습일 / 학습평가

평면도형

선분, 직선, 반직선, 각

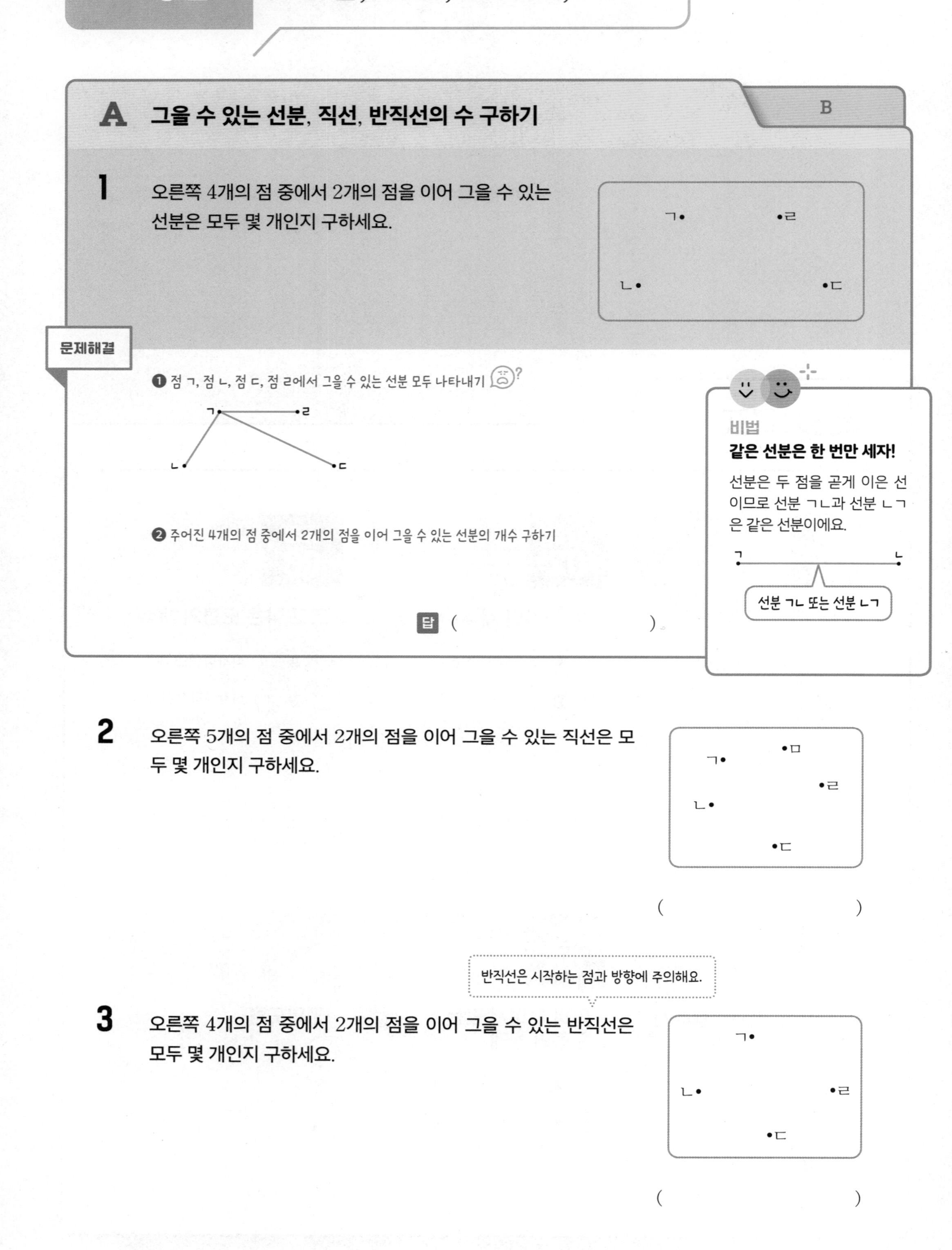

A 그을 수 있는 선분, 직선, 반직선의 수 구하기

B

1 오른쪽 4개의 점 중에서 2개의 점을 이어 그을 수 있는 선분은 모두 몇 개인지 구하세요.

문제해결

❶ 점 ㄱ, 점 ㄴ, 점 ㄷ, 점 ㄹ에서 그을 수 있는 선분 모두 나타내기

❷ 주어진 4개의 점 중에서 2개의 점을 이어 그을 수 있는 선분의 개수 구하기

답 (   )

비법

같은 선분은 한 번만 세자!

선분은 두 점을 곧게 이은 선이므로 선분 ㄱㄴ과 선분 ㄴㄱ은 같은 선분이에요.

2 오른쪽 5개의 점 중에서 2개의 점을 이어 그을 수 있는 직선은 모두 몇 개인지 구하세요.

(   )

반직선은 시작하는 점과 방향에 주의해요.

3 오른쪽 4개의 점 중에서 2개의 점을 이어 그을 수 있는 반직선은 모두 몇 개인지 구하세요.

(   )

A

B 그릴 수 있는 각의 수 구하기

4 오른쪽 3개의 점을 이용하여 그릴 수 있는 각을 모두 쓰세요.

ㄱ• •ㄷ
•ㄴ

문제해결

❶ 점 ㄱ을 꼭짓점으로 하는 각을 나타낸 것을 보고 각 읽기

각 □ㄱ□

❷ 점 ㄴ, 점 ㄷ을 각각 꼭짓점으로 하는 각을 그리고, 각 읽기

<점 ㄴ이 꼭짓점인 각> <점 ㄷ이 꼭짓점인 각>

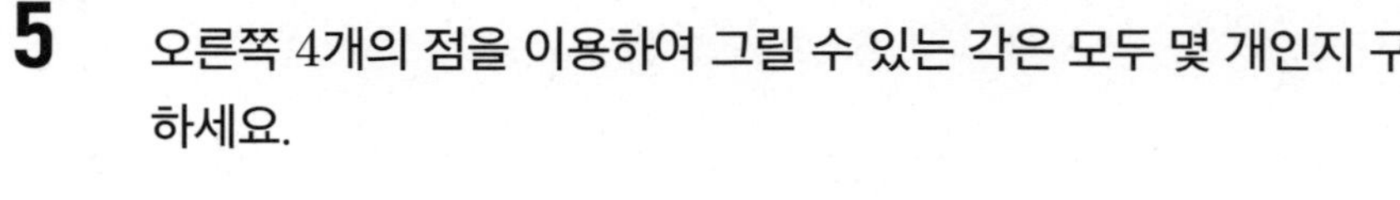

각 ________ 각 ________

답 (   )

비법 각은 꼭짓점이 기준!

각을 읽을 때
꼭짓점이 가운데 오도록 읽어요.

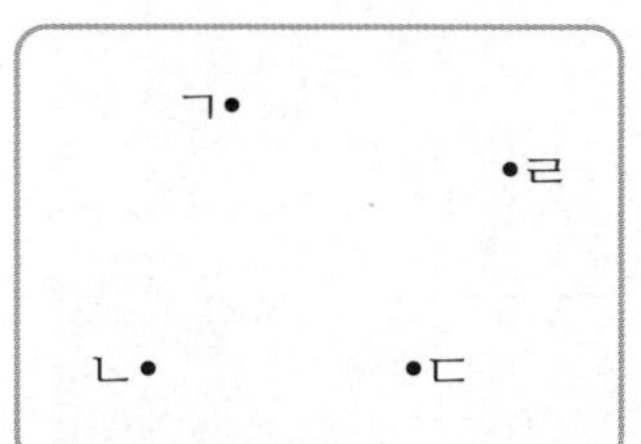

5 오른쪽 4개의 점을 이용하여 그릴 수 있는 각은 모두 몇 개인지 구하세요.

ㄱ• •ㄹ
ㄴ• •ㄷ

(   )

6 오른쪽 5개의 점을 이용하여 그릴 수 있는 직각은 모두 몇 개인지 구하세요.

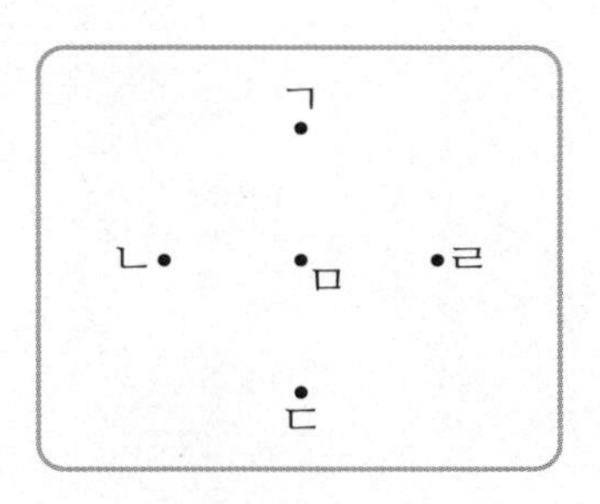

(   )

유형 02

각, 직각의 개수

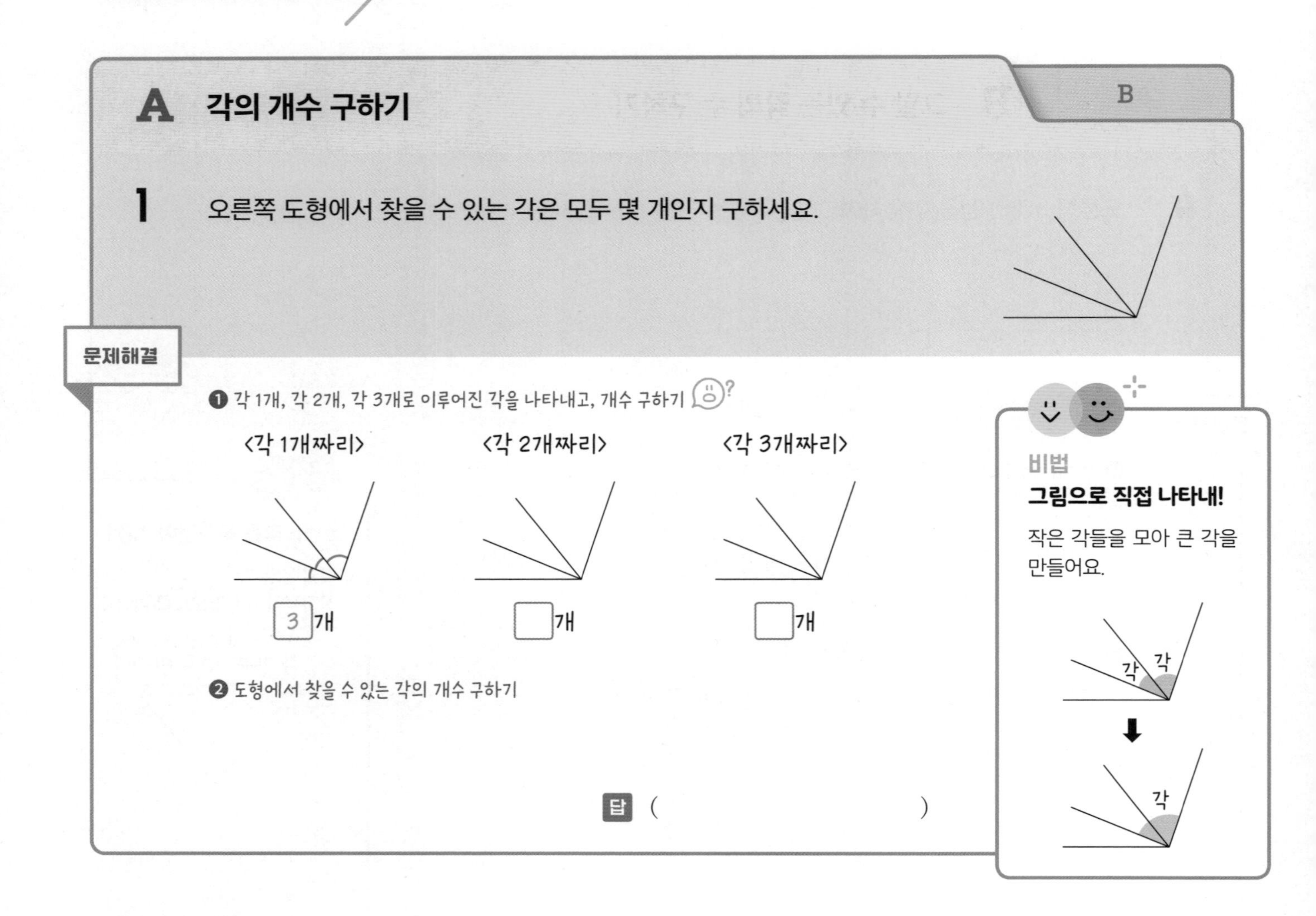

A 각의 개수 구하기

B

1 오른쪽 도형에서 찾을 수 있는 각은 모두 몇 개인지 구하세요.

문제해결

❶ 각 1개, 각 2개, 각 3개로 이루어진 각을 나타내고, 개수 구하기

<각 1개짜리> 3개

<각 2개짜리> □개

<각 3개짜리> □개

❷ 도형에서 찾을 수 있는 각의 개수 구하기

답 (　　　　　　　　)

비법

그림으로 직접 나타내!

작은 각들을 모아 큰 각을 만들어요.

2 오른쪽 도형에서 찾을 수 있는 각은 모두 몇 개인지 구하세요.

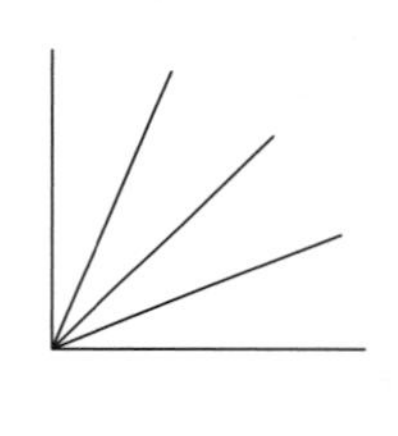

(　　　　　　　　)

3 오른쪽 도형에서 찾을 수 있는 각은 모두 몇 개인지 구하세요.

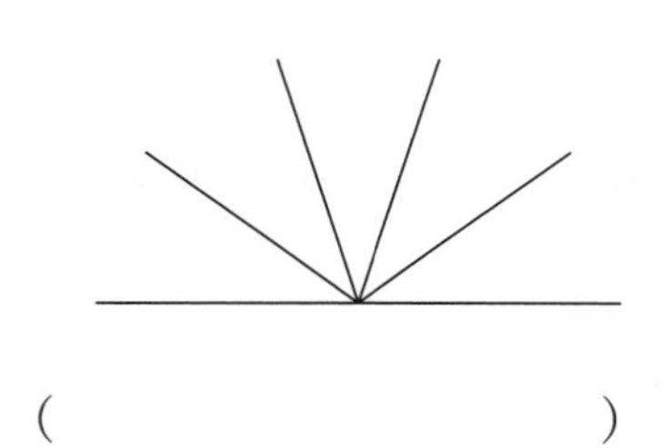

(　　　　　　　　)

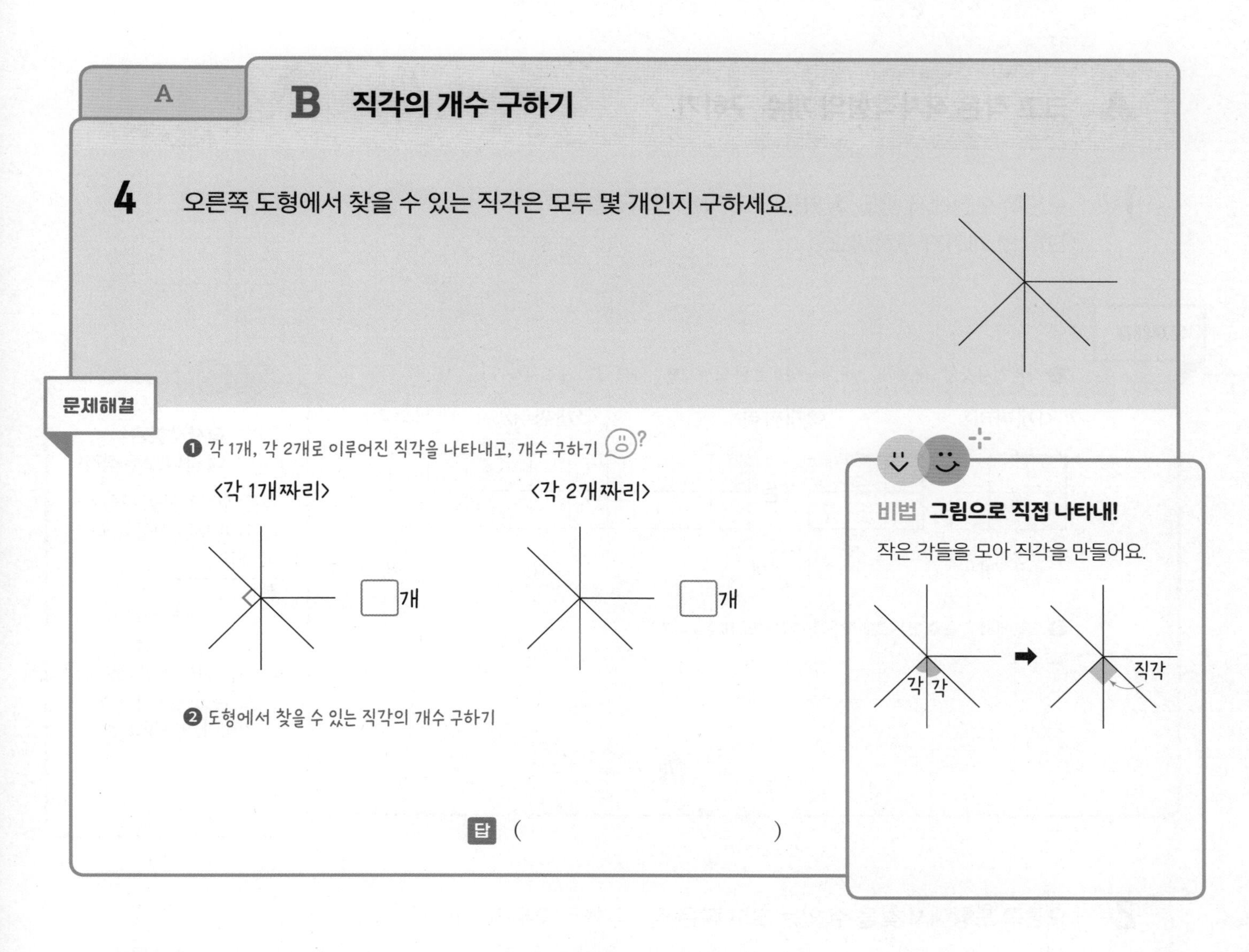

A

B 직각의 개수 구하기

4 오른쪽 도형에서 찾을 수 있는 직각은 모두 몇 개인지 구하세요.

문제해결

❶ 각 1개, 각 2개로 이루어진 직각을 나타내고, 개수 구하기

〈각 1개짜리〉 □개

〈각 2개짜리〉 □개

❷ 도형에서 찾을 수 있는 직각의 개수 구하기

답 (   )

비법 그림으로 직접 나타내!

작은 각들을 모아 직각을 만들어요.

5 도형에서 찾을 수 있는 직각은 모두 몇 개인지 구하세요.

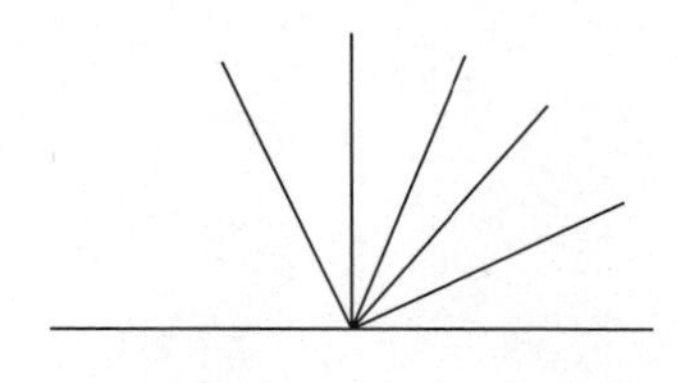

(   )

6 오른쪽 도형에서 찾을 수 있는 직각은 모두 몇 개인지 구하세요.

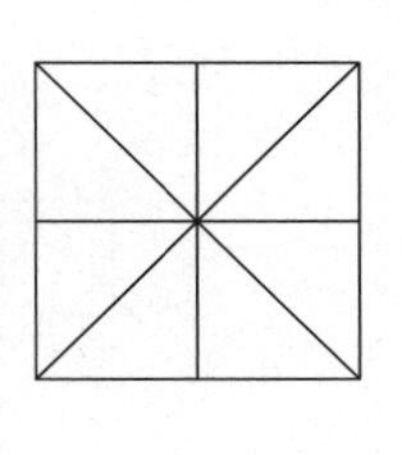

(   )

유형 03 크고 작은 도형의 개수

A 크고 작은 직사각형의 개수 구하기

B

1 오른쪽 도형에서 찾을 수 있는 크고 작은 직사각형은 모두 몇 개인지 구하세요.

문제해결

❶ 작은 정사각형 1개, 2개, 3개, 4개짜리로 된 직사각형을 나타내고, 개수 구하기

〈1개짜리〉 5 개

〈2개짜리〉 또는 □개

〈3개짜리〉 □개

〈4개짜리〉 □개

❷ 도형에서 찾을 수 있는 크고 작은 직사각형의 개수 구하기

답 (　　　　　)

비법 **직사각형은 네 각이 모두 직각!**

작은 정사각형을 모을 때 네 각이 모두 직각이 되어야 해요.

예

⇨ 작은 정사각형 3개짜리로 된 도형이지만 직사각형이 아니에요.

2 오른쪽 도형에서 찾을 수 있는 크고 작은 직사각형은 모두 몇 개인지 구하세요.

(　　　　　)

3 오른쪽 도형에서 찾을 수 있는 크고 작은 정사각형은 모두 몇 개인지 구하세요.

정사각형은 네 변의 길이가 모두 같아요.

(　　　　　)

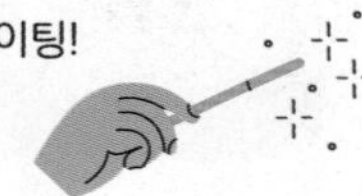

A

B 크고 작은 직각삼각형의 개수 구하기

4 오른쪽 도형에서 찾을 수 있는 크고 작은 직각삼각형은 모두 몇 개인지 구하세요.

문제해결

❶ 오른쪽 그림을 보고 작은 도형 1개, 2개짜리로 된 직각삼각형 각각 찾기

- 작은 도형 1개짜리: ㉠, □
- 작은 도형 2개짜리: ㉠+㉡, ㉠+□, □+□

❷ ❶의 그림을 보고 작은 도형 4개짜리로 된 직각삼각형 찾기

❸ 도형에서 찾을 수 있는 크고 작은 직각삼각형의 개수 구하기

답 (   )

비법 직각삼각형은 한 각이 직각!

직각을 먼저 찾고 직각을 포함하는 삼각형을 찾아요.

예)

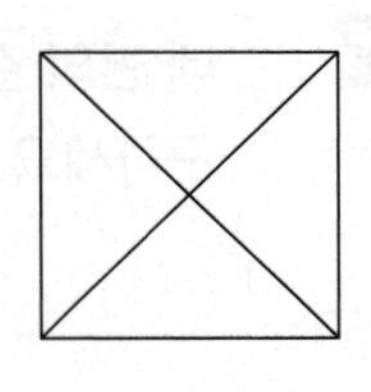

⇨ 작은 도형 2개짜리로 된 직각삼각형

5 오른쪽 도형에서 찾을 수 있는 크고 작은 직각삼각형은 모두 몇 개인지 구하세요.

(   )

6 오른쪽 도형에서 찾을 수 있는 크고 작은 직각삼각형은 모두 몇 개인지 구하세요.

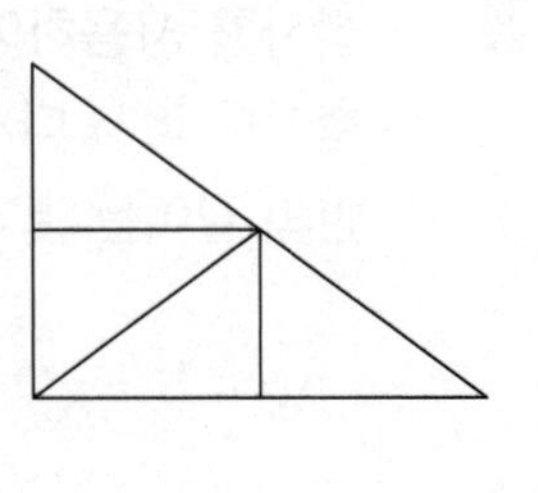

(   )

유형 04

직사각형, 정사각형에서 변의 길이

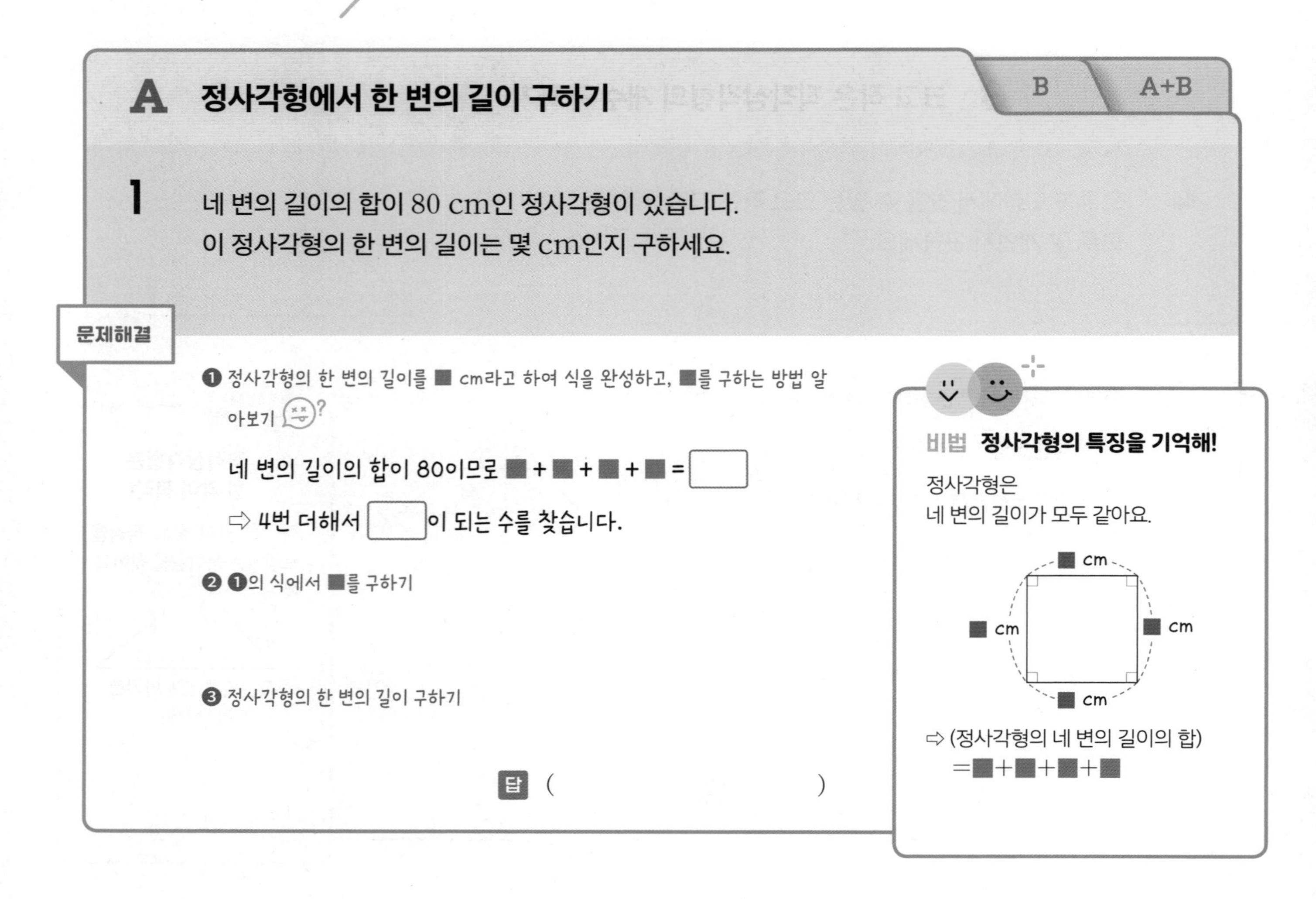

A 정사각형에서 한 변의 길이 구하기

B　A+B

1 네 변의 길이의 합이 80 cm인 정사각형이 있습니다.
이 정사각형의 한 변의 길이는 몇 cm인지 구하세요.

문제해결

❶ 정사각형의 한 변의 길이를 ■ cm라고 하여 식을 완성하고, ■를 구하는 방법 알아보기

네 변의 길이의 합이 80이므로 ■ + ■ + ■ + ■ = [　　]

⇨ 4번 더해서 [　　]이 되는 수를 찾습니다.

❷ ❶의 식에서 ■를 구하기

❸ 정사각형의 한 변의 길이 구하기

답 (　　　　　　　　　　)

비법 정사각형의 특징을 기억해!

정사각형은
네 변의 길이가 모두 같아요.

⇨ (정사각형의 네 변의 길이의 합)
=■+■+■+■

2 네 변의 길이의 합이 32 cm인 정사각형이 있습니다. 이 정사각형의 한 변의 길이는 몇 cm인지 구하세요.

(　　　　　　　　　　)

3 철사를 사용하여 오른쪽 그림과 같은 직사각형을 만들었습니다. 이 철사를 펴서 다시 가장 큰 정사각형 1개를 만들 때, 이 정사각형의 한 변의 길이는 몇 cm인지 구하세요.

→ 가장 큰 정사각형은 철사를 모두 사용해서 만들 때예요.

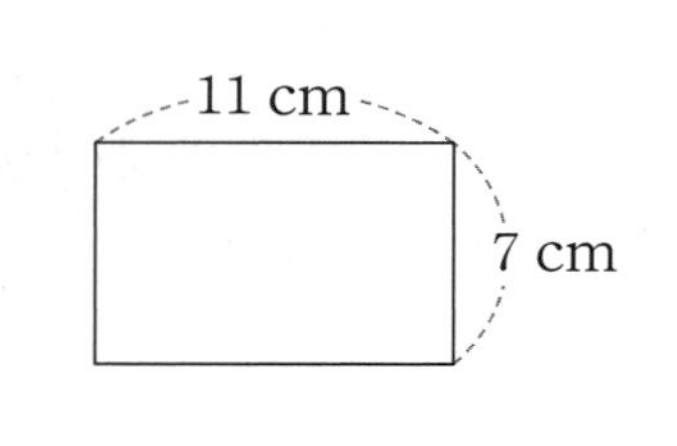

(　　　　　　　　　　)

B 직사각형에서 변의 길이 구하기

4 네 변의 길이의 합이 52 cm이고 가로가 15 cm인 직사각형이 있습니다. 이 직사각형의 세로는 몇 cm인지 구하세요.

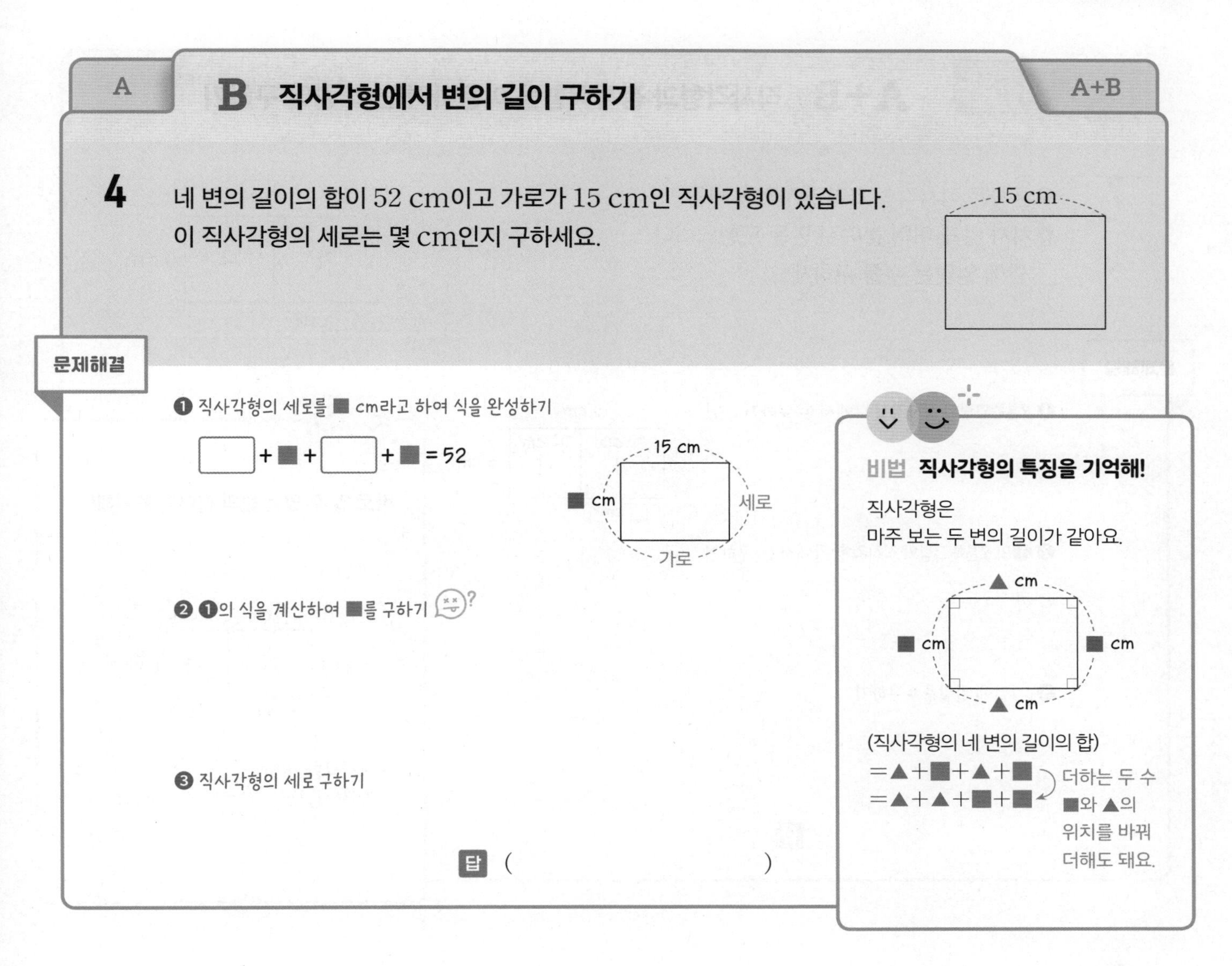

A
A+B
15 cm
문제해결
❶ 직사각형의 세로를 ■ cm라고 하여 식을 완성하기
□ + ■ + □ + ■ = 52
15 cm
■ cm
세로
가로
❷ ❶의 식을 계산하여 ■를 구하기
❸ 직사각형의 세로 구하기
답 (   )
비법 직사각형의 특징을 기억해!
직사각형은
마주 보는 두 변의 길이가 같아요.
▲ cm
■ cm
■ cm
▲ cm
(직사각형의 네 변의 길이의 합)
=▲+■+▲+■
=▲+▲+■+■
더하는 두 수 ■와 ▲의
위치를 바꿔
더해도 돼요.

5 네 변의 길이의 합이 48 cm이고 세로가 14 cm인 직사각형이 있습니다. 이 직사각형의 가로는 몇 cm인지 구하세요.

(   )

6 직사각형 가와 정사각형 나의 네 변의 길이의 합이 같을 때, □ 안에 알맞은 수를 구하세요.

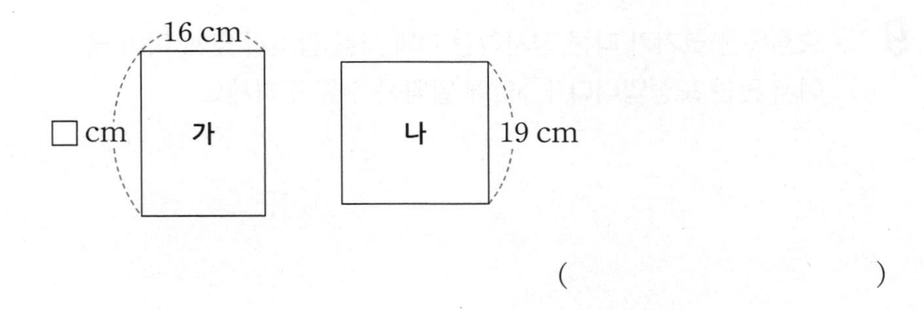

(   )

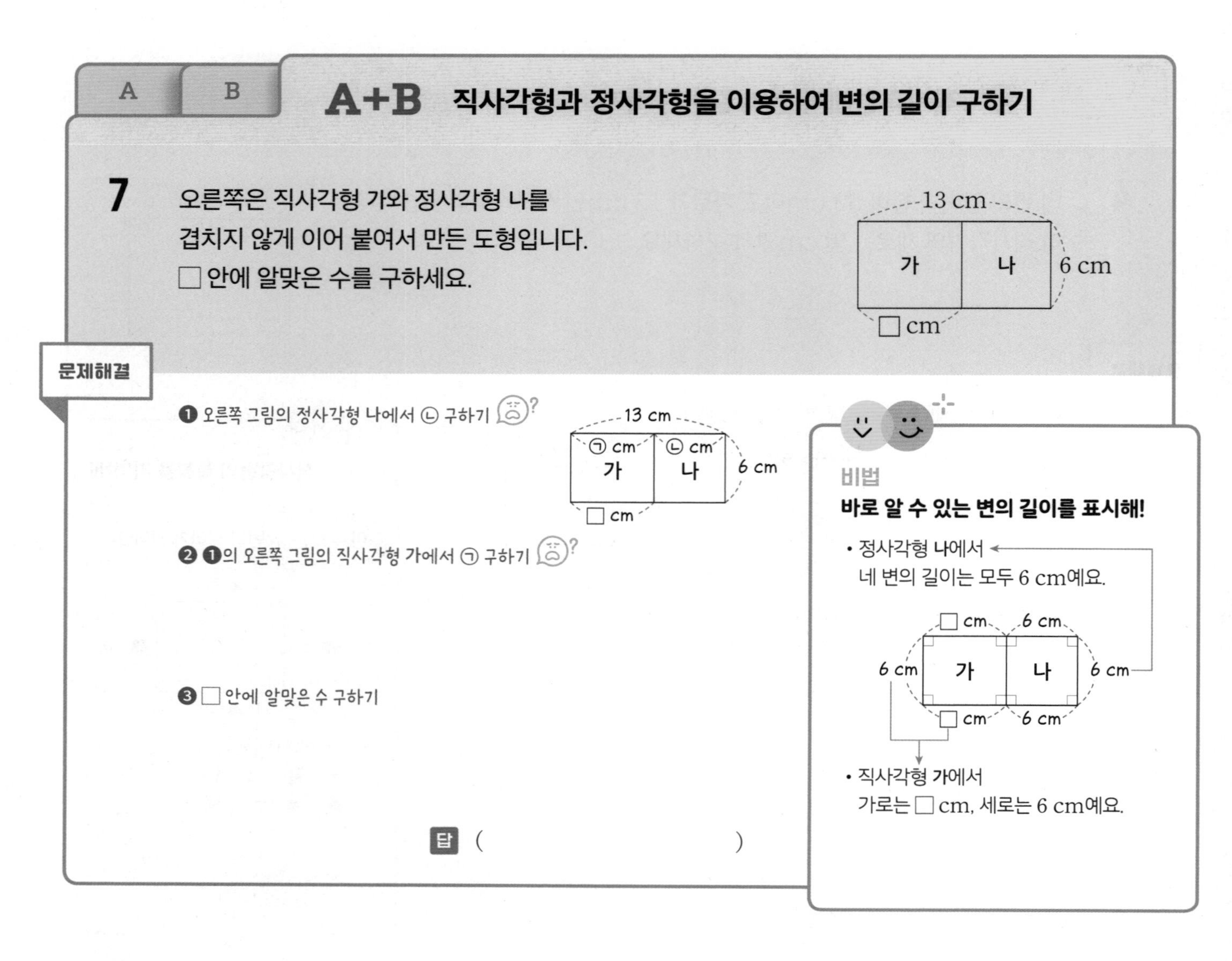

A+B 직사각형과 정사각형을 이용하여 변의 길이 구하기

7 오른쪽은 직사각형 가와 정사각형 나를 겹치지 않게 이어 붙여서 만든 도형입니다. □ 안에 알맞은 수를 구하세요.

문제해결

❶ 오른쪽 그림의 정사각형 나에서 ㉡ 구하기

❷ ❶의 오른쪽 그림의 직사각형 가에서 ㉠ 구하기

❸ □ 안에 알맞은 수 구하기

답 (   )

비법

바로 알 수 있는 변의 길이를 표시해!

- 정사각형 나에서 네 변의 길이는 모두 6 cm예요.

- 직사각형 가에서 가로는 □ cm, 세로는 6 cm예요.

8 오른쪽은 직사각형 가와 정사각형 나를 겹치지 않게 이어 붙여서 만든 도형입니다. □ 안에 알맞은 수를 구하세요.

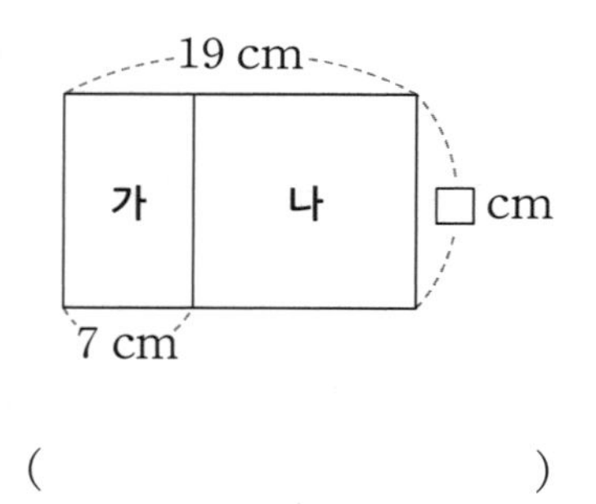

(   )

9 오른쪽은 크기가 다른 정사각형 가와 나를 겹치지 않게 이어 붙여서 만든 도형입니다. □ 안에 알맞은 수를 구하세요.

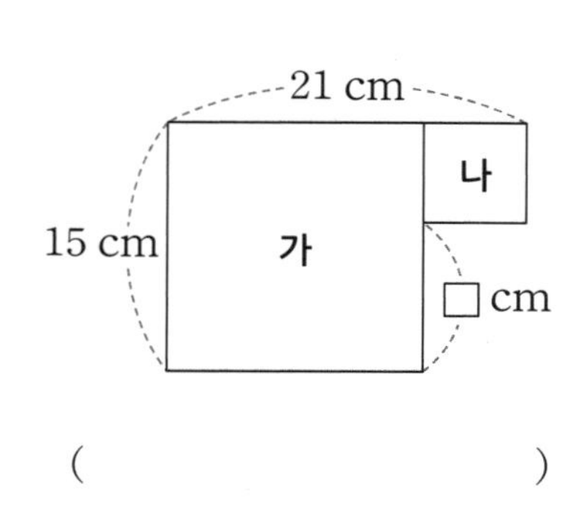

(   )

유형 05

이어 붙여서 만든 도형의 둘레

도형을 둘러싼 테두리의 길이

A 정사각형을 이어 붙여서 만든 도형의 둘레 구하기

B

1 오른쪽은 한 변의 길이가 5 cm인 정사각형 5개를 겹치지 않게 이어 붙여서 만든 도형입니다. 도형을 둘러싼 굵은 선의 길이는 몇 cm인지 구하세요.

문제해결

❶ 도형을 둘러싼 굵은 선의 길이는 정사각형 한 변이 몇 개 있는 것과 같은지 그림에 나타내고 구하기

❷ 도형을 둘러싼 굵은 선의 길이 구하기

답 (　　　　　　　　)

비법

정사각형의 한 변을 표시해!

도형의 둘레는 정사각형의 한 변 몇 개로 둘러싸여 있는지 표시하면서 세어요.

1 2 3 4

2 오른쪽은 한 변의 길이가 10 cm인 정사각형 5개를 겹치지 않게 이어 붙여서 만든 도형입니다. 도형을 둘러싼 굵은 선의 길이는 몇 cm인지 구하세요.

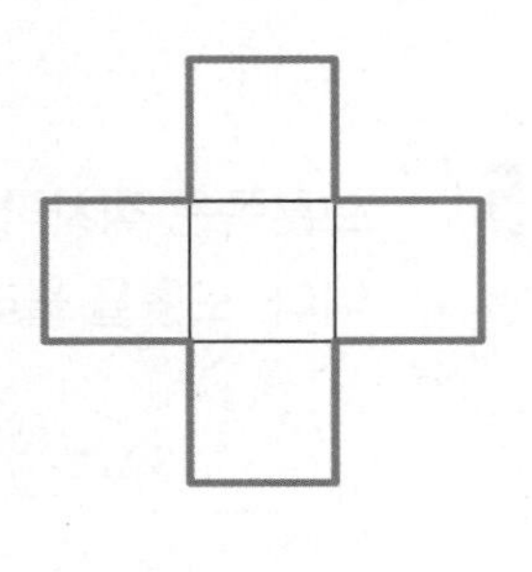

(　　　　　　　　)

3 오른쪽은 한 변의 길이가 7 cm인 정사각형 3개와 세 변의 길이가 모두 같은 삼각형 1개를 겹치지 않게 이어 붙여서 만든 도형입니다. 도형을 둘러싼 굵은 선의 길이는 몇 cm인지 구하세요.

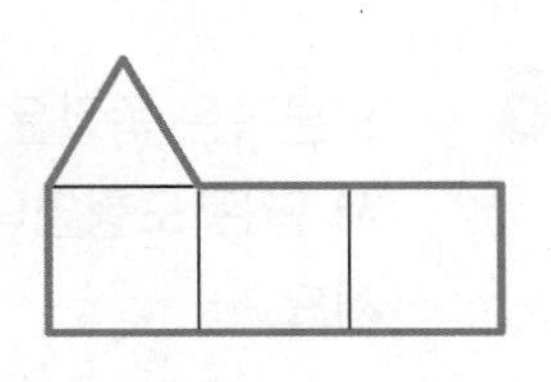

(　　　　　　　　)

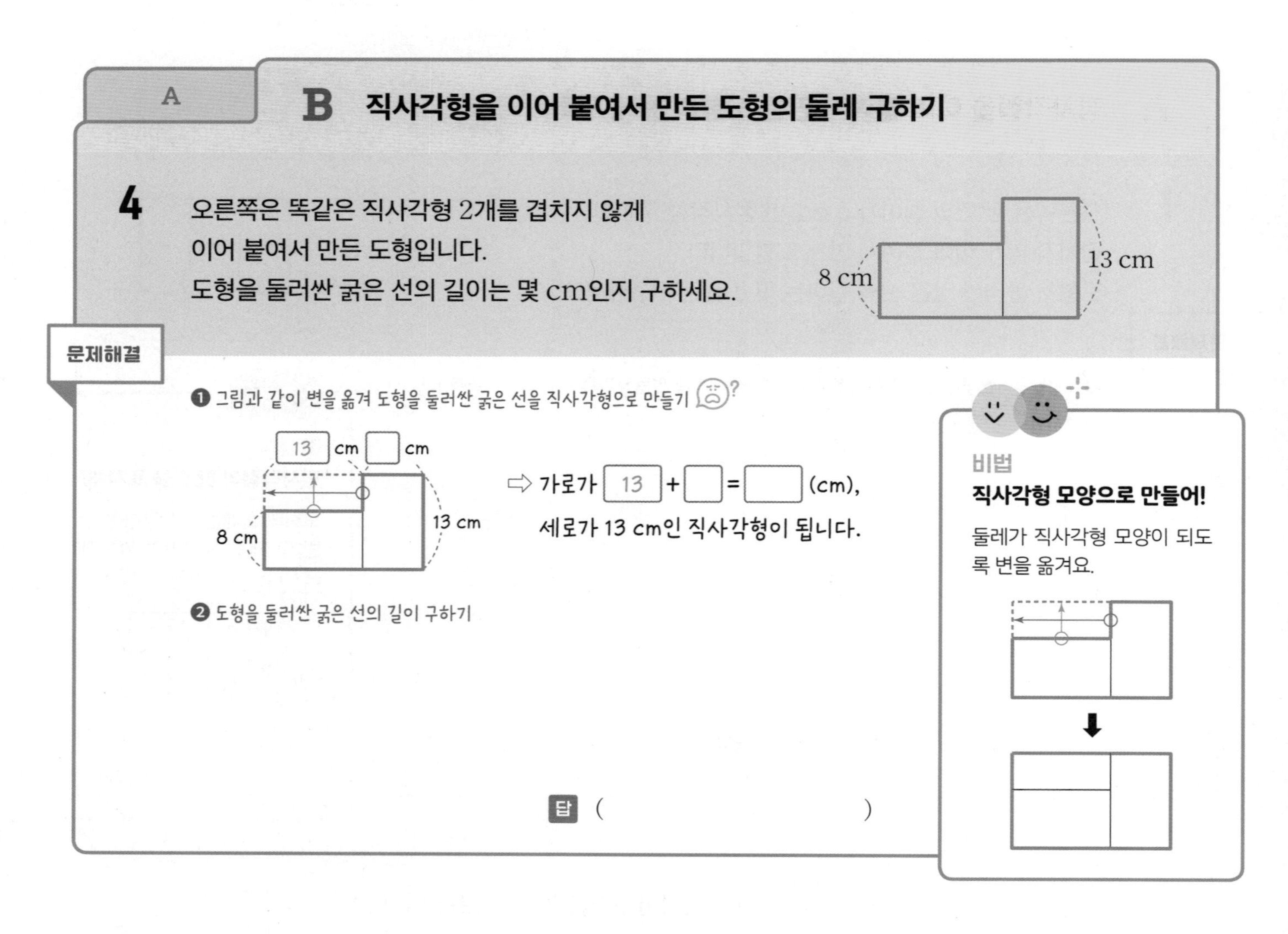

A

B 직사각형을 이어 붙여서 만든 도형의 둘레 구하기

4 오른쪽은 똑같은 직사각형 2개를 겹치지 않게 이어 붙여서 만든 도형입니다.
도형을 둘러싼 굵은 선의 길이는 몇 cm인지 구하세요.

문제해결

❶ 그림과 같이 변을 옮겨 도형을 둘러싼 굵은 선을 직사각형으로 만들기

⇨ 가로가 13 + ☐ = ☐ (cm),
세로가 13 cm인 직사각형이 됩니다.

❷ 도형을 둘러싼 굵은 선의 길이 구하기

답 (　　　　　　　　)

비법
직사각형 모양으로 만들어!
둘레가 직사각형 모양이 되도록 변을 옮겨요.

5 오른쪽은 직사각형과 정사각형을 겹치지 않게 이어 붙여서 만든 도형입니다. 도형을 둘러싼 굵은 선의 길이는 몇 cm인지 구하세요.

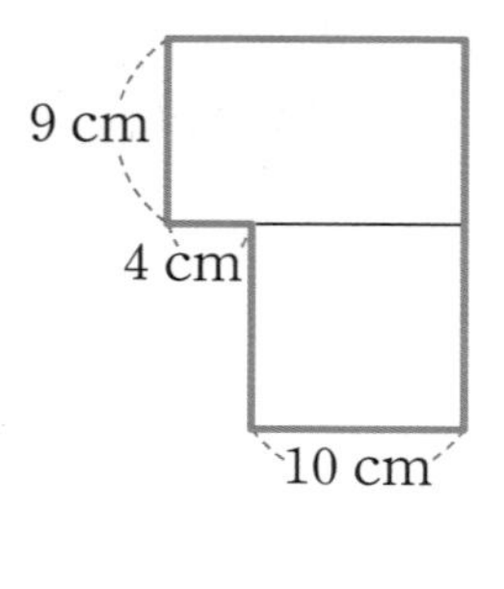

(　　　　　　　　)

6 오른쪽은 똑같은 정사각형 3개와 직사각형 1개를 겹치지 않게 이어 붙여서 만든 도형입니다. 도형을 둘러싼 굵은 선의 길이는 몇 cm인지 구하세요.

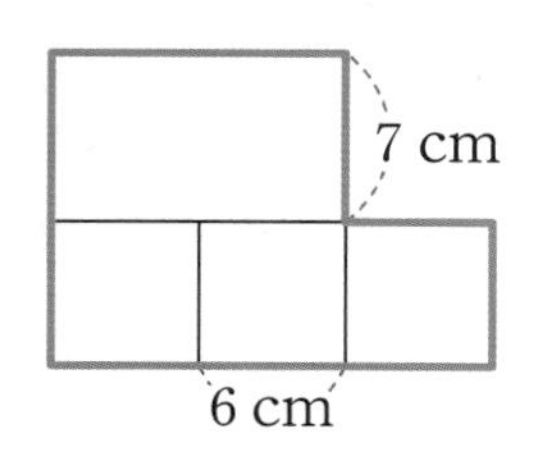

(　　　　　　　　)

단원 2 유형 마스터

어떻게 풀어야 할지 모르겠다면
유형으로 되돌아가 다시 학습해 보세요.

01

유형 01 A

오른쪽 4개의 점 중에서 2개의 점을 이어 그을 수 있는 직선은 모두 몇 개인지 구하세요.

ㄱ• •ㄹ ㄴ• •ㄷ

(　　　　　　　　)

02

유형 02 A

오른쪽 도형에서 찾을 수 있는 각은 모두 몇 개인지 구하세요.

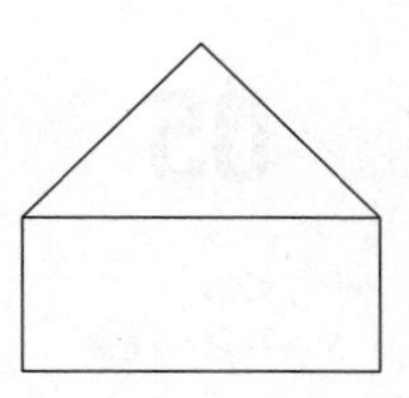

(　　　　　　　　)

03

유형 02 A

도형에서 찾을 수 있는 각은 모두 몇 개인지 구하세요.

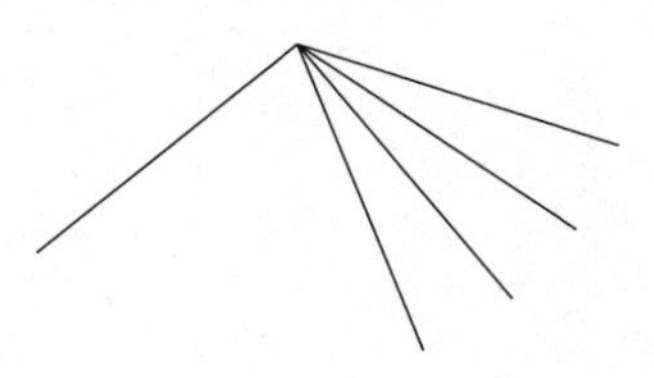

(　　　　　　　　)

04

유형 02 B

두 도형에서 찾을 수 있는 직각은 모두 몇 개인지 구하세요.

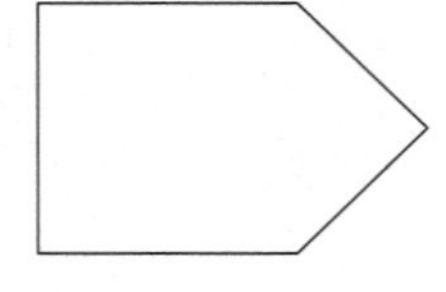
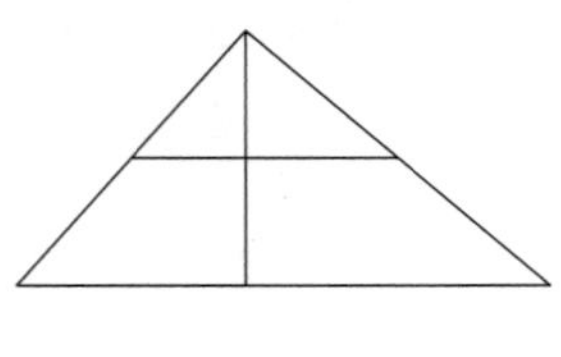

( )

05

유형 04 B

네 변의 길이의 합이 60 cm이고 가로가 17 cm인 직사각형이 있습니다. 이 직사각형의 세로는 몇 cm인지 구하세요.

( )

06

유형 03 B

도형에서 찾을 수 있는 크고 작은 직각삼각형은 모두 몇 개인지 구하세요.

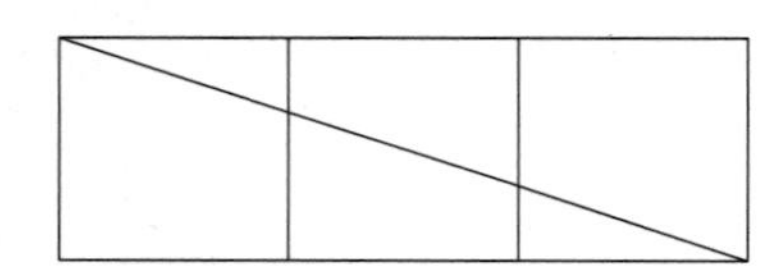

( )

07

유형 03 A

오른쪽 도형에서 찾을 수 있는 크고 작은 직사각형은 모두 몇 개인지 구하세요.

(　　　　　　　　)

08

한 변의 길이가 42 cm인 정사각형 모양의 종이를 잘라 한 변의 길이가 6 cm인 정사각형을 만들려고 합니다. 모두 몇 개까지 만들 수 있는지 구하세요.

(　　　　　　　　)

09

유형 05 A

한 변의 길이가 8 cm인 정사각형 10개로 오른쪽과 같은 모양을 만들었습니다. 도형을 둘러싼 굵은 선의 길이는 몇 cm인지 구하세요.

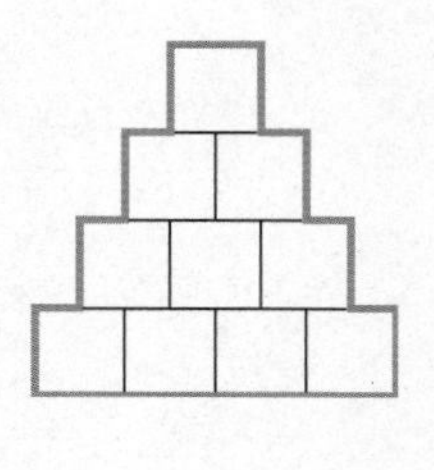

(　　　　　　　　)

나눗셈

학습계열표

2-1 6. 곱셈
- 묶어 세기, 몇의 몇 배
- 곱셈식

2-2 2. 곱셈구구
- 곱셈구구
- 두 수 바꾸어 곱하기

3-1 3. 나눗셈
- 똑같이 나누기
- 곱셈과 나눗셈의 관계
- 곱셈으로 나눗셈의 몫 구하기

3-2 2. 나눗셈
- (두 자리 수)÷(한 자리 수)

4-1 3. 곱셈과 나눗셈
- 두 자리 수로 나누기
- 곱셈과 나눗셈의 활용

학습기록표

유형 01	학습일 / 학습평가
나눗셈의 활용	
A	나누는 수를 찾기
A+	똑같이 나누기

유형 02	학습일 / 학습평가
규칙을 찾아 나눗셈 활용하기	
A	묶음 안의 마지막 수
A+	다음 묶음 안의 수

유형 03	학습일 / 학습평가
나누어지는 수 구하기	
A	몫, 나누는 수, 나누어지는 수
B	나누어지는 수
B+	두 수로 나누어지는 수

유형 04	학습일 / 학습평가
수 카드로 나눗셈식 만들기	
A	나누는 수가 정해진
A+	몫이 주어진

유형 05	학습일 / 학습평가
어떤 수 활용	
A	어떤 수
B	바르게 계산하기
C	합이 주어진 두 수

유형 06	학습일 / 학습평가
그림으로 이해하는 나눗셈의 활용	
A	통나무를 자른 횟수
B	도로에 심은 나무의 수

유형 07	학습일 / 학습평가
시간, 거리, 빠르기에서 나눗셈의 활용	
A	걸리는 시간
A+	거리 비교

유형 08	학습일 / 학습평가
도형에서 나눗셈의 활용	
A	정사각형의 변의 길이 활용
B	직사각형에서 변의 길이
B+	직사각형의 변의 길이 활용

유형 마스터	학습일 / 학습평가
나눗셈	

유형 01

나눗셈의 활용

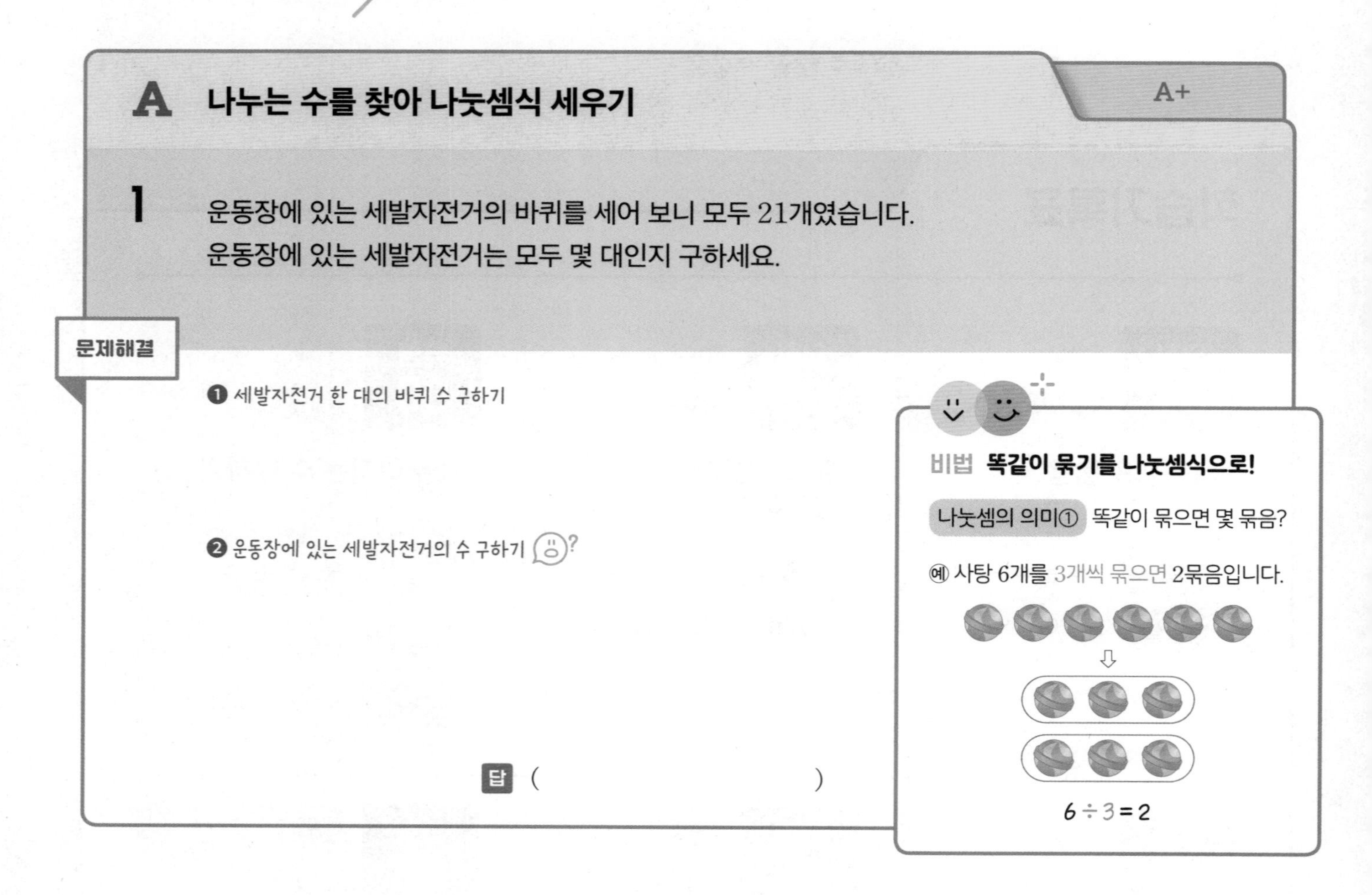

A 나누는 수를 찾아 나눗셈식 세우기

A+

1 운동장에 있는 세발자전거의 바퀴를 세어 보니 모두 21개였습니다. 운동장에 있는 세발자전거는 모두 몇 대인지 구하세요.

문제해결

❶ 세발자전거 한 대의 바퀴 수 구하기

❷ 운동장에 있는 세발자전거의 수 구하기

답 (　　　　　　　　)

비법 똑같이 묶기를 나눗셈식으로!
나눗셈의 의미① 똑같이 묶으면 몇 묶음?
예 사탕 6개를 3개씩 묶으면 2묶음입니다.
6 ÷ 3 = 2

2 어느 농장에서 키우는 돼지의 다리 수를 세어 보니 모두 32개였습니다. 돼지는 모두 몇 마리인지 구하세요.

(　　　　　　　　)

3 효정이는 일주일 동안 수학 동화책 63쪽을 모두 읽으려고 합니다. 매일 같은 쪽수를 읽고 한 시간에 3쪽씩 읽는다면 하루에 몇 시간씩 수학 동화책을 읽어야 하는지 구하세요.

(　　　　　　　　)

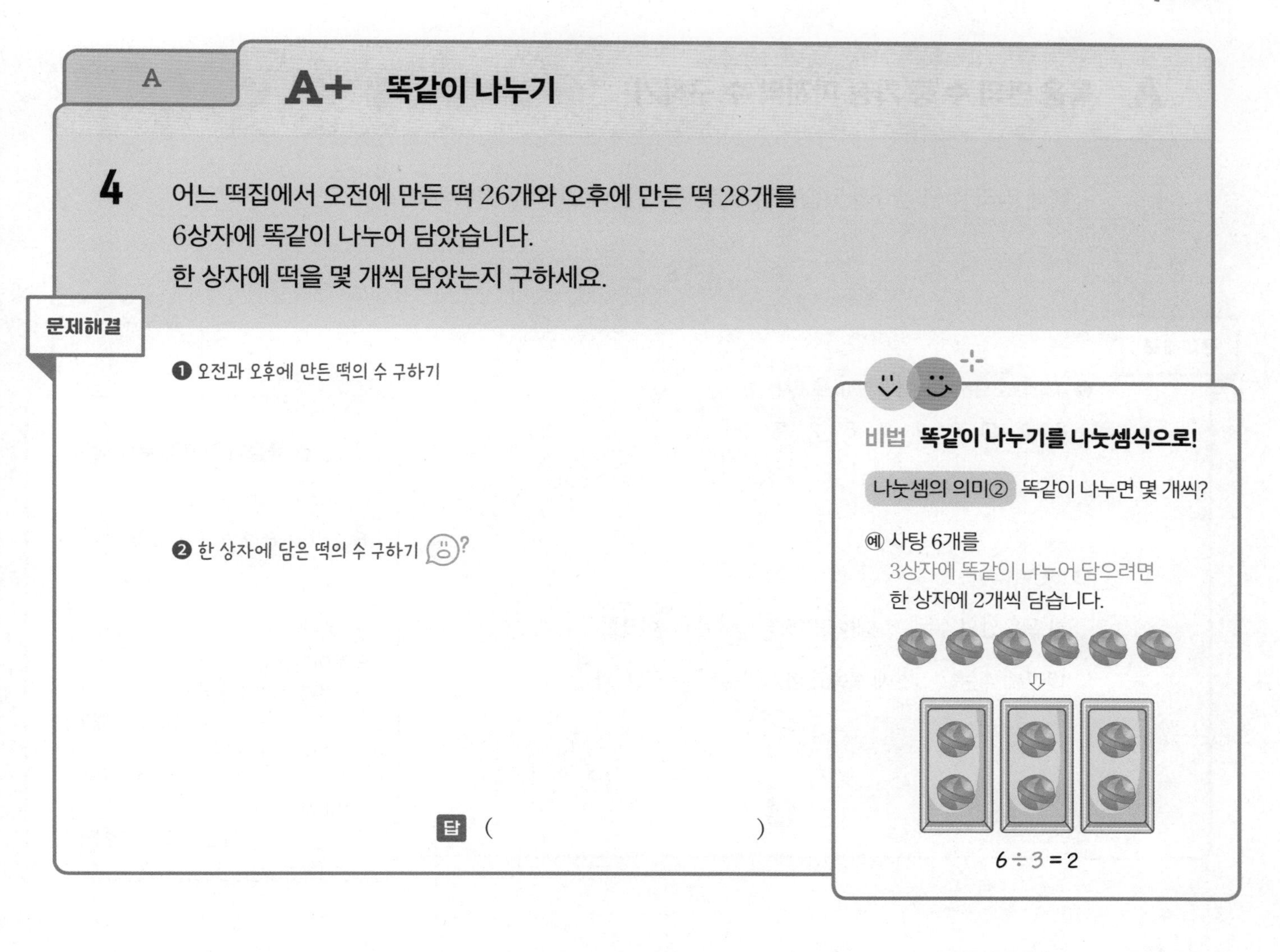

A

A+ 똑같이 나누기

4 어느 떡집에서 오전에 만든 떡 26개와 오후에 만든 떡 28개를 6상자에 똑같이 나누어 담았습니다. 한 상자에 떡을 몇 개씩 담았는지 구하세요.

문제해결

❶ 오전과 오후에 만든 떡의 수 구하기

❷ 한 상자에 담은 떡의 수 구하기

답 (   )

비법 **똑같이 나누기를 나눗셈식으로!**

나눗셈의 의미② 똑같이 나누면 몇 개씩?

예 사탕 6개를 3상자에 똑같이 나누어 담으려면 한 상자에 2개씩 담습니다.

$6 \div 3 = 2$

5 달걀 30개를 샀는데 3개가 깨져서 버렸습니다. 남은 달걀을 모두 삶아서 9명이 똑같이 나누어 먹었습니다. 한 사람이 먹은 달걀은 몇 개인지 구하세요.

(   )

6 구슬 64개를 한 봉지에 8개씩 담아서 4명에게 똑같이 나누어 주려고 합니다. 한 사람이 몇 봉지씩 가지게 되는지 구하세요.

(   )

유형 02

규칙을 찾아 나눗셈 활용하기

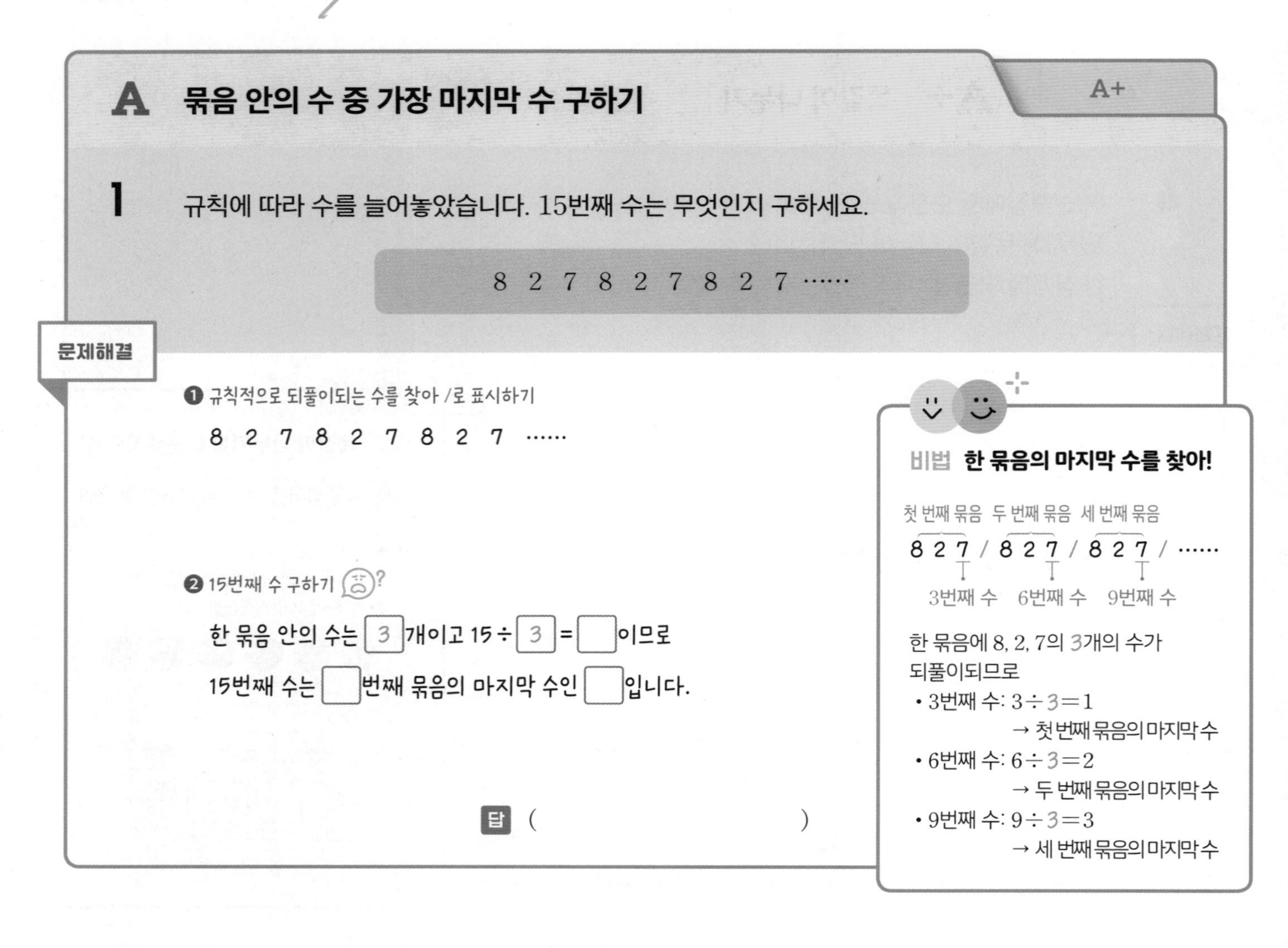

A 묶음 안의 수 중 가장 마지막 수 구하기

A+

1 규칙에 따라 수를 늘어놓았습니다. 15번째 수는 무엇인지 구하세요.

8 2 7 8 2 7 8 2 7 ……

문제해결

❶ 규칙적으로 되풀이되는 수를 찾아 /로 표시하기

8 2 7 8 2 7 8 2 7 ……

❷ 15번째 수 구하기

한 묶음 안의 수는 [3]개이고 15 ÷ [3] = [ ]이므로

15번째 수는 [ ]번째 묶음의 마지막 수인 [ ]입니다.

답 ( )

비법 한 묶음의 마지막 수를 찾아!

첫 번째 묶음 두 번째 묶음 세 번째 묶음

8 2 7 / 8 2 7 / 8 2 7 / ……

3번째 수 6번째 수 9번째 수

한 묶음에 8, 2, 7의 3개의 수가 되풀이되므로

- 3번째 수: $3 \div 3 = 1$
  → 첫 번째 묶음의 마지막 수
- 6번째 수: $6 \div 3 = 2$
  → 두 번째 묶음의 마지막 수
- 9번째 수: $9 \div 3 = 3$
  → 세 번째 묶음의 마지막 수

2 규칙에 따라 수를 늘어놓았습니다. 28번째 수는 무엇인지 구하세요.

0 3 6 9 0 3 6 9 0 3 6 9 ……

( )

3 규칙에 따라 모양을 늘어놓았습니다. 30번째에 올 모양을 그려 보세요.

( )

A

A+ 다음 묶음 안의 수 구하기

4 규칙에 따라 수를 늘어놓았습니다. 21번째 수는 무엇인지 구하세요.

4 3 2 1 4 3 2 1 4 3 2 1 ……

문제해결

❶ 규칙적으로 되풀이되는 수를 찾아 /로 표시하고, 한 묶음 안의 수의 개수 구하기

4 3 2 1 4 3 2 1 4 3 2 1 ……

⇨ 한 묶음 안의 수의 개수: □개

❷ 20번째 수, 21번째 수 차례로 구하기

답 (   )

비법

구하려는 순서의 앞의 순서를 먼저 찾아!

첫 번째 묶음 두 번째 묶음 세 번째 묶음

4 3 2 1 / 4 3 2 1 / 4 3 2 1 / ……

8번째 수 9번째 수 10번째 수

한 묶음에 4, 3, 2, 1의 4개의 수가 되풀이되므로

- 8번째 수: $8 \div 4 = 2$
  → 두 번째 묶음의 마지막 수 1
- 9번째 수: 세 번째 묶음의 첫 번째 수 4
- 10번째 수: 세 번째 묶음의 두 번째 수 3

5 규칙에 따라 수를 늘어놓았습니다. 36번째 수는 무엇인지 구하세요.

2 3 5 7 8 2 3 5 7 8 2 3 ……

(   )

6 규칙에 따라 흰색 바둑돌과 검은색 바둑돌을 늘어놓았습니다. 50번째에 놓이는 바둑돌은 무슨 색인지 구하세요.

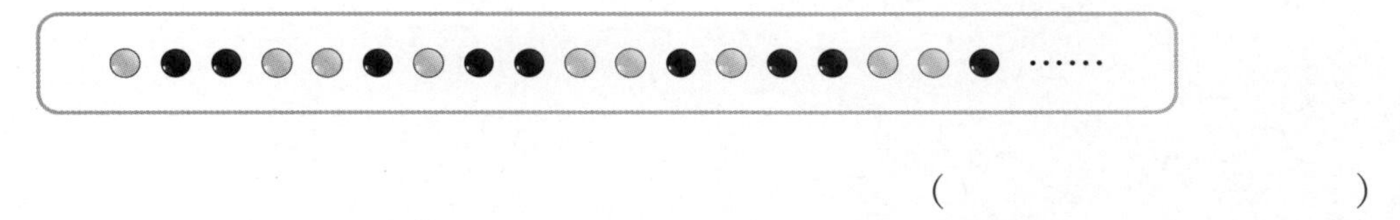

(   )

유형 03 나누어지는 수 구하기

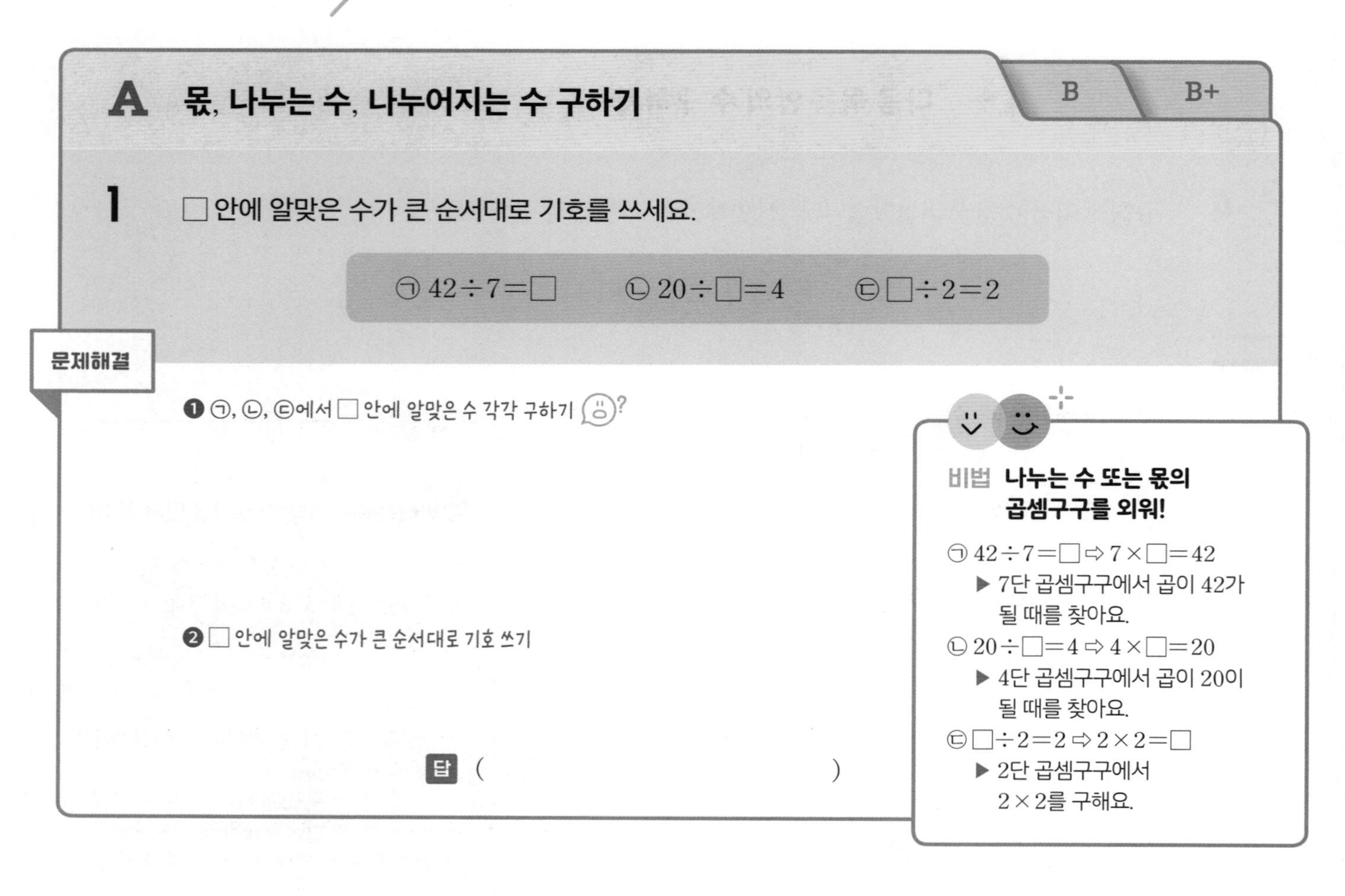

A 몫, 나누는 수, 나누어지는 수 구하기
B
B+
1 □ 안에 알맞은 수가 큰 순서대로 기호를 쓰세요.
㉠ 42÷7=□ ㉡ 20÷□=4 ㉢ □÷2=2
문제해결
❶ ㉠, ㉡, ㉢에서 □ 안에 알맞은 수 각각 구하기
❷ □ 안에 알맞은 수가 큰 순서대로 기호 쓰기
답 ( )
비법 나누는 수 또는 몫의 곱셈구구를 외워!
㉠ 42÷7=□ ⇨ 7×□=42
▶ 7단 곱셈구구에서 곱이 42가 될 때를 찾아요.
㉡ 20÷□=4 ⇨ 4×□=20
▶ 4단 곱셈구구에서 곱이 20이 될 때를 찾아요.
㉢ □÷2=2 ⇨ 2×2=□
▶ 2단 곱셈구구에서 2×2를 구해요.

2 □ 안에 알맞은 수가 작은 순서대로 기호를 쓰세요.

㉠ □÷2=4　　㉡ 72÷8=□　　㉢ 21÷□=7

( )

3 같은 모양은 같은 수를 나타낼 때 ▲의 값을 구하세요.

●÷8=3　　●÷▲=6

( )

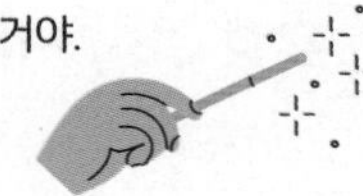

A

B 조건을 만족하는 나누어지는 수 구하기

B+

4 다음 나눗셈의 □ 안에 알맞은 수를 넣어 4로 나누어지게 하려고 합니다. 0부터 9까지의 수 중에서 □ 안에 들어갈 수 있는 수를 모두 구하세요.

1□÷4

문제해결

❶ 4단 곱셈구구에서 곱의 십의 자리 숫자가 1인 경우 모두 구하기

❷ 0부터 9까지의 수 중에서 □ 안에 들어갈 수 있는 수 모두 구하기

답 (   )

비법
나누는 수의 곱셈구구를 외워!
4로 나누어지는 수는
4단 곱셈구구를 이용해요.
예 4×2=8에서 8÷4=2
⇨ 8은 4로 나누어집니다.

5 다음 나눗셈의 □ 안에 알맞은 수를 넣어 6으로 나누어지게 하려고 합니다. 0부터 9까지의 수 중에서 □ 안에 들어갈 수 있는 수를 모두 구하세요.

3□÷6

(   )

6 다음 나눗셈의 □ 안에 알맞은 수를 넣어 7로 나누어지고, 몫이 가장 크게 되도록 하려고 합니다. 0부터 9까지의 수 중에서 □ 안에 알맞은 수를 구하세요.

4□÷7

(   )

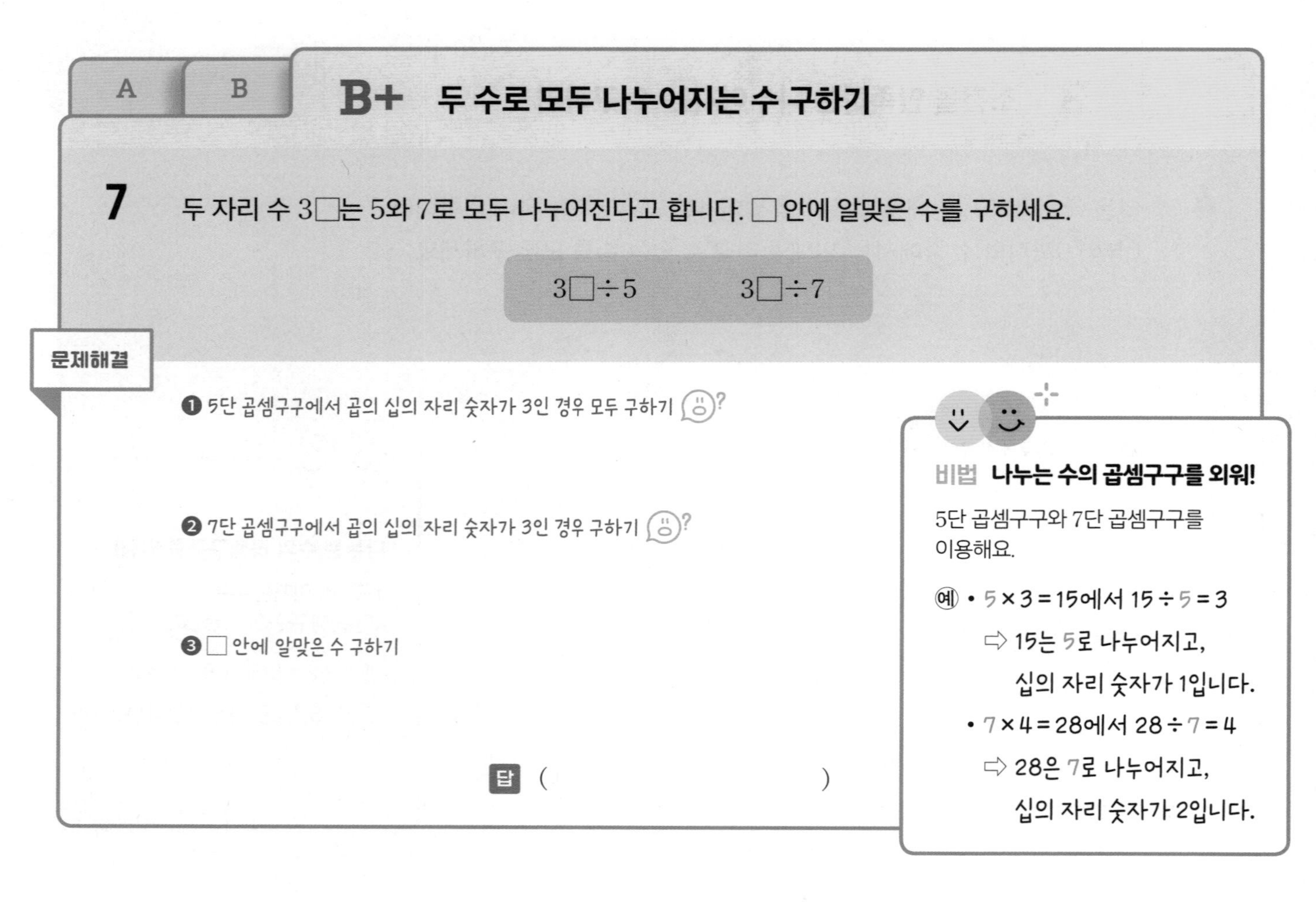

A
B
B+ 두 수로 모두 나누어지는 수 구하기
7 두 자리 수 3□는 5와 7로 모두 나누어진다고 합니다. □ 안에 알맞은 수를 구하세요.
3□÷5 3□÷7
문제해결
❶ 5단 곱셈구구에서 곱의 십의 자리 숫자가 3인 경우 모두 구하기
❷ 7단 곱셈구구에서 곱의 십의 자리 숫자가 3인 경우 구하기
❸ □ 안에 알맞은 수 구하기
답 (　　　　　　　　)
비법 나누는 수의 곱셈구구를 외워!
5단 곱셈구구와 7단 곱셈구구를 이용해요.
예 • 5 × 3 = 15에서 15 ÷ 5 = 3
⇨ 15는 5로 나누어지고, 십의 자리 숫자가 1입니다.
• 7 × 4 = 28에서 28 ÷ 7 = 4
⇨ 28은 7로 나누어지고, 십의 자리 숫자가 2입니다.

8 두 자리 수 4□는 6과 8로 모두 나누어진다고 합니다. □ 안에 알맞은 수를 구하세요.

4□÷6　　4□÷8

(　　　　　　　　)

9 두 자리 수 2□는 4와 3으로 모두 나누어진다고 합니다. □ 안에 알맞은 수를 구하세요.

2□÷4　　2□÷3

(　　　　　　　　)

유형 04

수 카드로 나눗셈식 만들기

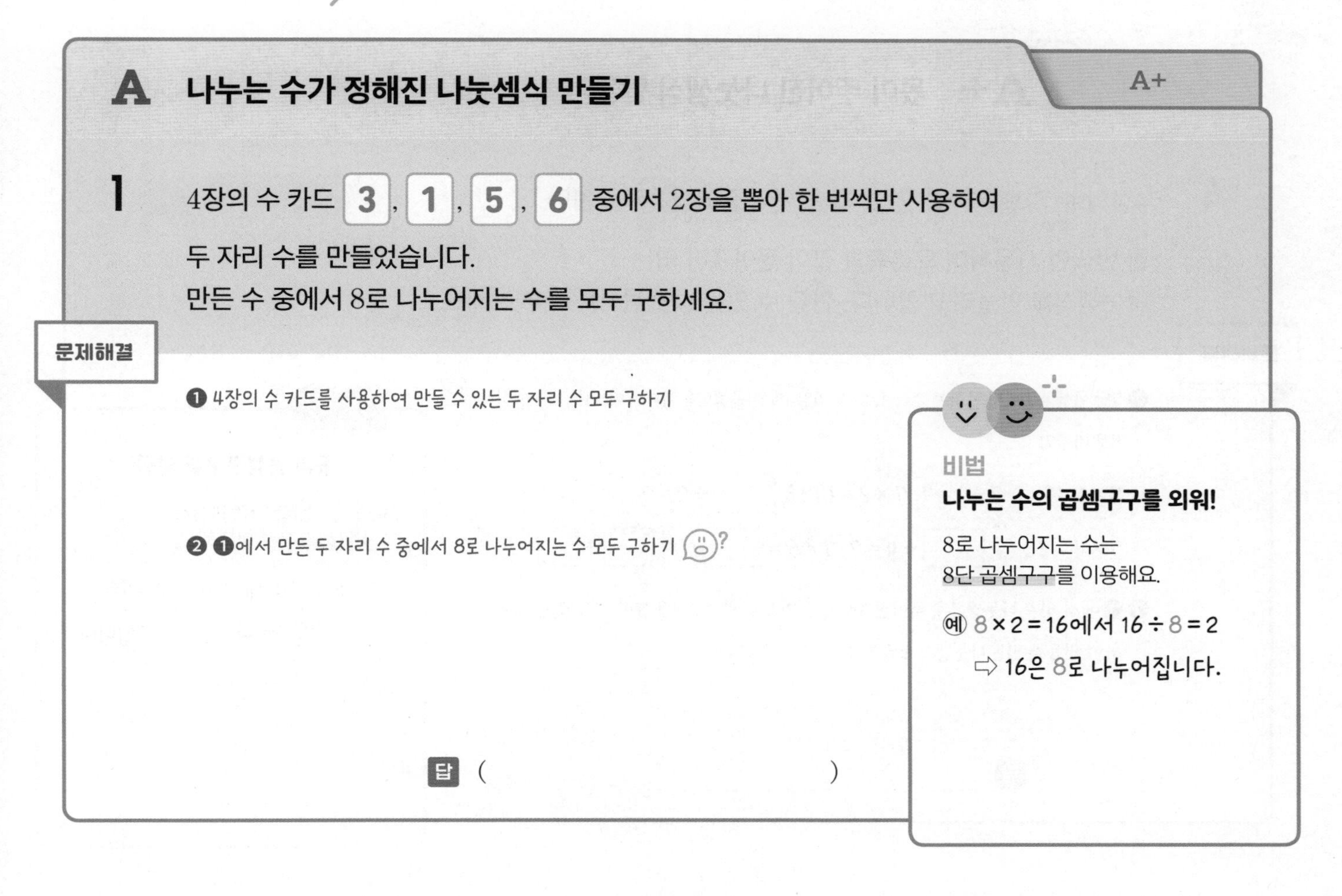

A 나누는 수가 정해진 나눗셈식 만들기
A+
1 4장의 수 카드 3, 1, 5, 6 중에서 2장을 뽑아 한 번씩만 사용하여 두 자리 수를 만들었습니다. 만든 수 중에서 8로 나누어지는 수를 모두 구하세요.
문제해결
❶ 4장의 수 카드를 사용하여 만들 수 있는 두 자리 수 모두 구하기
❷ ❶에서 만든 두 자리 수 중에서 8로 나누어지는 수 모두 구하기
답 (   )
비법
나누는 수의 곱셈구구를 외워!
8로 나누어지는 수는 8단 곱셈구구를 이용해요.
예 8 × 2 = 16에서 16 ÷ 8 = 2
⇨ 16은 8로 나누어집니다.

2 4장의 수 카드 1, 2, 3, 4 중에서 2장을 뽑아 한 번씩만 사용하여 두 자리 수를 만들었습니다. 만든 수 중에서 6으로 나누어지는 수를 모두 구하세요.

(   )

3 4장의 수 카드 8, 4, 1, 5 중에서 2장을 뽑아 한 번씩만 사용하여 두 자리 수를 만들었습니다. 만든 수 중에서 9로 나누어지는 수를 모두 구하세요.

(   )

A

A+ 몫이 주어진 나눗셈식 만들기

4 4장의 수 카드 1, 2, 4, 6 중에서 3장을 뽑아 한 번씩만 사용하여 오른쪽과 같이 몫이 7이 되는 나눗셈식을 만들려고 합니다. 만들 수 있는 나눗셈식을 모두 쓰세요.

$\square\square \div \square = 7$

문제해결

❶ 7단 곱셈구구에서 곱하는 수가 1, 2, 4, 6일 때의 곱셈식을 몫이 7이 되는 나눗셈식으로 바꾸기

$7 \times 1 = 7$ ⇨ $7 \div 1 = 7$, $7 \times 2 = 14$ ⇨ $\square \div 2 = 7$,

$7 \times 4 = 28$ ⇨ $\square \div 4 = 7$, $7 \times 6 = \square$ ⇨ $\square \div \square = 7$

❷ ❶에서 바꾼 나눗셈식 중 주어진 4장의 수 카드 중에서 3장을 뽑아 한 번씩만 사용하여 만들 수 있는 나눗셈식 모두 쓰기

답 ______________________

비법 몫의 곱셈구구를 외워!

몫이 7이 되는 나눗셈식은 7단 곱셈구구를 이용해요.

예) $7 \times 2 = 14$에서 $14 \div 2 = 7$

⇨ 14를 2로 나누면 몫이 7입니다.

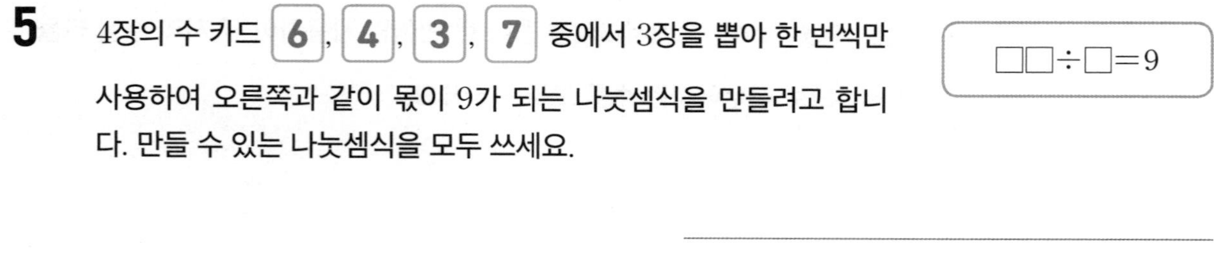

5 4장의 수 카드 6, 4, 3, 7 중에서 3장을 뽑아 한 번씩만 사용하여 오른쪽과 같이 몫이 9가 되는 나눗셈식을 만들려고 합니다. 만들 수 있는 나눗셈식을 모두 쓰세요.

$\square\square \div \square = 9$

____

6 5장의 수 카드 1, 2, 3, 4, 6 중에서 3장을 뽑아 (두 자리 수)÷(한 자리 수)의 나눗셈을 만들 때 몫이 8이 되는 나눗셈식을 모두 쓰세요.

____

유형 05 어떤 수 활용

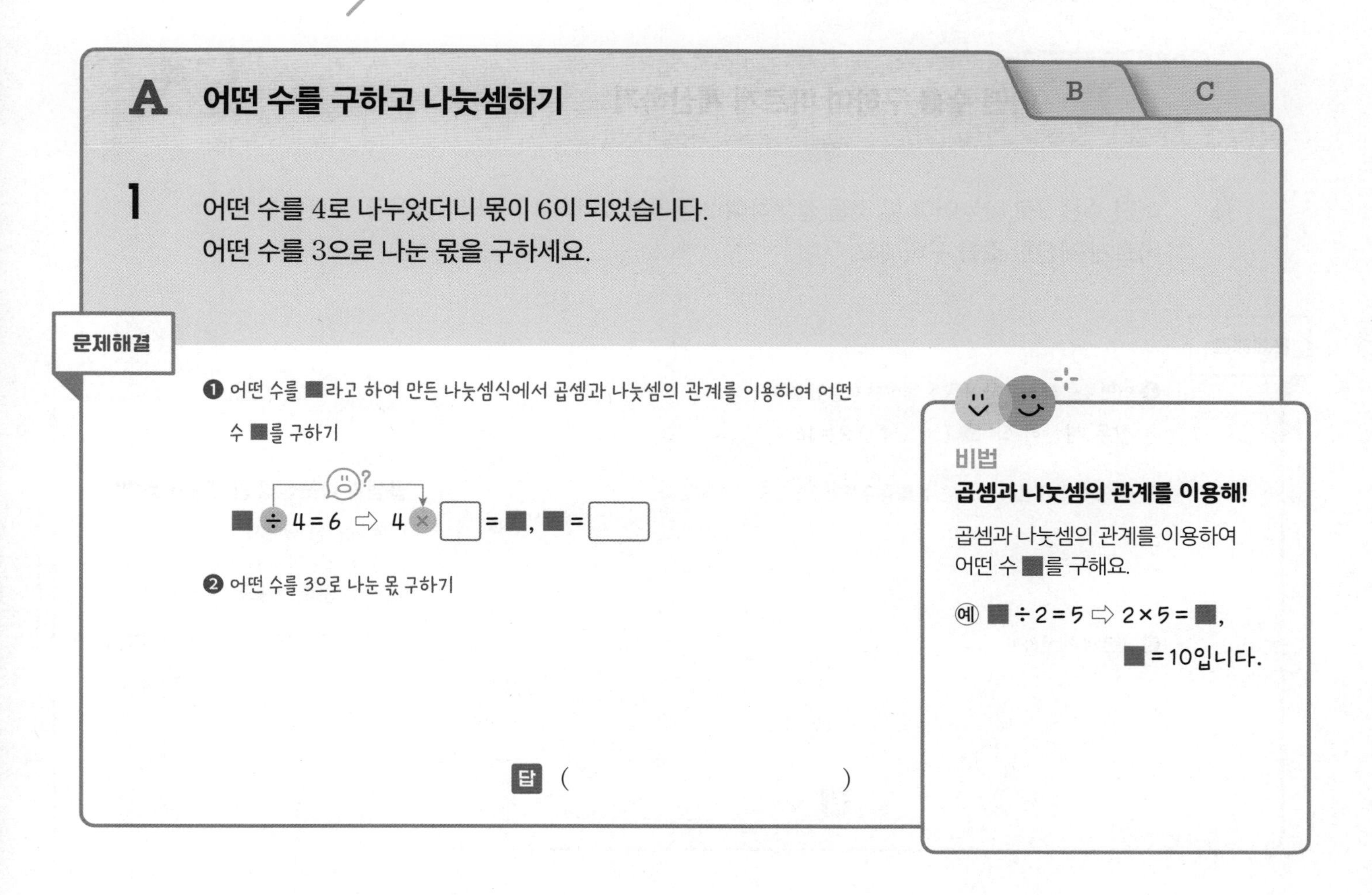

A 어떤 수를 구하고 나눗셈하기

B C

1 어떤 수를 4로 나누었더니 몫이 6이 되었습니다.
어떤 수를 3으로 나눈 몫을 구하세요.

문제해결

❶ 어떤 수를 ■라고 하여 만든 나눗셈식에서 곱셈과 나눗셈의 관계를 이용하여 어떤 수 ■를 구하기

■ ÷ 4 = 6 ⇨ 4 × ☐ = ■, ■ = ☐

❷ 어떤 수를 3으로 나눈 몫 구하기

답 (   )

비법
곱셈과 나눗셈의 관계를 이용해!
곱셈과 나눗셈의 관계를 이용하여 어떤 수 ■를 구해요.

예 ■ ÷ 2 = 5 ⇨ 2 × 5 = ■,
■ = 10입니다.

2 어떤 수를 6으로 나누었더니 몫이 2가 되었습니다. 어떤 수를 4로 나눈 몫을 구하세요.

(   )

3 어떤 수를 4로 나누었더니 몫이 4가 되었습니다. 어떤 수를 ●로 나누면 몫이 8이 될 때, ●는 얼마인지 구하세요.

(   )

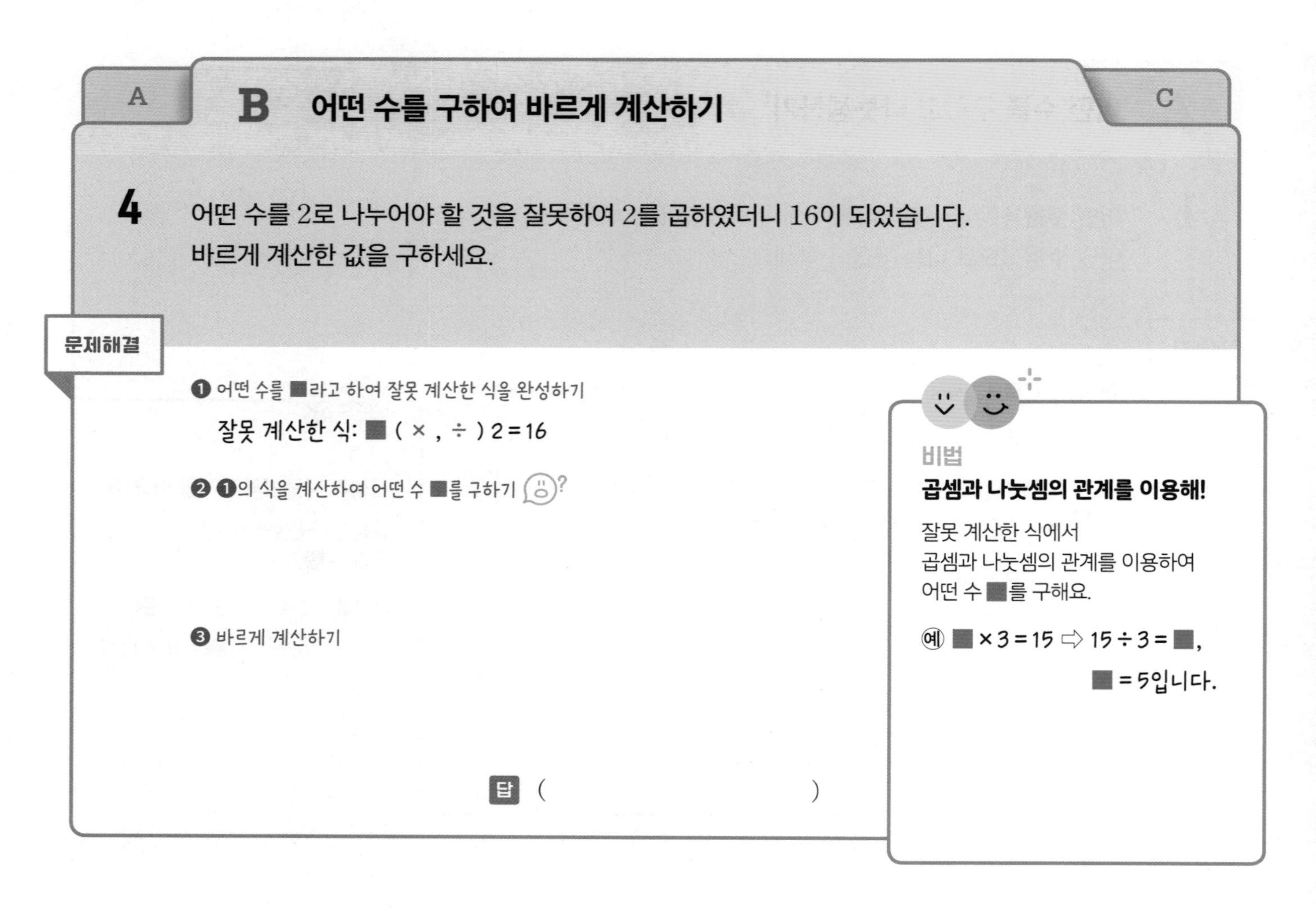

A
B 어떤 수를 구하여 바르게 계산하기
C
4
어떤 수를 2로 나누어야 할 것을 잘못하여 2를 곱하였더니 16이 되었습니다.
바르게 계산한 값을 구하세요.
문제해결
❶ 어떤 수를 ■라고 하여 잘못 계산한 식을 완성하기
잘못 계산한 식: ■ (× , ÷) 2 = 16
❷ ❶의 식을 계산하여 어떤 수 ■를 구하기
❸ 바르게 계산하기
답 (　　　　　　)
비법
곱셈과 나눗셈의 관계를 이용해!
잘못 계산한 식에서
곱셈과 나눗셈의 관계를 이용하여
어떤 수 ■를 구해요.
예 ■ × 3 = 15 ⇨ 15 ÷ 3 = ■,
■ = 5입니다.

5 어떤 수를 3으로 나누어야 할 것을 잘못하여 3을 곱하였더니 27이 되었습니다. 바르게 계산한 값을 구하세요.

(　　　　　　)

6 어떤 수를 6으로 나누어야 할 것을 잘못하여 9로 나누었더니 몫이 4가 되었습니다. 바르게 계산한 값을 구하세요.

(　　　　　　)

A B

C 합이 주어진 두 수 구하기

7 두 수가 있습니다. 두 수의 합은 36이고 큰 수를 작은 수로 나누면 몫이 5입니다. 두 수를 구하세요.

문제해결

❶ 큰 수를 작은 수로 나누면 몫이 5인 경우를 표로 알아보기

(큰 수) ÷ (작은 수) = 5 ⇨ (작은 수) ◯ 5 = (큰 수)

작은 수	1	2	3	4	5	6	……
큰 수	5	10					……

❷ ❶의 표에서 작은 수와 큰 수의 합이 36일 때 두 수 구하기

답 (,)

비법 **곱셈과 나눗셈의 관계를 이용해!**

큰 수를 작은 수로 나누면 몫이 5예요.
⇨ 작은 수에 5를 곱하면 큰 수가 돼요.

(큰 수) ÷ (작은 수) = 5
⇨ (작은 수) × 5 = (큰 수)

8 두 수가 있습니다. 두 수의 합은 45이고 큰 수를 작은 수로 나누면 몫이 8입니다. 두 수를 구하세요.

(,)

9 다음을 만족하는 ㉠과 ㉡을 각각 구하세요.

- ㉠과 ㉡의 합은 56입니다.
- ㉠을 ㉡으로 나누면 몫이 6입니다.

㉠ ( ), ㉡ ( )

유형 06

그림으로 이해하는 나눗셈의 활용

A 통나무를 자른 횟수 구하기

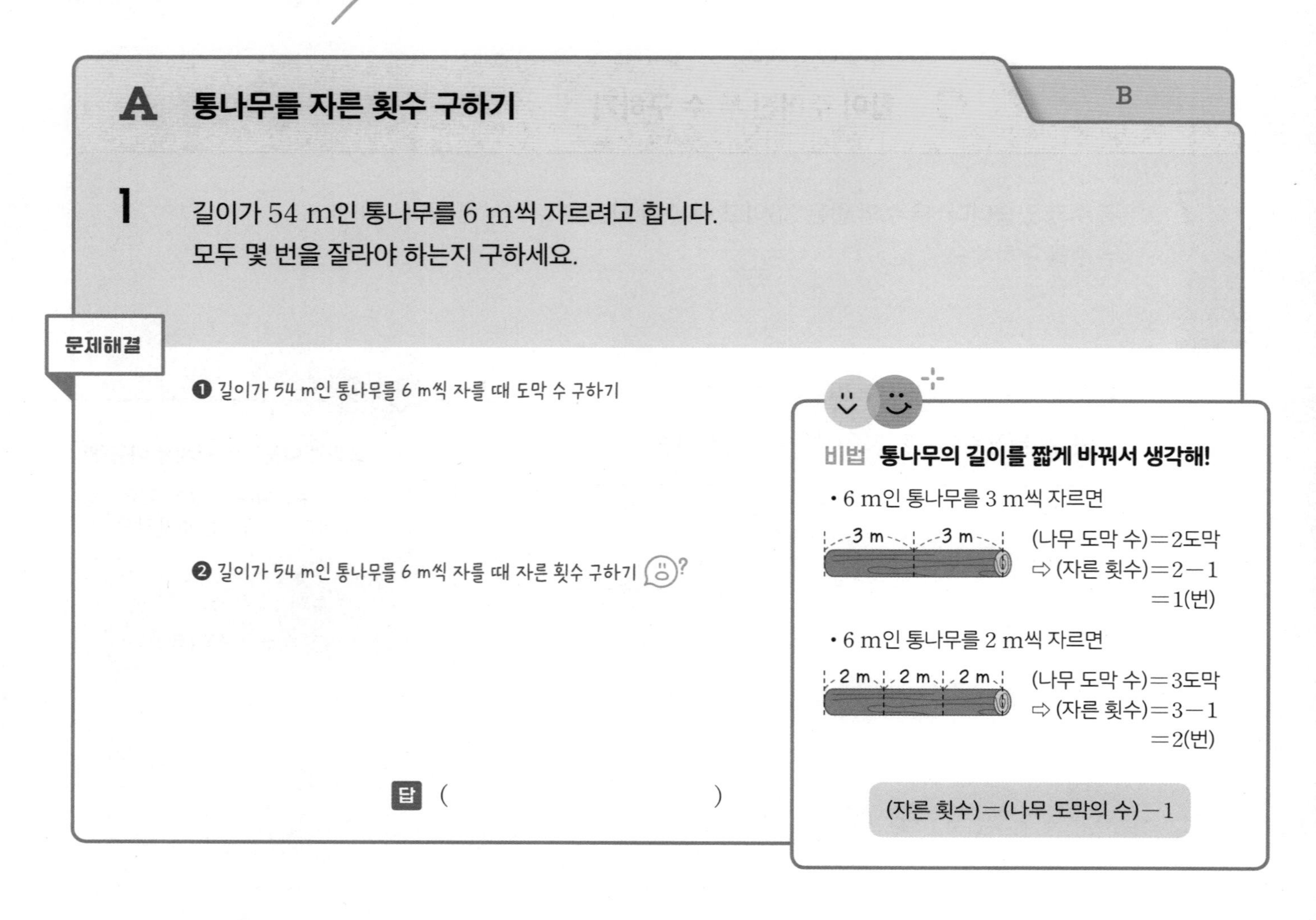

B
비법 통나무의 길이를 짧게 바꿔서 생각해!
• 6 m인 통나무를 3 m씩 자르면
3 m
3 m
(나무 도막 수)=2도막
⇨ (자른 횟수)=2−1
=1(번)
• 6 m인 통나무를 2 m씩 자르면
2 m
2 m
2 m
(나무 도막 수)=3도막
⇨ (자른 횟수)=3−1
=2(번)
(자른 횟수)=(나무 도막의 수)−1

1 길이가 54 m인 통나무를 6 m씩 자르려고 합니다.
모두 몇 번을 잘라야 하는지 구하세요.

문제해결

❶ 길이가 54 m인 통나무를 6 m씩 자를 때 도막 수 구하기

❷ 길이가 54 m인 통나무를 6 m씩 자를 때 자른 횟수 구하기

답 (　　　　　　　　)

2 길이가 45 cm인 색 테이프를 9 cm씩 자르려고 합니다. 모두 몇 번을 잘라야 하는지 구하세요.

(　　　　　　　　)

5번 자르면 몇 도막이 되는지 먼저 구해요.

3 길이가 30 m인 통나무를 같은 길이로 남김없이 5번 자르려고 합니다. 자른 통나무 한 도막의 길이는 몇 m가 되는지 구하세요.

(　　　　　　　　)

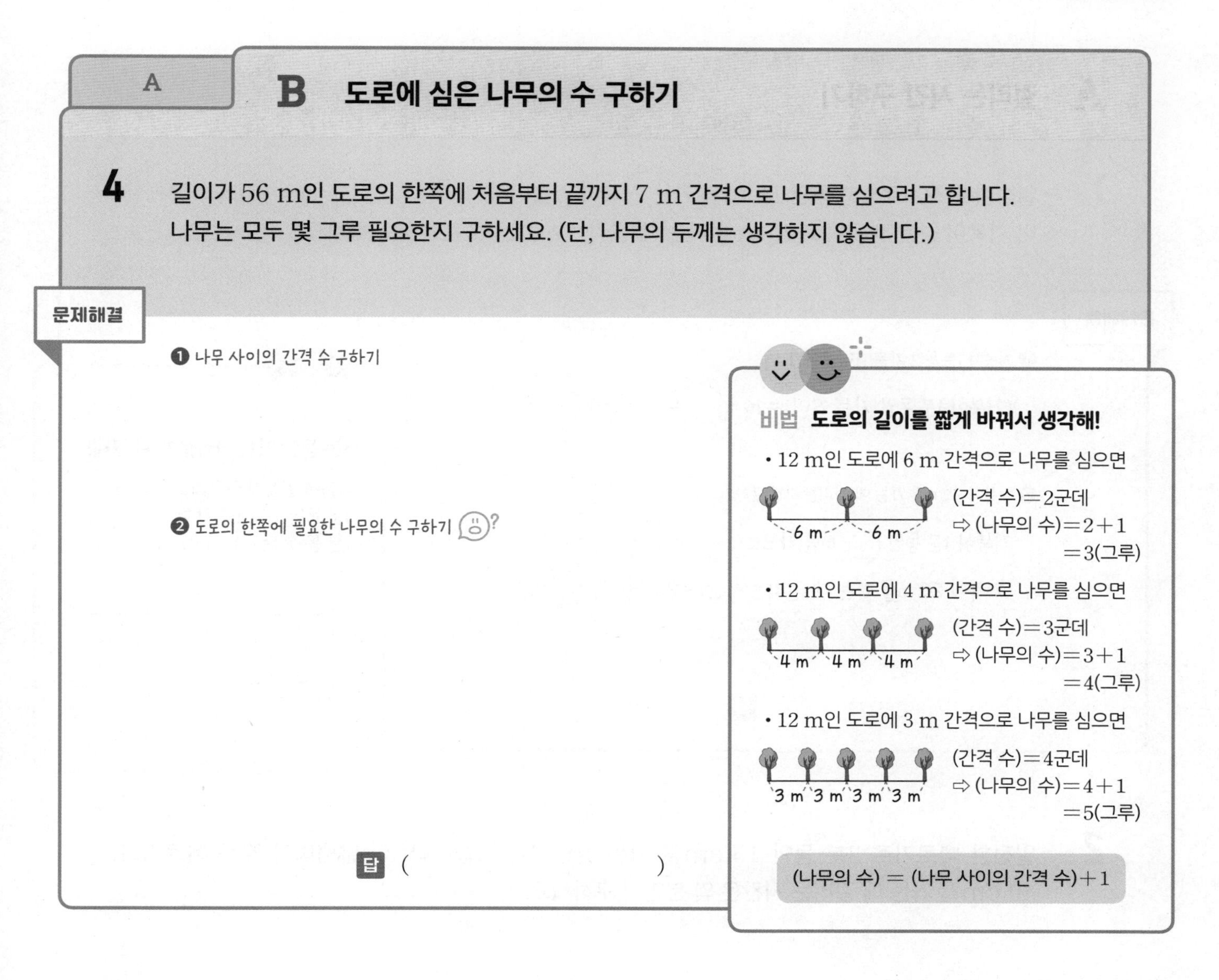

A

B 도로에 심은 나무의 수 구하기

4 길이가 56 m인 도로의 한쪽에 처음부터 끝까지 7 m 간격으로 나무를 심으려고 합니다. 나무는 모두 몇 그루 필요한지 구하세요. (단, 나무의 두께는 생각하지 않습니다.)

문제해결

❶ 나무 사이의 간격 수 구하기

❷ 도로의 한쪽에 필요한 나무의 수 구하기

답 (　　　　　　　　)

비법 도로의 길이를 짧게 바꿔서 생각해!

• 12 m인 도로에 6 m 간격으로 나무를 심으면

(간격 수)=2군데
⇨ (나무의 수)=2+1
=3(그루)

• 12 m인 도로에 4 m 간격으로 나무를 심으면

(간격 수)=3군데
⇨ (나무의 수)=3+1
=4(그루)

• 12 m인 도로에 3 m 간격으로 나무를 심으면

(간격 수)=4군데
⇨ (나무의 수)=4+1
=5(그루)

(나무의 수) = (나무 사이의 간격 수)+1

5 길이가 40 m인 도로의 양쪽에 처음부터 끝까지 8 m 간격으로 가로등을 세우려고 합니다. 가로등은 모두 몇 개 필요한지 구하세요. (단, 가로등의 두께는 생각하지 않습니다.)

(　　　　　　　　)

6 길이가 63 m인 도로의 한쪽에 일정한 간격으로 깃발을 10개 꽂았습니다. 도로의 처음부터 끝까지 깃발을 꽂았다면 깃발 사이의 간격은 몇 m인지 구하세요. (단, 깃발의 두께는 생각하지 않습니다.)

(　　　　　　　　)

유형 07

시간, 거리, 빠르기에서 나눗셈의 활용

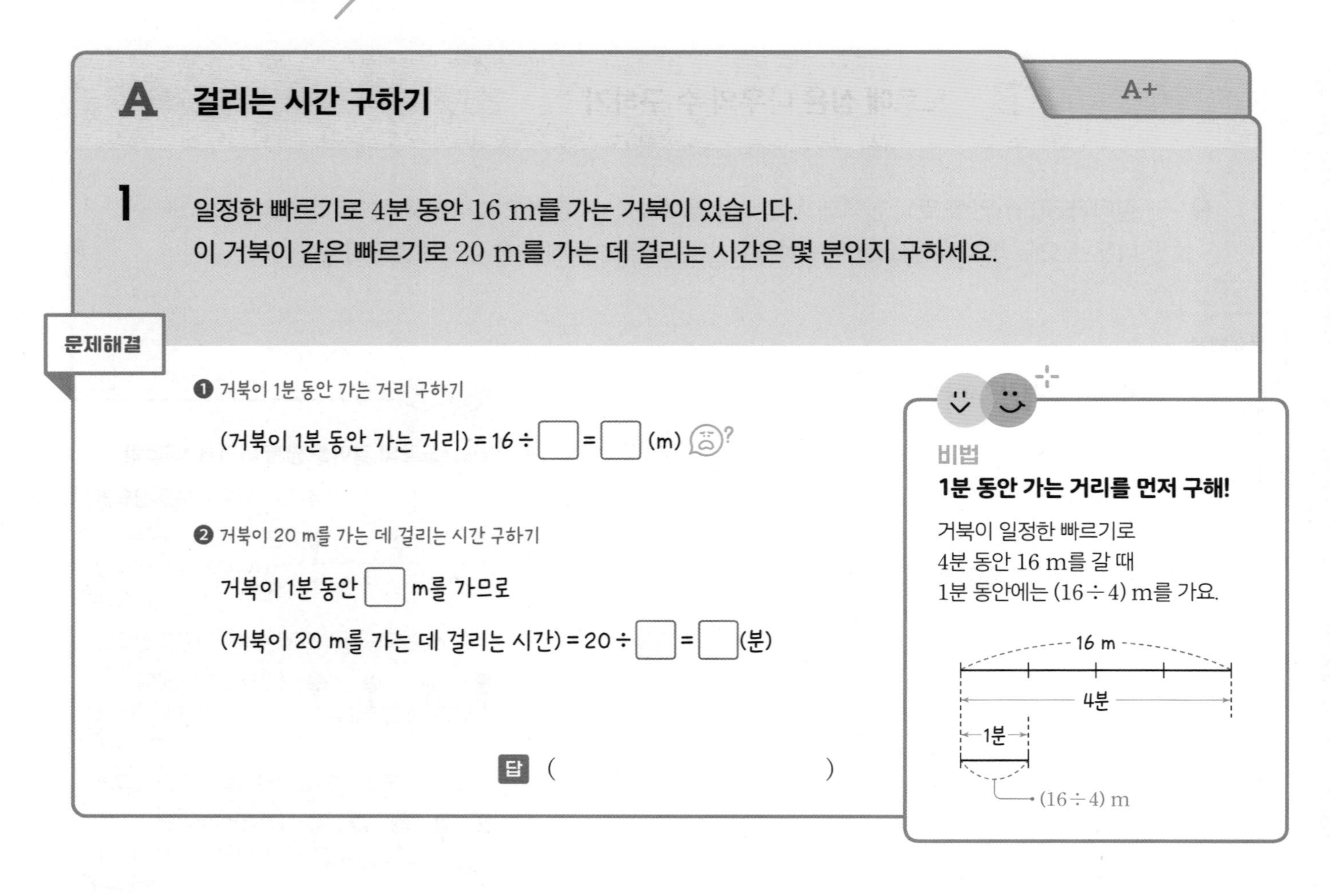

A 걸리는 시간 구하기

A+

1 일정한 빠르기로 4분 동안 16 m를 가는 거북이 있습니다.
이 거북이 같은 빠르기로 20 m를 가는 데 걸리는 시간은 몇 분인지 구하세요.

문제해결

❶ 거북이 1분 동안 가는 거리 구하기

(거북이 1분 동안 가는 거리) = 16 ÷ ☐ = ☐ (m)

❷ 거북이 20 m를 가는 데 걸리는 시간 구하기

거북이 1분 동안 ☐ m를 가므로

(거북이 20 m를 가는 데 걸리는 시간) = 20 ÷ ☐ = ☐(분)

답 (　　　　　　　　)

비법
1분 동안 가는 거리를 먼저 구해!
거북이 일정한 빠르기로
4분 동안 16 m를 갈 때
1분 동안에는 (16 ÷ 4) m를 가요.

2 일정한 빠르기로 3분 동안 15 cm를 가는 달팽이가 있습니다. 이 달팽이가 같은 빠르기로 40 cm를 가는 데 걸리는 시간은 몇 분인지 구하세요.

(　　　　　　　　)

10분 동안 부품을 몇 개 만들 수 있는지 먼저 구해요.

3 일정한 빠르기로 20분 동안 부품을 14개 만드는 기계가 있습니다. 이 기계가 50분 동안 만들 수 있는 부품은 몇 개인지 구하세요.

(　　　　　　　　)

A

A+ 같은 시간 동안 가는 거리 비교하기

4 예은이는 1초에 3 m를 달리고, 동하는 1초에 5 m를 달립니다.
(초바늘이 작은 눈금 한 칸을 가는 동안 걸리는 시간)
예은이와 동하가 같은 곳에서 같은 방향으로 동시에 출발하여 같은 시간만큼 달렸습니다.
예은이가 27 m를 달렸을 때 누가 몇 m 더 앞서 있는지 구하세요.
(단, 두 사람은 각각 일정한 빠르기로 달립니다.)

문제해결

❶ 예은이가 27 m를 달리는 데 걸린 시간 구하기

(예은이가 27 m를 달리는 데 걸린 시간)
= 27 ÷ ☐ = ☐(초)

❷ ❶에서 구한 시간 동안 동하가 달린 거리 구하기

❸ 예은이가 27 m를 달렸을 때 누가 몇 m 더 앞서 있는지 구하기

답 (　　　　,　　　　)

비법 1초에 가는 거리를 이용해!

1초에 가는 거리가 3 m일 때
(6 m를 가는 데 걸리는 시간) = 6 ÷ 3(초)
(9 m를 가는 데 걸리는 시간) = 9 ÷ 3(초)
⋮
(27 m를 가는 데 걸리는 시간) = 27 ÷ 3(초)

5 지수는 1초에 6 m를 달리고, 다희는 1초에 4 m를 달립니다. 지수와 다희가 같은 곳에서 같은 방향으로 동시에 출발하여 같은 시간만큼 달렸습니다. 지수가 36 m를 달렸을 때 누가 몇 m 더 앞서 있는지 구하세요. (단, 두 사람은 각각 일정한 빠르기로 달립니다.)

(　　　　,　　　　)

6 ㉮ 공장은 1분에 4개씩, ㉯ 공장은 1분에 5개씩 장난감을 만듭니다. 두 공장에서 동시에 장난감을 만들기 시작하여 같은 시간만큼 만들었습니다. ㉯ 공장에서 장난감을 25개 만들었을 때 어느 공장에서 장난감을 몇 개 더 많이 만들었는지 구하세요.

(　　　　,　　　　)

유형 08

도형에서 나눗셈의 활용

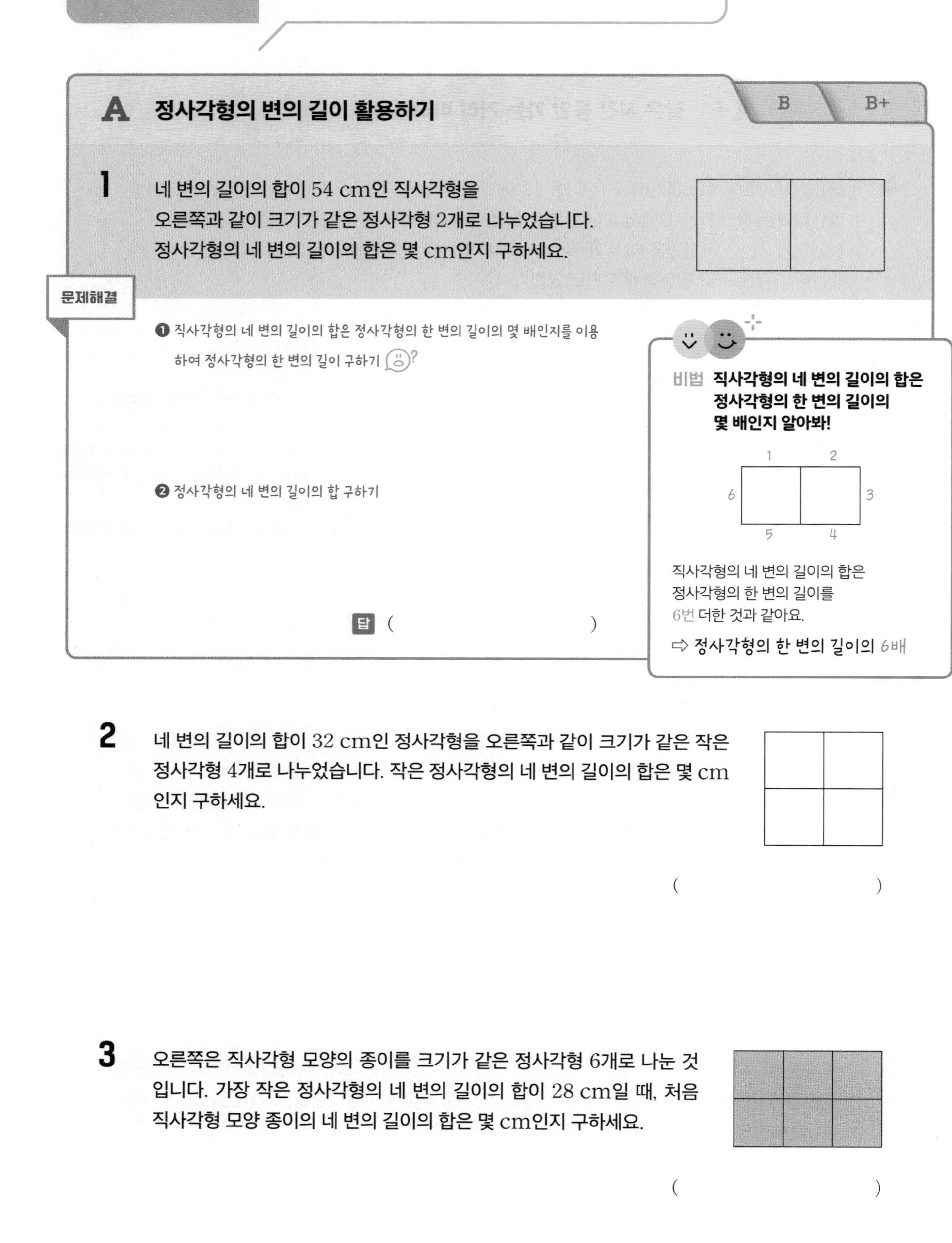

A 정사각형의 변의 길이 활용하기

B B+

1 네 변의 길이의 합이 54 cm인 직사각형을 오른쪽과 같이 크기가 같은 정사각형 2개로 나누었습니다. 정사각형의 네 변의 길이의 합은 몇 cm인지 구하세요.

문제해결

❶ 직사각형의 네 변의 길이의 합은 정사각형의 한 변의 길이의 몇 배인지를 이용하여 정사각형의 한 변의 길이 구하기

❷ 정사각형의 네 변의 길이의 합 구하기

답 (　　　　　　　)

비법 **직사각형의 네 변의 길이의 합은 정사각형의 한 변의 길이의 몇 배인지 알아봐!**

직사각형의 네 변의 길이의 합은 정사각형의 한 변의 길이를 6번 더한 것과 같아요.

⇨ 정사각형의 한 변의 길이의 6배

2 네 변의 길이의 합이 32 cm인 정사각형을 오른쪽과 같이 크기가 같은 작은 정사각형 4개로 나누었습니다. 작은 정사각형의 네 변의 길이의 합은 몇 cm인지 구하세요.

(　　　　　　　)

3 오른쪽은 직사각형 모양의 종이를 크기가 같은 정사각형 6개로 나눈 것입니다. 가장 작은 정사각형의 네 변의 길이의 합이 28 cm일 때, 처음 직사각형 모양 종이의 네 변의 길이의 합은 몇 cm인지 구하세요.

(　　　　　　　)

A | **B** | B+

B 직사각형에서 변의 길이 구하기

4 네 변의 길이의 합이 34 cm인 직사각형이 있습니다.
이 직사각형의 세로는 몇 cm인지 구하세요.

10 cm

문제해결

❶ 직사각형의 세로를 ■ cm라고 하여 식을 완성하고, 식을 계산하여 ■ 구하기

☐ + ■ + ☐ + ■ = ☐

⇨ ■ × 2 = ☐, ■ = ☐

10 cm

■ cm

❷ 직사각형의 세로 구하기

답 (　　　　　　　　)

비법 ■의 합을 곱셈으로!

■를 여러 개 더하는 것을
곱셈으로 나타낼 수 있어요.

■가 1개 ⇨ ■ = ■ × 1

■가 2개 ⇨ ■ + ■ = ■ × 2

■가 3개 ⇨ ■ + ■ + ■ = ■ × 3

⋮　　　　⋮

5 네 변의 길이의 합이 30 cm인 직사각형이 있습니다. 이 직사각형의 가로는 몇 cm인지 구하세요.

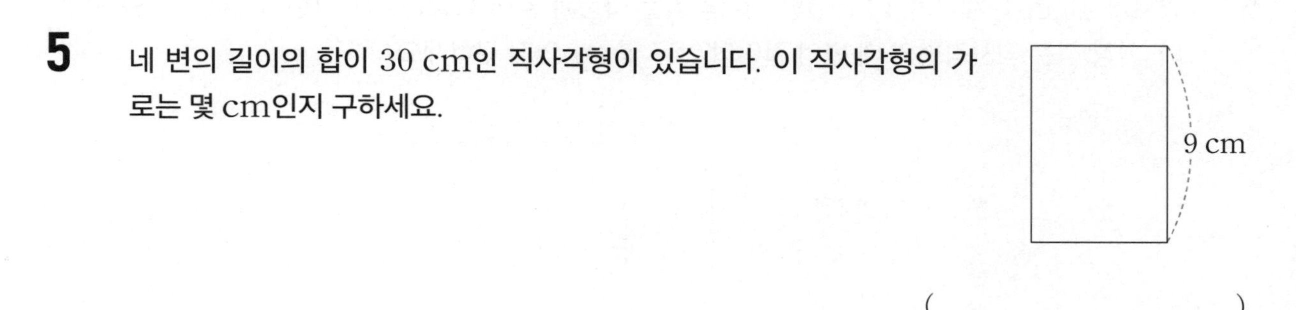

(　　　　　　　　)

6 가로가 5 cm이고 네 변의 길이의 합이 28 cm인 직사각형이 있습니다. 이 직사각형의 가로와 세로의 차는 몇 cm인지 구하세요.

(　　　　　　　　)

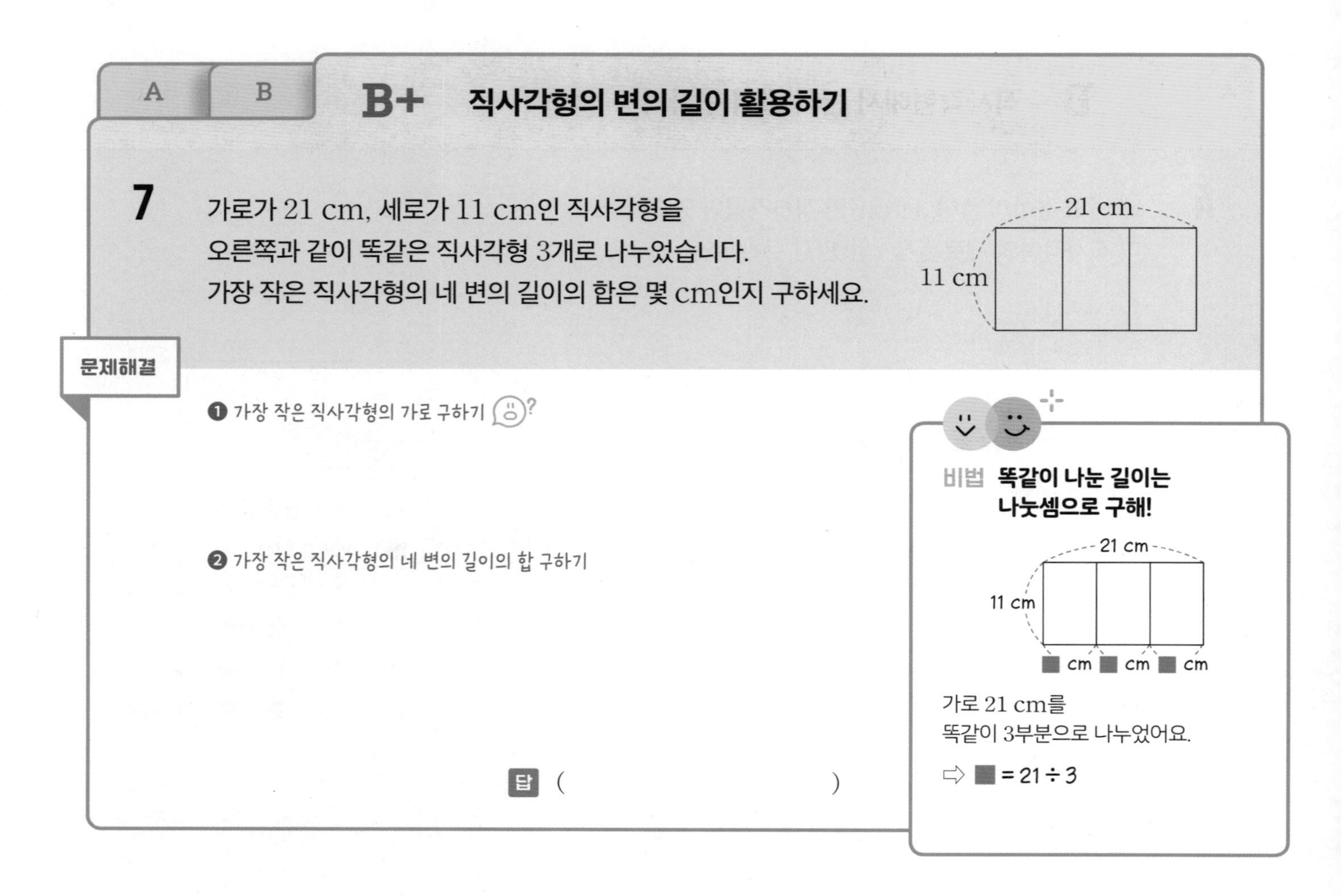

A B **B+** 직사각형의 변의 길이 활용하기

7 가로가 21 cm, 세로가 11 cm인 직사각형을 오른쪽과 같이 똑같은 직사각형 3개로 나누었습니다. 가장 작은 직사각형의 네 변의 길이의 합은 몇 cm인지 구하세요.

문제해결

❶ 가장 작은 직사각형의 가로 구하기

❷ 가장 작은 직사각형의 네 변의 길이의 합 구하기

답 (   )

비법 똑같이 나눈 길이는 나눗셈으로 구해!

가로 21 cm를 똑같이 3부분으로 나누었어요.

⇨ ■ = 21 ÷ 3

8 가로가 45 cm, 세로가 14 cm인 직사각형을 다음과 같이 똑같은 직사각형 5개로 나누었습니다. 가장 작은 직사각형의 네 변의 길이의 합은 몇 cm인지 구하세요.

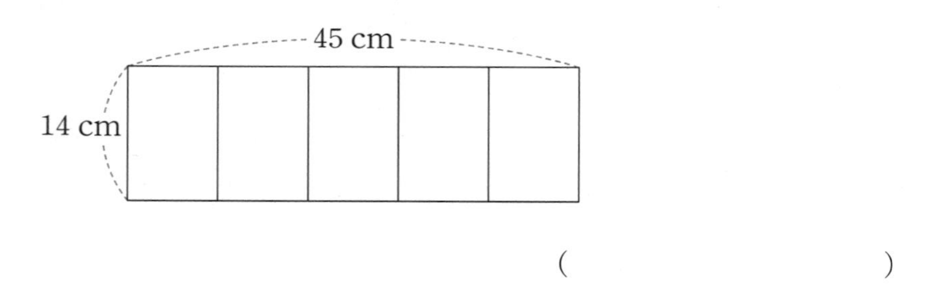

(   )

9 가로가 32 cm, 세로가 16 cm인 직사각형 모양의 종이를 잘라 한 변의 길이가 8 cm인 정사각형을 만들려고 합니다. 정사각형을 몇 개까지 만들 수 있는지 구하세요.

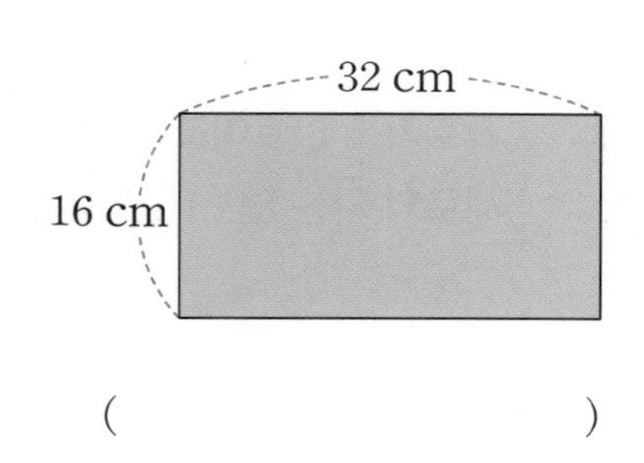

(   )

단원 3 유형 마스터

어떻게 풀어야 할지 모르겠다면
유형으로 되돌아가 다시 학습해 보세요.

01

유형 01 A+

사탕 12개를 서준이와 민서가 똑같이 나누어 먹으려고 합니다. 한 사람이 사탕을 몇 개씩 먹을 수 있을지 구하세요.

(　　　　　　　　)

02

유형 03 A

같은 모양은 같은 수를 나타낼 때 ◆와 ★의 값을 각각 구하세요.

$$◆ \div 5 = ★ \qquad ★ \times 6 = 42$$

◆ (　　　　　　), ★ (　　　　　　)

03

운동장에 학생들이 한 줄에 3명씩 8줄로 서 있습니다. 이 학생들을 한 줄에 4명씩 다시 세운다면 몇 줄이 되는지 구하세요.

(　　　　　　　　)

04 어떤 수를 4로 나누어야 할 것을 잘못하여 4를 곱하였더니 32가 되었습니다. 바르게 계산한 값을 구하세요.

유형 05 B

( )

05 규칙에 따라 수를 늘어놓았습니다. 18번째 수와 25번째 수의 합을 구하세요.

유형 02 A+

3 6 9 3 6 9 3 6 9 3 6 ……

( )

06 4장의 수 카드 1, 2, 3, 6 중에서 2장을 뽑아 한 번씩만 사용하여 두 자리 수를 만들었습니다. 만든 수 중에서 7로 나누어지는 수를 모두 구하세요.

유형 04 A

( )

07

유형 08 B

길이가 36 cm인 철사를 겹치거나 자르지 않고 모두 사용하여 세로가 10 cm인 직사각형 1개를 만들려고 합니다. 직사각형의 가로는 몇 cm가 되는지 구하세요.

(　　　　　　　　)

08

유형 06 A

길이가 15 m인 철근을 3 m씩 자르려고 합니다. 한 번 자르는 데 10분씩 걸린다면 쉬지 않고 철근을 모두 자르는 데 걸리는 시간은 몇 분인지 구하세요.

(　　　　　　　　)

09

오른쪽과 같이 한 변의 길이가 32 m인 정사각형 모양의 잔디밭 둘레에 8 m 간격으로 나무를 심으려고 합니다. 필요한 나무는 모두 몇 그루인지 구하세요. (단, 정사각형의 네 꼭짓점에는 반드시 나무를 심고, 나무의 두께는 생각하지 않습니다.)

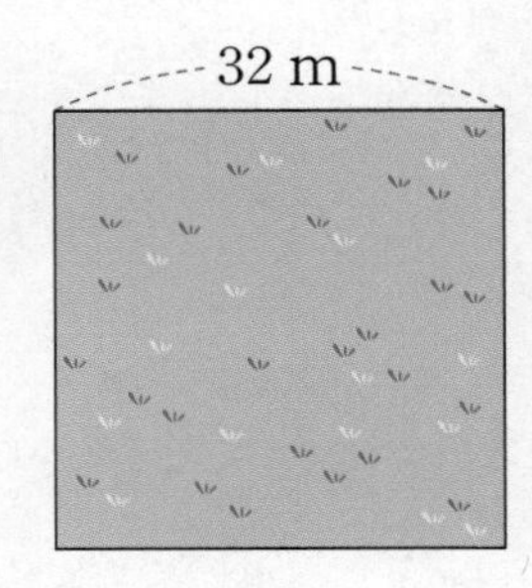

(　　　　　　　　)

곱셈

학습계열표

2-2 2. 곱셈구구
- 곱셈구구 구성 원리
- 0과 어떤 수의 곱

3-1 4. 곱셈
- (몇십)×(몇)
- (두 자리 수)×(한 자리 수)

3-2 1. 곱셈
- (세 자리 수)×(한 자리 수)
- (두 자리 수)×(두 자리 수)

학습기록표

유형 01	학습일 / 학습평가
곱셈식 완성하기	
A	곱셈구구를 이용
A+	곱셈구구로 예상

유형 02	학습일 / 학습평가
곱의 크기 비교 활용	
A	두 곱 사이의 수
B	곱하는 수

유형 03	학습일 / 학습평가
곱셈의 활용	
A	모두
B	남은
C	거리

유형 04	학습일 / 학습평가
곱셈으로 전체 길이 구하기	
A	원 모양
B	직선 도로
C	이어 붙인 색 테이프

유형 05	학습일 / 학습평가
곱의 규칙	
A	몇 배의 규칙
B	늘어나는 개수의 규칙

유형 06	학습일 / 학습평가
수 카드로 곱셈식 만들기	
A	곱이 가장 큰
B	곱이 가장 작은

유형 07	학습일 / 학습평가
어떤 수 활용	
A	바르게 계산하기
B	합이 주어진 두 수
B+	차가 주어진 두 수

유형 마스터	학습일 / 학습평가
곱셈	

유형 01

곱셈식 완성하기

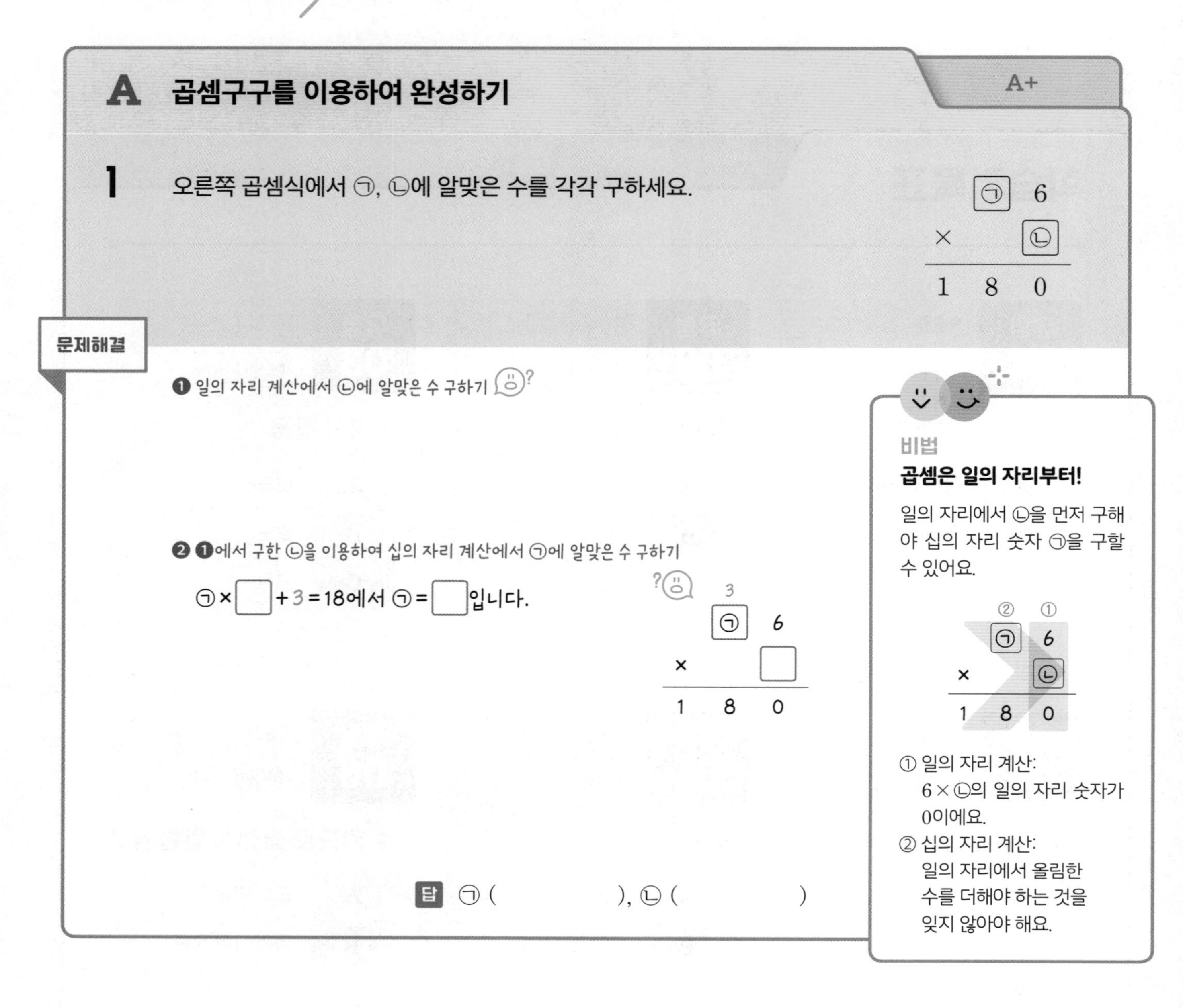

A 곱셈구구를 이용하여 완성하기

A+

1 오른쪽 곱셈식에서 ㉠, ㉡에 알맞은 수를 각각 구하세요.

$$\begin{array}{r} ㉠\ 6 \\ \times\ \ ㉡ \\ \hline 1\ 8\ 0 \end{array}$$

문제해결

❶ 일의 자리 계산에서 ㉡에 알맞은 수 구하기

❷ ❶에서 구한 ㉡을 이용하여 십의 자리 계산에서 ㉠에 알맞은 수 구하기

㉠×☐+3=18에서 ㉠=☐입니다.

$$\begin{array}{r} {}^{3}\ \ \\ ㉠\ 6 \\ \times\ \ ☐ \\ \hline 1\ 8\ 0 \end{array}$$

답 ㉠ (　　　　), ㉡ (　　　　)

비법

곱셈은 일의 자리부터!

일의 자리에서 ㉡을 먼저 구해야 십의 자리 숫자 ㉠을 구할 수 있어요.

$$\begin{array}{r} ②\ ① \\ ㉠\ 6 \\ \times\ \ ㉡ \\ \hline 1\ 8\ 0 \end{array}$$

① 일의 자리 계산:
6×㉡의 일의 자리 숫자가 0이에요.

② 십의 자리 계산:
일의 자리에서 올림한 수를 더해야 하는 것을 잊지 않아야 해요.

2 오른쪽 곱셈식에서 ㉠, ㉡에 알맞은 수를 각각 구하세요.

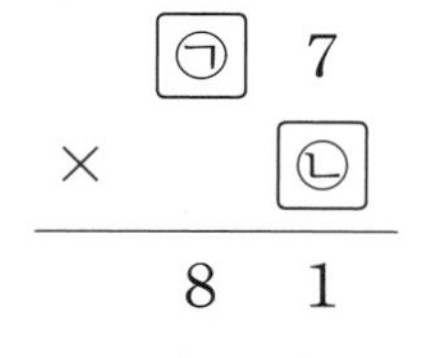

$$\begin{array}{r} ㉠\ 7 \\ \times\ \ ㉡ \\ \hline 8\ 1 \end{array}$$

㉠ (　　　　), ㉡ (　　　　)

3 오른쪽 곱셈식에서 ㉠, ㉡, ㉢에 알맞은 수를 각각 구하세요.

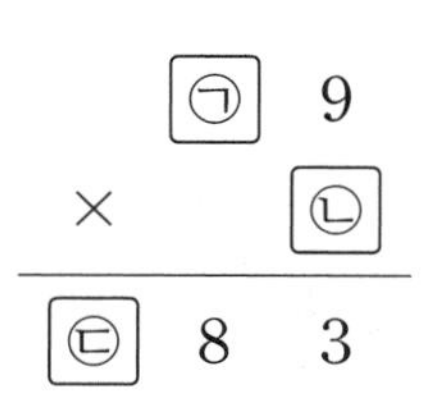

$$\begin{array}{r} ㉠\ 9 \\ \times\ \ ㉡ \\ \hline ㉢\ 8\ 3 \end{array}$$

㉠ (　　　　), ㉡ (　　　　), ㉢ (　　　　)

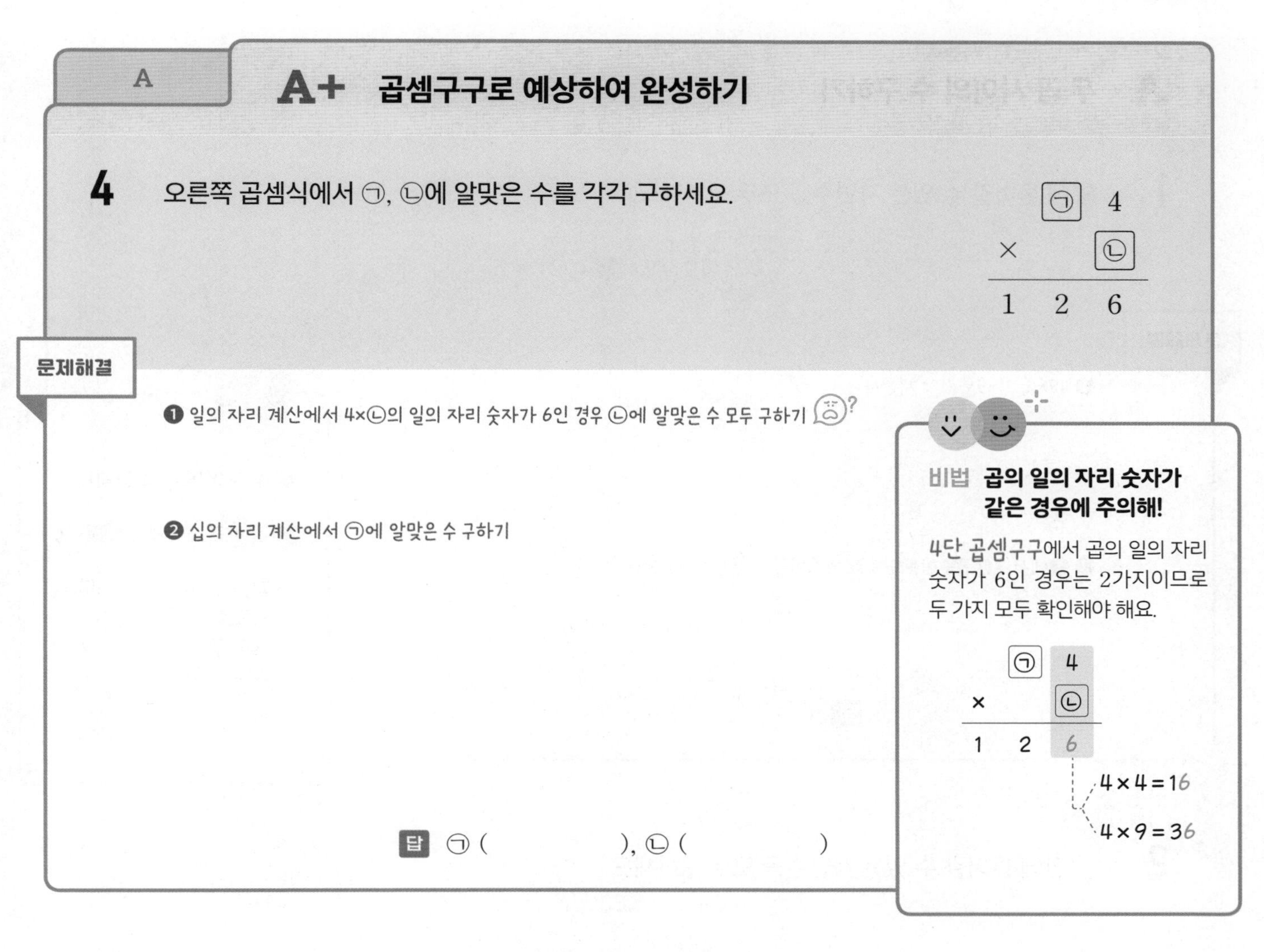

A+ 곱셈구구로 예상하여 완성하기

4 오른쪽 곱셈식에서 ㉠, ㉡에 알맞은 수를 각각 구하세요.

$$\begin{array}{r} ㉠\ 4 \\ \times \quad ㉡ \\ \hline 1\ 2\ 6 \end{array}$$

문제해결

❶ 일의 자리 계산에서 4×㉡의 일의 자리 숫자가 6인 경우 ㉡에 알맞은 수 모두 구하기

❷ 십의 자리 계산에서 ㉠에 알맞은 수 구하기

답 ㉠ (　　　　), ㉡ (　　　　)

비법 곱의 일의 자리 숫자가 같은 경우에 주의해!

4단 곱셈구구에서 곱의 일의 자리 숫자가 6인 경우는 2가지이므로 두 가지 모두 확인해야 해요.

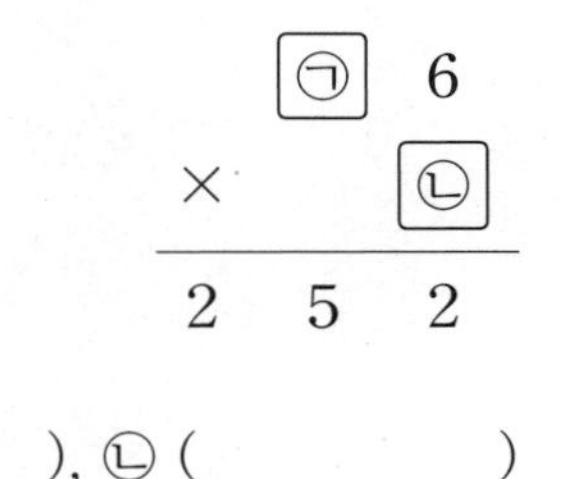

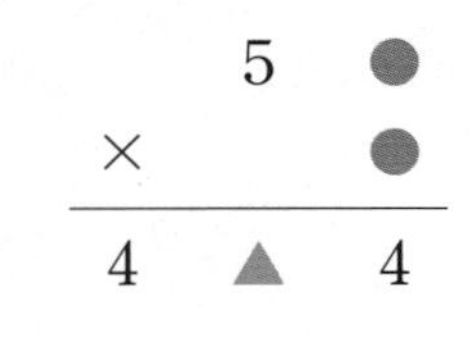

5 오른쪽 곱셈식에서 ㉠, ㉡에 알맞은 수를 각각 구하세요.

$$\begin{array}{r} ㉠\ 6 \\ \times \quad ㉡ \\ \hline 2\ 5\ 2 \end{array}$$

㉠ (　　　　), ㉡ (　　　　)

6 오른쪽 곱셈식에서 같은 모양은 같은 수를 나타냅니다. ●, ▲에 알맞은 수를 각각 구하세요.

$$\begin{array}{r} 5\ ● \\ \times \quad ● \\ \hline 4\ ▲\ 4 \end{array}$$

● (　　　　), ▲ (　　　　)

유형 02

곱의 크기 비교 활용

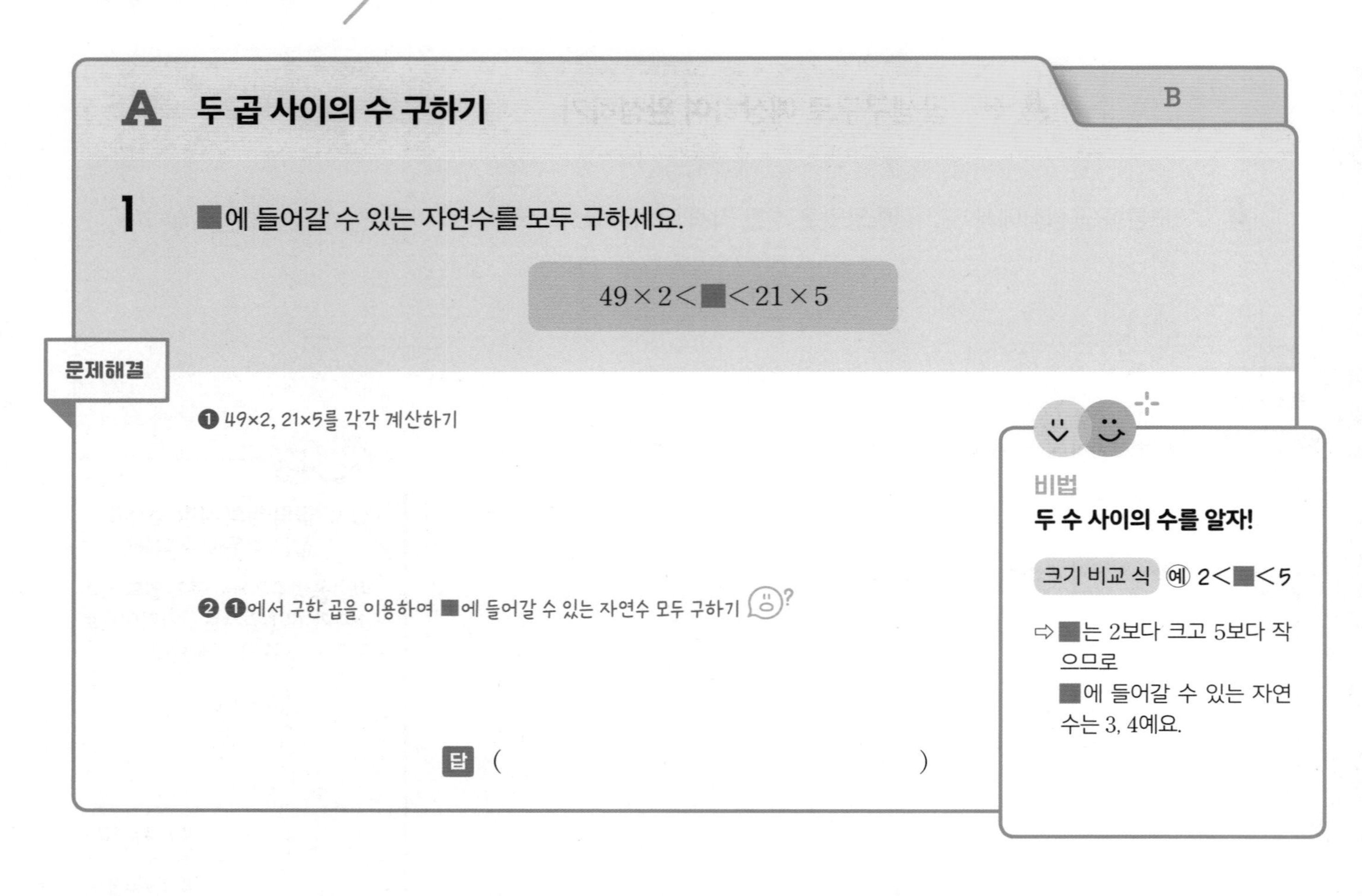

A 두 곱 사이의 수 구하기

B

1 ■에 들어갈 수 있는 자연수를 모두 구하세요.

$$49\times2<■<21\times5$$

문제해결

❶ 49×2, 21×5를 각각 계산하기

❷ ❶에서 구한 곱을 이용하여 ■에 들어갈 수 있는 자연수 모두 구하기

답 (　　　　　　　　　　　　)

비법

두 수 사이의 수를 알자!

크기 비교 식 예 2<■<5

⇨ ■는 2보다 크고 5보다 작으므로
■에 들어갈 수 있는 자연수는 3, 4예요.

2 □ 안에 들어갈 수 있는 자연수를 모두 구하세요.

$$34\times6<\square<52\times4$$

(　　　　　　　　　　　　)

3 □ 안에 들어갈 수 있는 자연수는 모두 몇 개인지 구하세요.

$$23\times3<\square<12\times7$$

(　　　　　　　　　　　　)

A

B 곱하는 수 구하기

4 1부터 9까지의 수 중에서 ■에 들어갈 수 있는 수를 모두 구하세요.

$47 \times ■ < 30 \times 7$

문제해결

❶ 30×7을 계산하고, ■에 몇부터 넣어서 크기 비교를 해야 하는지 알아보기

47을 약 50으로 어림하면 $50 \times 5 = 250 > 30 \times 7 = \square$ 이므로

■에 5부터 넣어 보면 $47 \times \boxed{5} = \square > 210$

$47 \times \boxed{4} = \square < 210$

❷ ■에 들어갈 수 있는 수 모두 구하기

답 (   )

비법
어림하여 쉽게 계산해!
'몇십몇'을 '몇십'으로 어림하여 계산을 쉽게 해요.

47은 50에 가까워요.

40 45 47 50

⇨ 47을 약 50으로 어림해요.

5 1부터 9까지의 수 중에서 □ 안에 들어갈 수 있는 수를 모두 구하세요.

$53 \times 5 < 39 \times \square$

(   )

6 계산한 값이 100에 가장 가깝도록 □ 안에 알맞은 수를 구하세요.

100보다 큰 경우와 작은 경우를 모두 생각해요.

$18 \times \square$

(   )

유형 03 곱셈의 활용

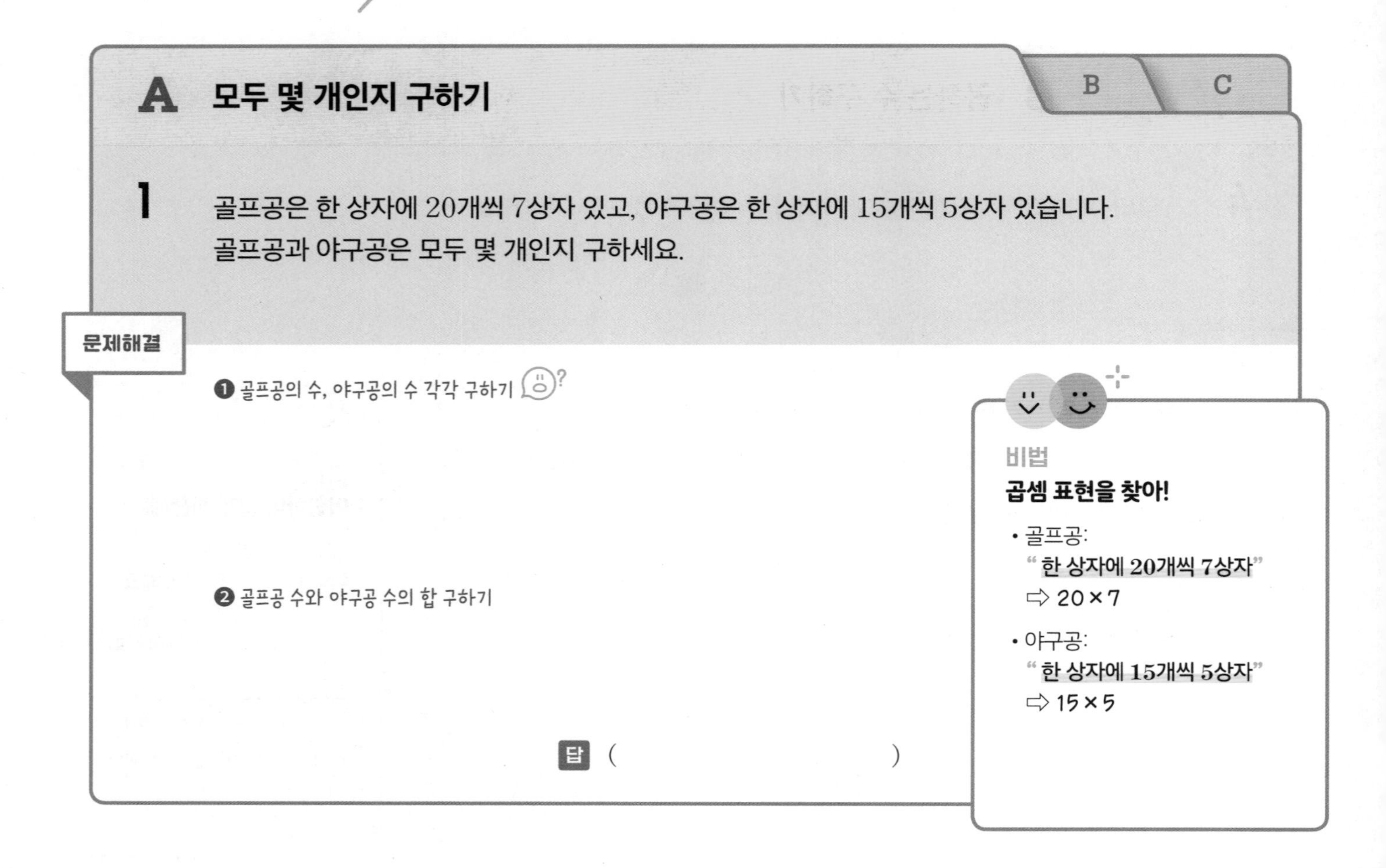

A 모두 몇 개인지 구하기

B C

1 골프공은 한 상자에 20개씩 7상자 있고, 야구공은 한 상자에 15개씩 5상자 있습니다. 골프공과 야구공은 모두 몇 개인지 구하세요.

문제해결

❶ 골프공의 수, 야구공의 수 각각 구하기

❷ 골프공 수와 야구공 수의 합 구하기

답 (   )

비법
곱셈 표현을 찾아!

- 골프공:
  "한 상자에 20개씩 7상자"
  ⇨ 20×7
- 야구공:
  "한 상자에 15개씩 5상자"
  ⇨ 15×5

2 어느 농장에 염소 23마리와 오리 38마리가 있습니다. 이 농장에 있는 염소와 오리의 다리는 모두 몇 개인지 구하세요.

(   )

3 우유가 한 상자에 12팩씩 3묶음 들어 있습니다. 6상자에 들어 있는 우유는 모두 몇 팩인지 구하세요.

(   )

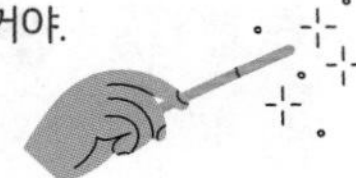

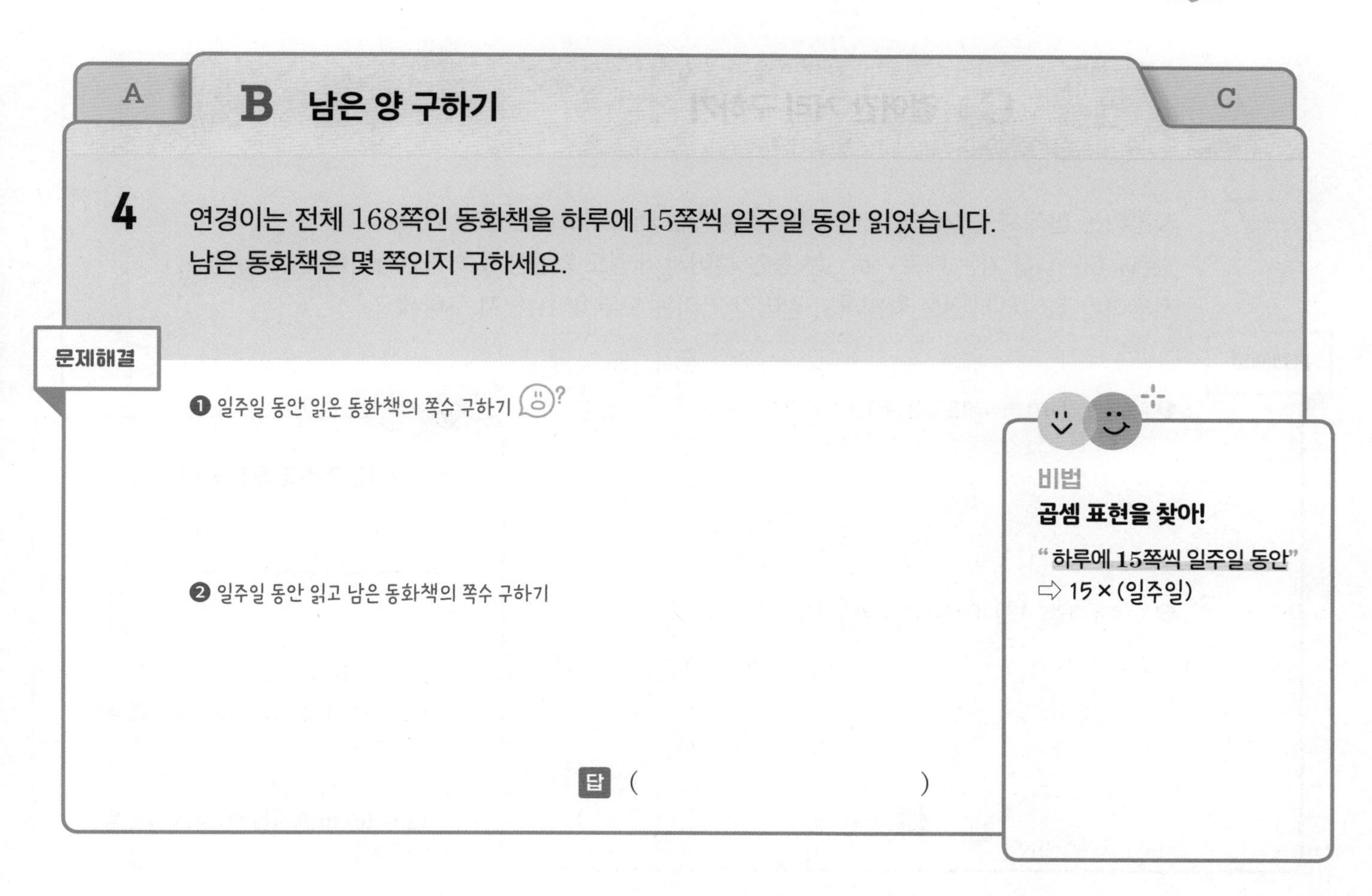

A

B 남은 양 구하기

C

4 연경이는 전체 168쪽인 동화책을 하루에 15쪽씩 일주일 동안 읽었습니다.
남은 동화책은 몇 쪽인지 구하세요.

문제해결

❶ 일주일 동안 읽은 동화책의 쪽수 구하기

❷ 일주일 동안 읽고 남은 동화책의 쪽수 구하기

답 (　　　　　　　　　　)

비법
곱셈 표현을 찾아!
"하루에 15쪽씩 일주일 동안"
⇨ 15 × (일주일)

5 연필이 한 상자에 12자루씩 5상자 있습니다. 이 중에서 19자루를 사용했다면 남은 연필은 몇 자루인지 구하세요.

(　　　　　　　　　　)

6 철사 150 cm로 한 변의 길이가 30 cm인 정사각형을 1개 만들었습니다. 남은 철사는 몇 cm인지 구하세요.

(　　　　　　　　　　)

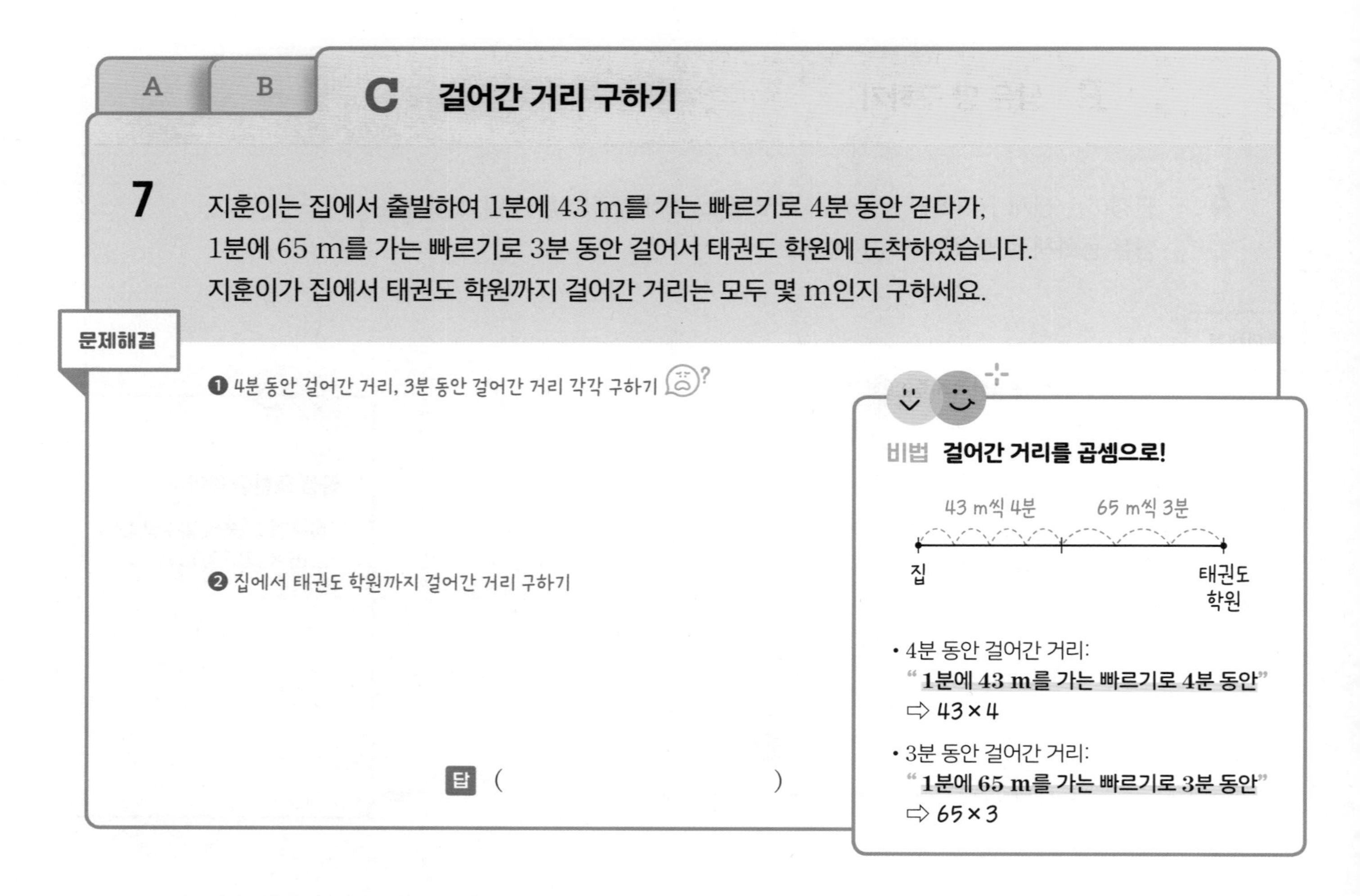

A
B
C 걸어간 거리 구하기
7 지훈이는 집에서 출발하여 1분에 43 m를 가는 빠르기로 4분 동안 걷다가, 1분에 65 m를 가는 빠르기로 3분 동안 걸어서 태권도 학원에 도착하였습니다. 지훈이가 집에서 태권도 학원까지 걸어간 거리는 모두 몇 m인지 구하세요.
문제해결
❶ 4분 동안 걸어간 거리, 3분 동안 걸어간 거리 각각 구하기
❷ 집에서 태권도 학원까지 걸어간 거리 구하기
답 (　　　　　　)
비법 걸어간 거리를 곱셈으로!
43 m씩 4분
65 m씩 3분
집
태권도 학원
• 4분 동안 걸어간 거리:
"1분에 43 m를 가는 빠르기로 4분 동안"
⇨ 43×4
• 3분 동안 걸어간 거리:
"1분에 65 m를 가는 빠르기로 3분 동안"
⇨ 65×3

8 수아는 자전거를 타고 집에서 출발하여 1분에 84 m를 가는 빠르기로 6분 동안 달렸다가, 1분에 76 m를 가는 빠르기로 9분 동안 달려서 공원에 도착하였습니다. 수아가 집에서 공원까지 자전거를 타고 간 거리는 모두 몇 m인지 구하세요.

(　　　　　　)

9 운동장에서 성규는 달리기를 하고, 동생은 자전거를 탔습니다. 성규는 1분에 52 m를 가는 빠르기로 7분 동안 달렸고, 동생은 1분에 73 m를 가는 빠르기로 5분 동안 달렸습니다. 성규와 동생 중 누가 몇 m 더 많이 달렸는지 구하세요.

(　　　　　,　　　　　)

유형 04 곱셈으로 전체 길이 구하기

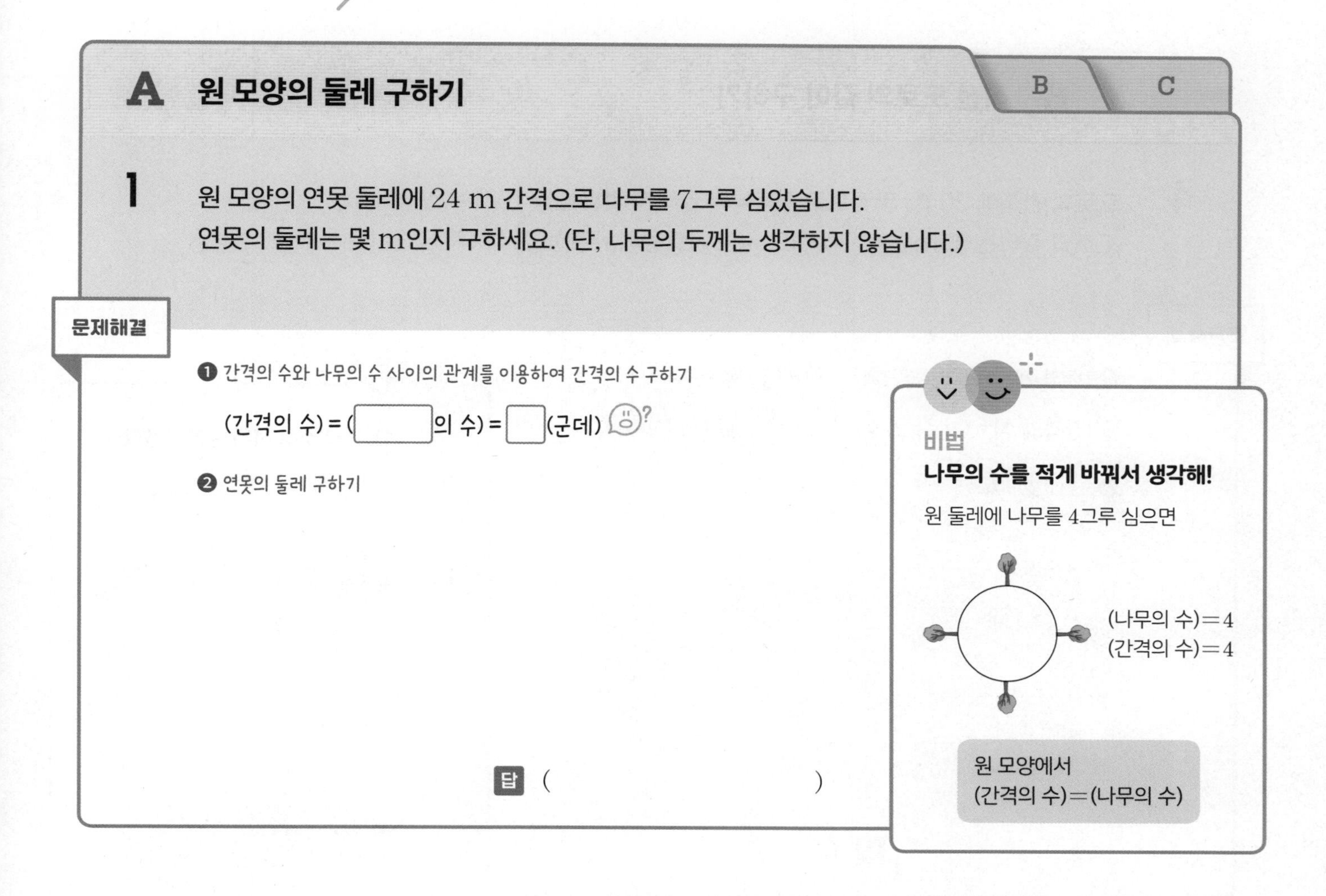

A 원 모양의 둘레 구하기

B C

1 원 모양의 연못 둘레에 24 m 간격으로 나무를 7그루 심었습니다.
연못의 둘레는 몇 m인지 구하세요. (단, 나무의 두께는 생각하지 않습니다.)

문제해결

❶ 간격의 수와 나무의 수 사이의 관계를 이용하여 간격의 수 구하기

(간격의 수) = (☐의 수) = ☐(군데)

❷ 연못의 둘레 구하기

답 (   )

비법
나무의 수를 적게 바꿔서 생각해!
원 둘레에 나무를 4그루 심으면

원 모양에서
(간격의 수)=(나무의 수)

2 원 모양의 공원 둘레에 5 m 간격으로 의자를 75개 놓았습니다. 공원의 둘레는 몇 m인지 구하세요. (단, 의자의 너비는 생각하지 않습니다.)

너비: 넓은 물체의 가로로 건너지른 거리

(   )

3 정사각형 모양의 게시판 둘레에 43 cm 간격으로 깃발 8개를 붙이려고 합니다. 게시판의 네 꼭짓점에 반드시 깃발을 붙일 때 게시판의 둘레는 몇 cm인지 구하세요. (단, 깃발의 두께는 생각하지 않습니다.)

(   )

유형 04 | 곱셈으로 전체 길이 구하기

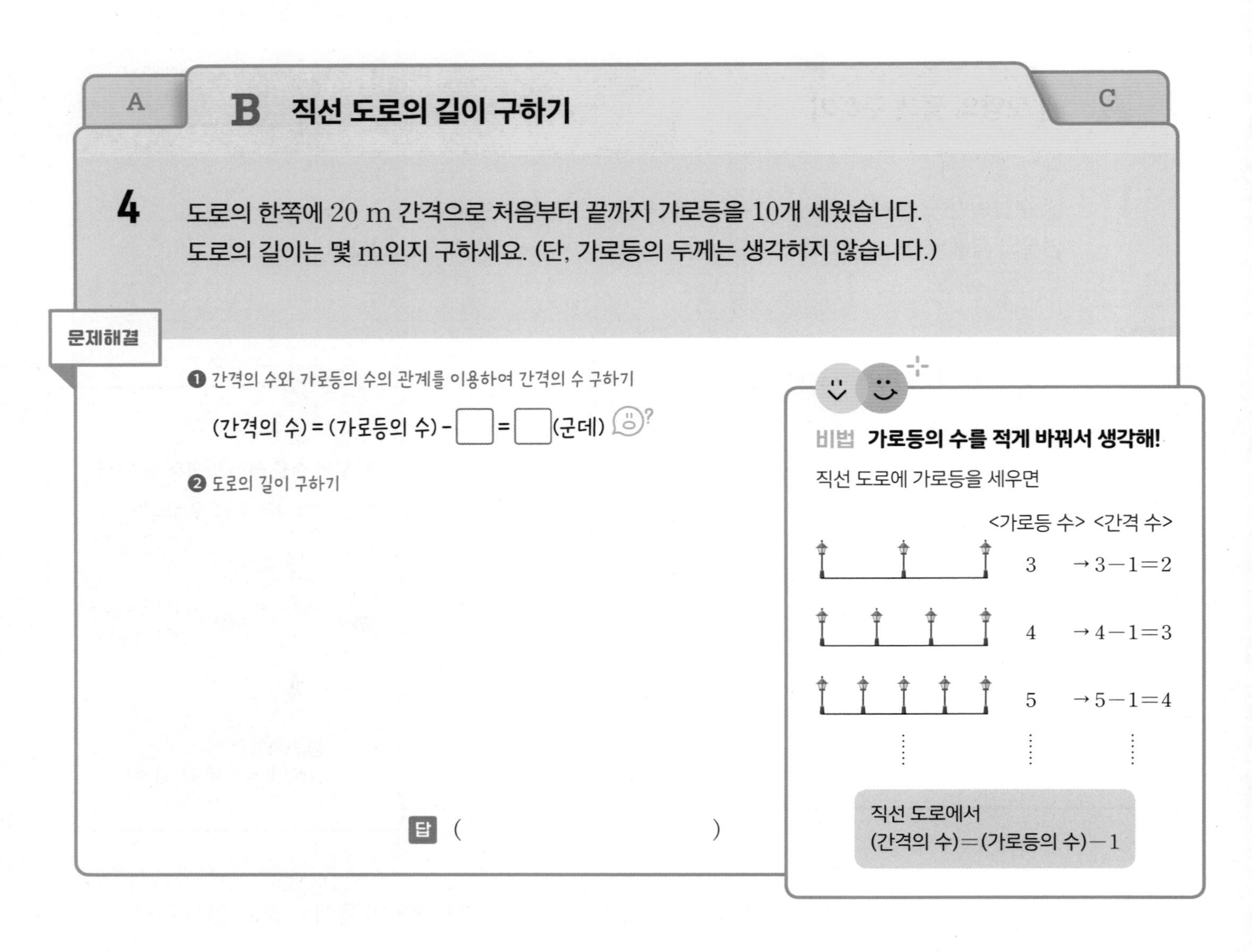

A

B 직선 도로의 길이 구하기

C

4 도로의 한쪽에 20 m 간격으로 처음부터 끝까지 가로등을 10개 세웠습니다. 도로의 길이는 몇 m인지 구하세요. (단, 가로등의 두께는 생각하지 않습니다.)

문제해결

❶ 간격의 수와 가로등의 수의 관계를 이용하여 간격의 수 구하기

(간격의 수) = (가로등의 수) − ☐ = ☐(군데)

❷ 도로의 길이 구하기

답 (   )

비법 **가로등의 수를 적게 바꿔서 생각해!**

직선 도로에 가로등을 세우면

<가로등 수>	<간격 수>
3	→ $3-1=2$
4	→ $4-1=3$
5	→ $5-1=4$
⋮	⋮

직선 도로에서
(간격의 수)$=$(가로등의 수)-1

5 도로의 한쪽에 처음부터 끝까지 26개의 가로등이 8 m 간격으로 세워져 있습니다. 도로의 길이는 몇 m인지 구하세요. (단, 가로등의 두께는 생각하지 않습니다.)

(   )

6 도로의 양쪽에 12 m 간격으로 처음부터 끝까지 나무를 16그루 심었습니다. 도로의 길이는 몇 m인지 구하세요. (단, 나무의 두께는 생각하지 않습니다.)

(   )

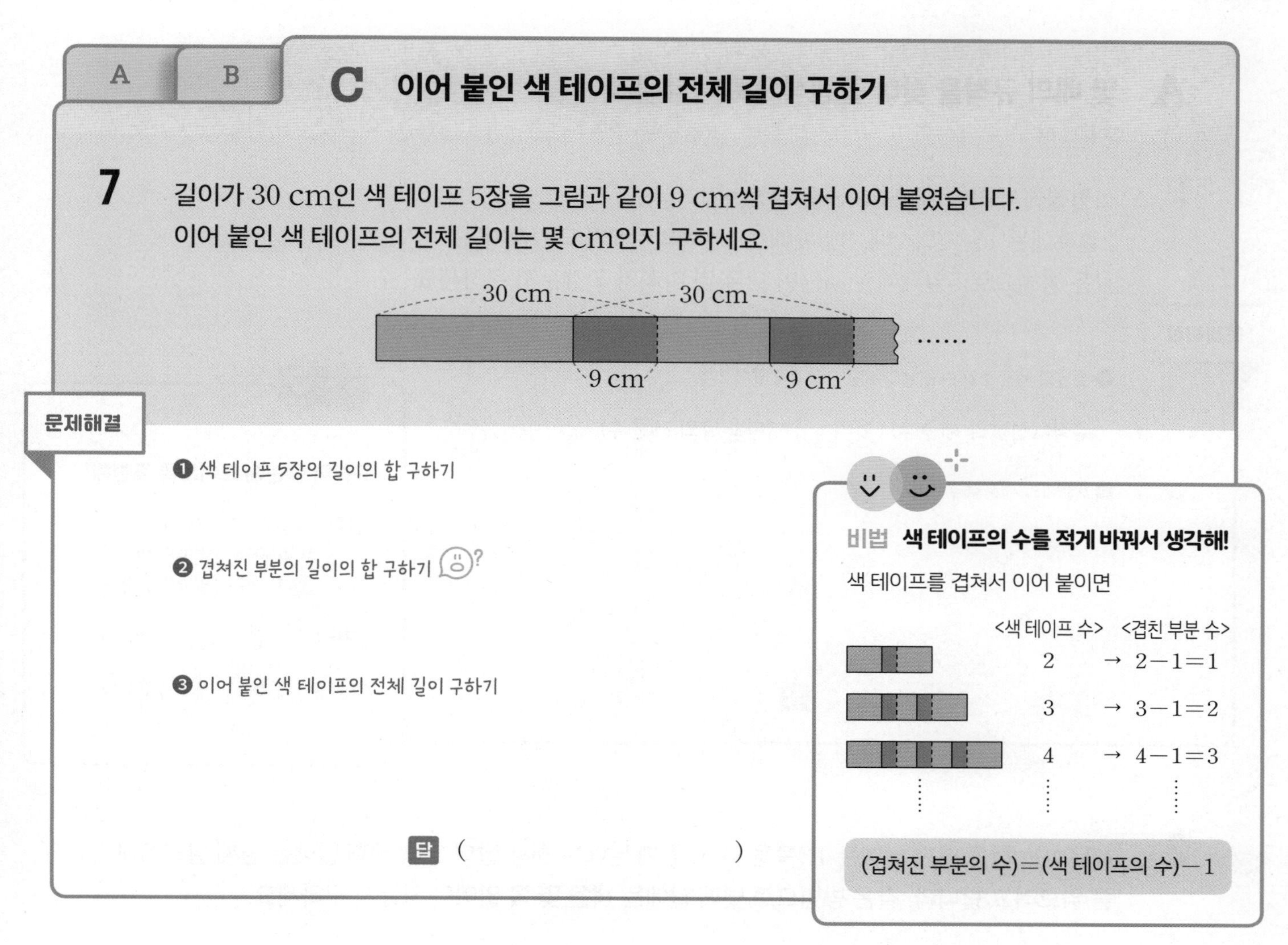

A B

C 이어 붙인 색 테이프의 전체 길이 구하기

7 길이가 30 cm인 색 테이프 5장을 그림과 같이 9 cm씩 겹쳐서 이어 붙였습니다. 이어 붙인 색 테이프의 전체 길이는 몇 cm인지 구하세요.

문제해결

❶ 색 테이프 5장의 길이의 합 구하기

❷ 겹쳐진 부분의 길이의 합 구하기

❸ 이어 붙인 색 테이프의 전체 길이 구하기

답 (　　　　　　　　　　)

비법 색 테이프의 수를 적게 바꿔서 생각해!

색 테이프를 겹쳐서 이어 붙이면

	<색 테이프 수>	<겹친 부분 수>
	2	→ $2-1=1$
	3	→ $3-1=2$
	4	→ $4-1=3$
⋮	⋮	⋮

(겹쳐진 부분의 수)=(색 테이프의 수)−1

8 길이가 72 cm인 색 테이프 8장을 그림과 같이 13 cm씩 겹쳐서 이어 붙였습니다. 이어 붙인 색 테이프의 전체 길이는 몇 cm인지 구하세요.

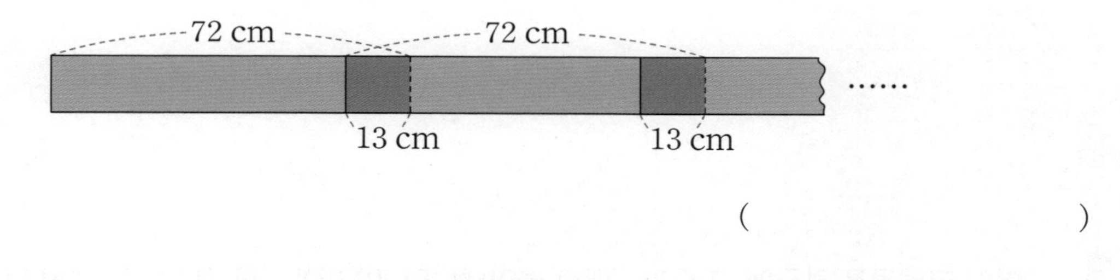

(　　　　　　　　　　)

9 길이가 24 cm인 종이테이프 7장을 일정한 간격으로 겹쳐서 이어 붙였더니 전체 길이가 120 cm였습니다. 종이테이프를 몇 cm씩 겹쳐서 이어 붙였는지 구하세요.

겹쳐진 부분의 길이의 합을 먼저 구해야 해요.

(　　　　　　　　　　)

유형 05 곱의 규칙

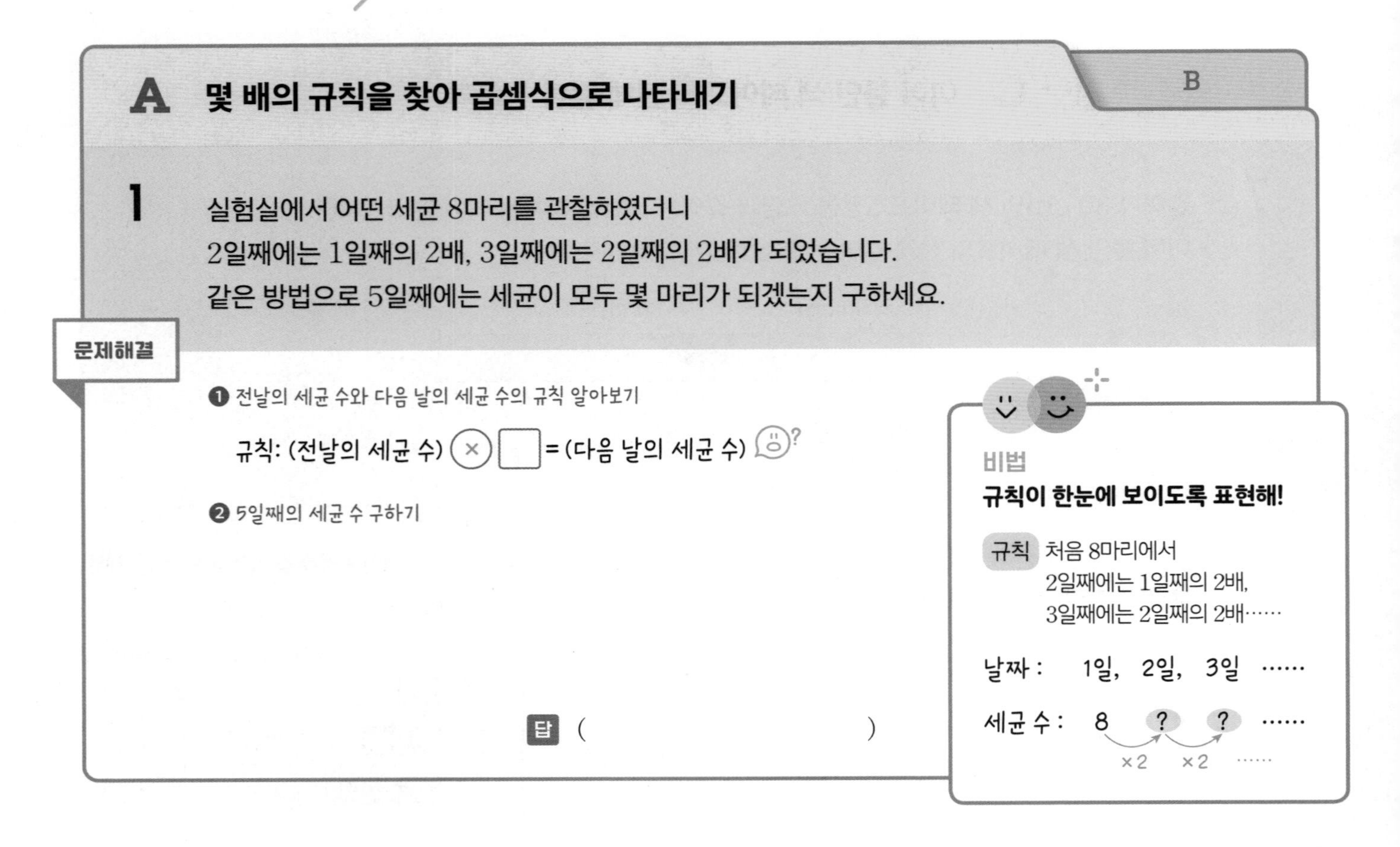

A 몇 배의 규칙을 찾아 곱셈식으로 나타내기

B

1 실험실에서 어떤 세균 8마리를 관찰하였더니
2일째에는 1일째의 2배, 3일째에는 2일째의 2배가 되었습니다.
같은 방법으로 5일째에는 세균이 모두 몇 마리가 되겠는지 구하세요.

문제해결

❶ 전날의 세균 수와 다음 날의 세균 수의 규칙 알아보기

규칙: (전날의 세균 수) × ☐ = (다음 날의 세균 수)

❷ 5일째의 세균 수 구하기

답 (   )

비법
규칙이 한눈에 보이도록 표현해!
규칙 처음 8마리에서
2일째에는 1일째의 2배,
3일째에는 2일째의 2배……
날짜 : 1일, 2일, 3일 ……
세균 수 : 8 ? ? ……
×2 ×2 ……

2 세윤이는 책을 첫째 날에는 13쪽을 읽고, 둘째 날에는 첫째 날의 2배, 셋째 날에는 둘째 날의 2배를 읽으려고 합니다. 같은 방법으로 넷째 날에는 책을 몇 쪽 읽어야 하는지 구하세요.

(   )

3 어떤 미생물은 하루에 그 수가 2배로 늘어납니다. 이 미생물을 관찰하여 넷째 날에 96마리가 되었다면 첫째 날에는 몇 마리였는지 구하세요.

(   )

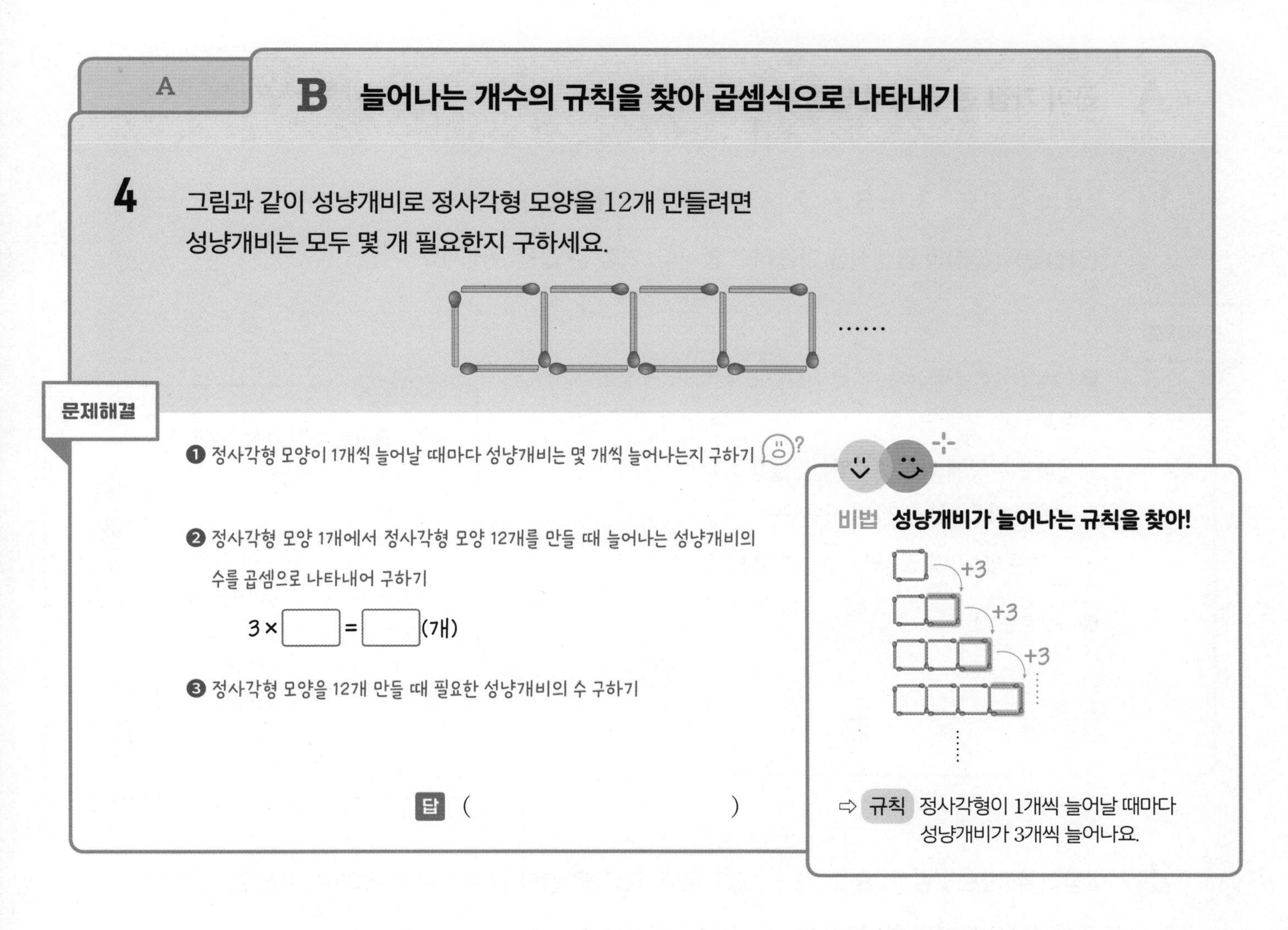

A

B 늘어나는 개수의 규칙을 찾아 곱셈식으로 나타내기

4 그림과 같이 성냥개비로 정사각형 모양을 12개 만들려면 성냥개비는 모두 몇 개 필요한지 구하세요.

문제해결

❶ 정사각형 모양이 1개씩 늘어날 때마다 성냥개비는 몇 개씩 늘어나는지 구하기

❷ 정사각형 모양 1개에서 정사각형 모양 12개를 만들 때 늘어나는 성냥개비의 수를 곱셈으로 나타내어 구하기

$3\times$ ☐ = ☐(개)

❸ 정사각형 모양을 12개 만들 때 필요한 성냥개비의 수 구하기

답 (   )

비법 성냥개비가 늘어나는 규칙을 찾아!

+3
+3
+3

⇨ 규칙 정사각형이 1개씩 늘어날 때마다 성냥개비가 3개씩 늘어나요.

5 그림과 같이 성냥개비로 삼각형 모양을 21개 만들려면 성냥개비는 모두 몇 개 필요한지 구하세요.

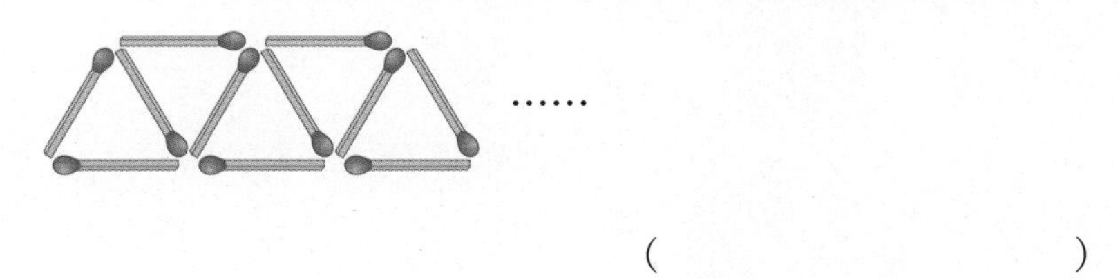

(   )

6 그림과 같이 게시판에 도화지를 누름 못으로 고정시키려고 합니다. 도화지 36장을 붙이려면 누름 못은 모두 몇 개 필요한지 구하세요.

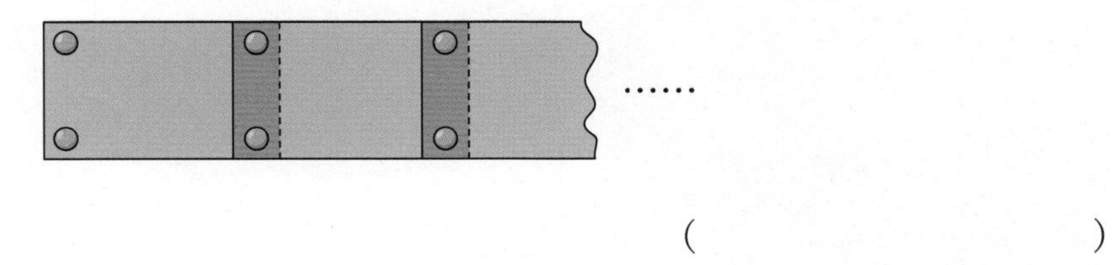

(   )

유형 06

수 카드로 곱셈식 만들기

A 곱이 가장 큰 곱셈식 만들기

B

1 4장의 수 카드 [1], [5], [2], [7] 중에서 3장을 뽑아 한 번씩만 사용하여 (몇십몇) × (몇)의 곱셈식을 만들려고 합니다. 가장 큰 곱을 구하세요.

문제해결

❶ (몇십몇)×(몇)에서 곱하는 수 '몇'과 곱해지는 수 '몇십몇'에 알맞은 수 카드 놓기

곱하는 수 몇에 가장 큰 수인 [ ]을 놓고,
남은 수 카드 3장 중 2장을 사용하여
가장 큰 몇십몇을 만들면 [ ]입니다.

❷ 가장 큰 곱 구하기

답 (   )

비법 곱하는 수가 가장 크게!

곱이 가장 큰 곱셈식을 만들려면 곱하는 수 ㉢에 가장 큰 수를 놓아야 해요.

㉠ ㉡
× ㉢

예 [2], [3], [4]로 곱이 가장 큰 곱셈식 만들기

$$\begin{array}{r} 43 \\ \times \quad 2 \\ \hline 86 \end{array} \qquad \begin{array}{r} 42 \\ \times \quad 3 \\ \hline 126 \end{array} \qquad \begin{array}{r} 32 \\ \times \quad 4 \\ \hline 128 \end{array}$$

가장 큰 곱

2 4장의 수 카드 [6], [8], [3], [4] 중에서 3장을 뽑아 한 번씩만 사용하여 (몇십몇) × (몇)의 곱셈식을 만들려고 합니다. 가장 큰 곱을 구하세요.

(   )

3 0부터 9까지의 수 중에서 ◆와 ★에 서로 다른 수를 넣어 다음 곱셈식을 만들려고 합니다. 가장 큰 곱을 구하세요.

3◆ × ★

(   )

A

B 곱이 가장 작은 곱셈식 만들기

4 4장의 수 카드 [9], [2], [6], [3] 중에서 3장을 뽑아 한 번씩만 사용하여 (몇십몇) × (몇)의 곱셈식을 만들려고 합니다. 가장 작은 곱을 구하세요.

문제해결

❶ (몇십몇)×(몇)에서 곱하는 수 '몇'과 곱해지는 수 '몇십몇'에 알맞은 수 카드 놓기

곱하는 수 몇에 가장 작은 수인 ☐를 놓고,
남은 수 카드 3장 중 2장을 사용하여
가장 작은 몇십몇을 만들면 ☐입니다.

❷ 가장 작은 곱 구하기

답 (　　　　　　　　)

비법 곱하는 수가 가장 작게!

곱이 가장 작은 곱셈식을 만들려면 곱하는 수 ㉢에 가장 작은 수를 놓아야 해요.

$$\begin{array}{r} ㉠\ ㉡ \\ \times\ \ ㉢ \\ \hline \end{array}$$

예 [2], [3], [4]로 곱이 가장 작은 곱셈식 만들기

$$\begin{array}{r} 2\ 3 \\ \times\ \ \ 4 \\ \hline 9\ 2 \end{array} \qquad \begin{array}{r} 2\ 4 \\ \times\ \ \ 3 \\ \hline 7\ 2 \end{array} \qquad \begin{array}{r} 3\ 4 \\ \times\ \ \ 2 \\ \hline 6\ 8 \end{array}$$

가장 작은 곱

5 4장의 수 카드 [7], [6], [5], [4] 중에서 3장을 뽑아 한 번씩만 사용하여 (몇십몇) × (몇)의 곱셈식을 만들려고 합니다. 가장 작은 곱을 구하세요.

(　　　　　　　　)

6 4장의 수 카드 [3], [7], [1], [8] 중에서 3장을 뽑아 한 번씩만 사용하여 다음 곱셈식을 만들려고 합니다. 가장 작은 곱을 구하세요. (단, 곱하는 수는 1보다 큰 수입니다.)

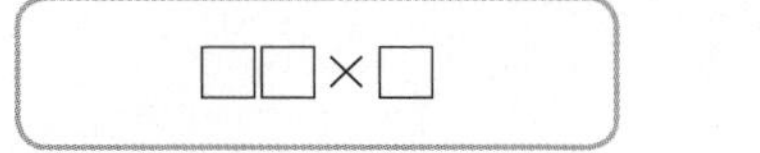

(　　　　　　　　)

유형 07

어떤 수 활용

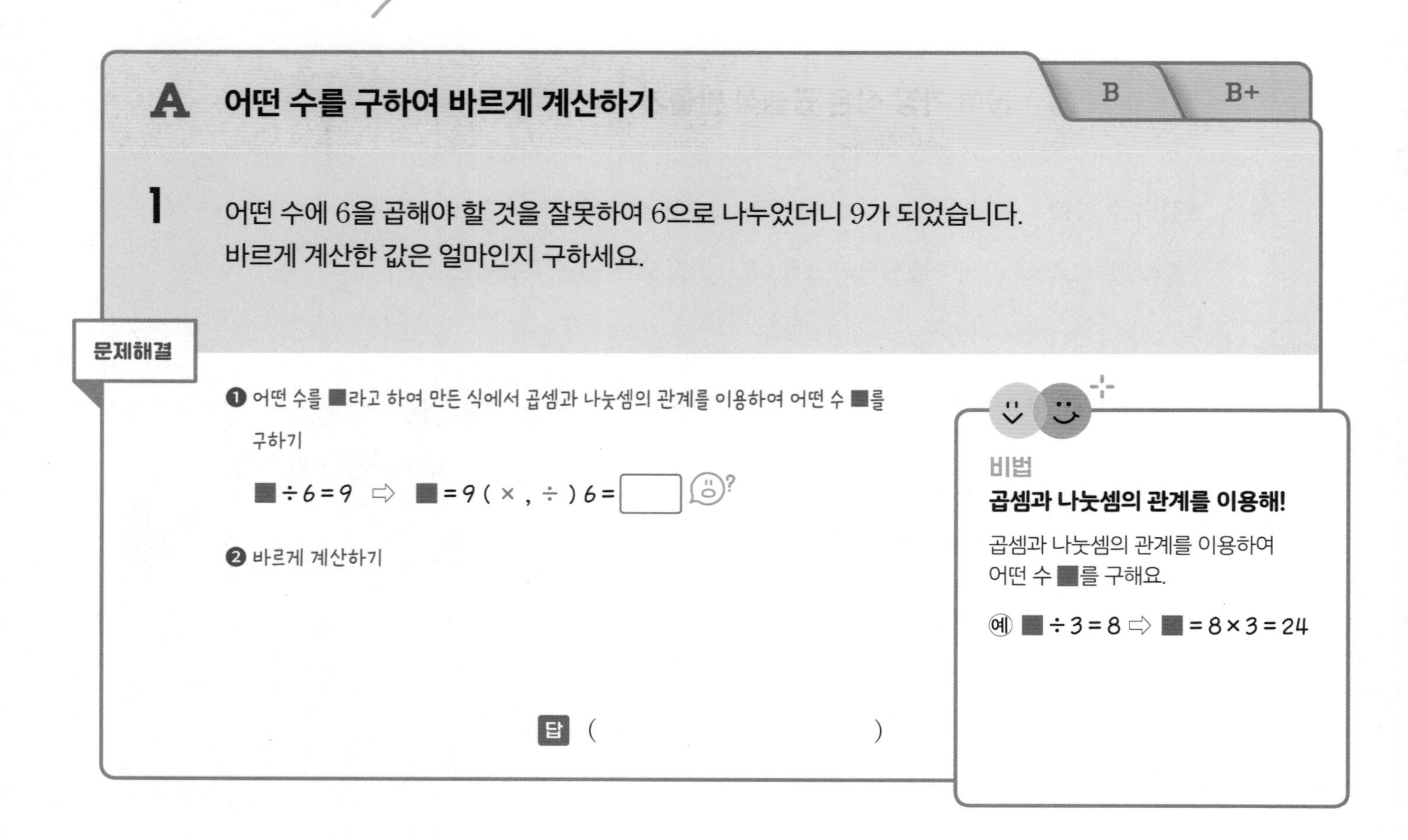

A 어떤 수를 구하여 바르게 계산하기

B B+

1 어떤 수에 6을 곱해야 할 것을 잘못하여 6으로 나누었더니 9가 되었습니다. 바르게 계산한 값은 얼마인지 구하세요.

문제해결

❶ 어떤 수를 ■라고 하여 만든 식에서 곱셈과 나눗셈의 관계를 이용하여 어떤 수 ■를 구하기

■÷6=9 ⇨ ■=9 (× , ÷) 6=☐

❷ 바르게 계산하기

답 (   )

비법

곱셈과 나눗셈의 관계를 이용해!

곱셈과 나눗셈의 관계를 이용하여 어떤 수 ■를 구해요.

예 ■÷3=8 ⇨ ■=8×3=24

2 어떤 수에 7을 곱해야 할 것을 잘못하여 7로 나누었더니 5가 되었습니다. 바르게 계산한 값은 얼마인지 구하세요.

(   )

3 어떤 수에 4를 곱해야 할 것을 잘못하여 4로 나누었더니 20이 되었습니다. 바르게 계산한 값은 얼마인지 구하세요.

(   )

A

B 합이 주어진 두 수의 곱 구하기

B+

4 어떤 두 수가 있습니다. 두 수 중 큰 수는 작은 수의 5배입니다.
두 수의 합이 36일 때 두 수의 곱을 구하세요.

문제해결

❶ 작은 수를 ■라고 하여 큰 수를 ■로 나타내기

작은 수: ■, 큰 수: ■ × □

❷ 큰 수와 작은 수의 합을 ■를 사용한 식으로 나타내고, 작은 수, 큰 수를 차례대로 구하기

(큰 수) + (작은 수): ■ × □ = 36

❸ 큰 수와 작은 수의 곱 구하기

답 (   )

비법 ■가 있는 곱셈식의 표현 알기!

■×5=■+■+■+■+■이므로
■×5와 ■의 합은 ■가 6개 → ■×6이에요.

■+■+■+■+■ → ■×5
+ ■
■+■+■+■+■+■ → ■×6

5 어떤 두 수가 있습니다. 두 수 중 큰 수는 작은 수의 8배입니다. 두 수의 합이 72일 때 두 수의 곱을 구하세요.

(   )

6 빨간색 구슬과 초록색 구슬이 있습니다. 빨간색 구슬 수는 초록색 구슬 수의 4배이고, 빨간색 구슬 수와 초록색 구슬 수의 합은 45개입니다. 빨간색 구슬은 몇 개인지 구하세요.

(   )

A B

B+ 차가 주어진 두 수의 곱 구하기

7 어떤 두 수가 있습니다. 두 수 중 큰 수는 작은 수의 4배입니다.
두 수의 차가 24일 때 두 수의 곱을 구하세요.

문제해결

❶ 작은 수를 ■라고 하여 큰 수를 ■로 나타내기

작은 수: ■, 큰 수: ■×□

❷ 큰 수와 작은 수의 차를 ■를 사용한 식으로 나타내고, 작은 수, 큰 수를 차례대로 구하기

(큰 수)−(작은 수): ■×□=24

❸ 큰 수와 작은 수의 곱 구하기

답 (   )

비법 ■가 있는 곱셈식의 표현 알기!

■×4=■+■+■+■이므로
■×4와 ■의 차는 ■가 3개 → ■×3
이에요.

■+■+■+■ → ■×4
− ■
■+■+■ → ■×3

8 어떤 두 수가 있습니다. 두 수 중 큰 수는 작은 수의 7배입니다. 두 수의 차가 36일 때 두 수의 곱을 구하세요.

(   )

9 방울토마토와 참외가 있습니다. 방울토마토 수는 참외 수의 6배이고, 방울토마토와 참외 수의 차는 25개입니다. 방울토마토는 몇 개인지 구하세요.

(   )

어떻게 풀어야 할지 모르겠다면
유형으로 되돌아가 다시 학습해 보세요.

01

유형 02 B

1부터 9까지의 수 중에서 □ 안에 들어갈 수 있는 수를 모두 구하세요.

$52 \times \square < 28 \times 9$

(　　　　　　　　　　)

02

유형 05 A

보기 와 같은 규칙으로 수를 늘어놓으려고 합니다. 빈칸에 알맞은 수를 써넣으세요.

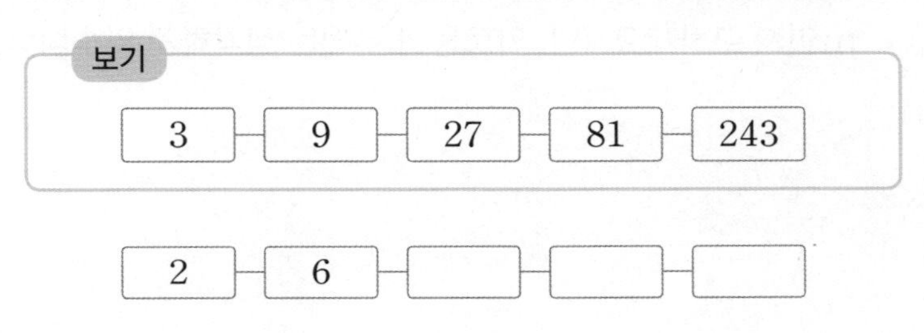

2 — 6 — □ — □ — □

03

유형 03 A

규성이는 4주 동안 매일 수학 문제집을 12쪽씩 풀었습니다. 규성이가 4주 동안 푼 수학 문제집은 모두 몇 쪽인지 구하세요.

(　　　　　　　　　　)

04

유형 06 A

4장의 수 카드 9, 2, 4, 7 중에서 3장을 뽑아 한 번씩만 사용하여 (몇십몇) × (몇)의 곱셈식을 만들려고 합니다. 가장 큰 곱을 구하세요.

(　　　　　　　　　)

05

유형 04 B

도로의 한쪽에 6 m 간격으로 처음부터 끝까지 가로등을 35개 세웠습니다. 도로의 길이는 몇 m인지 구하세요. (단, 가로등의 두께는 생각하지 않습니다.)

(　　　　　　　　　)

06

유형 07 A

어떤 수에 9를 곱해야 할 것을 잘못하여 9를 더했더니 51이 되었습니다. 바르게 계산한 값은 얼마인지 구하세요.

(　　　　　　　　　)

07

유형 07 B

어떤 두 수가 있습니다. 두 수 중 큰 수는 작은 수의 7배입니다. 두 수의 합이 56일 때 두 수의 곱을 구하세요.

(　　　　　　　　)

08

유형 03 C

1분 동안 12 cm를 올라갔다가 3 cm를 미끄러져 내려오는 달팽이가 높이가 2 m인 나무의 꼭대기까지 오르려고 합니다. 이 달팽이가 바닥에서부터 출발하여 15분 동안 올라갔다가 미끄러져 내려왔다면 나무의 꼭대기까지 오르는 데 몇 cm가 남았는지 구하세요.

(　　　　　　　　)

09

길이가 45 m인 통나무를 5 m씩 자르려고 합니다. 한 번 자르는 데 12분이 걸리고, 한 번 자른 후에 3분씩 쉬려고 합니다. 통나무를 모두 자르는 데 몇 시간 몇 분이 걸리는지 구하세요.

(　　　　　　　　)

5

길이와 시간

학습계열표

2-2 **3. 길이 재기**
- 1 m = 100 cm
- 길이의 합과 차

2-2 **4. 시각과 시간**
- 1시간 = 60분
- 1분, 1시간, 1주일, 1개월, 1년

3-1 **5. 길이와 시간**
- 1 cm = 10 mm, 1 km = 1000 m
- 1분 = 60초
- 길이의 덧셈과 뺄셈
- 시간의 덧셈과 뺄셈

5-1 **5. 다각형의 둘레와 넓이**
- 평면도형의 둘레 구하기

6-2 **5. 원의 넓이**
- 원주 구하기

학습기록표

유형 01	학습일 / 학습평가
길이 비교, 시간 비교	
A	길이
B	시간

유형 02	학습일 / 학습평가
길이의 합과 차 활용	
A	색 테이프의 길이
B	직사각형의 네 변의 합

유형 03	학습일 / 학습평가
거리의 합과 차 활용	
A	더 가까운 길
A+	두 지점 사이의 거리
A++	두 사람이 만날 때 거리

유형 04	학습일 / 학습평가
시간의 합과 차 활용	
A	걸린 시간
B	끝낸 시각
C	시작한 시각

유형 05	학습일 / 학습평가
해가 뜨고 지는 시각의 활용	
A	시차 이용하여 시각
B	낮과 밤의 길이

유형 06	학습일 / 학습평가
고장 난 시계의 시각	
A	빨라지는 시계
B	느려지는 시계

유형 07	학습일 / 학습평가
시간과 거리의 활용	
A	이동하는 거리
B	처음 양초의 길이

유형 마스터	학습일 / 학습평가
길이와 시간	

유형 01 길이 비교, 시간 비교

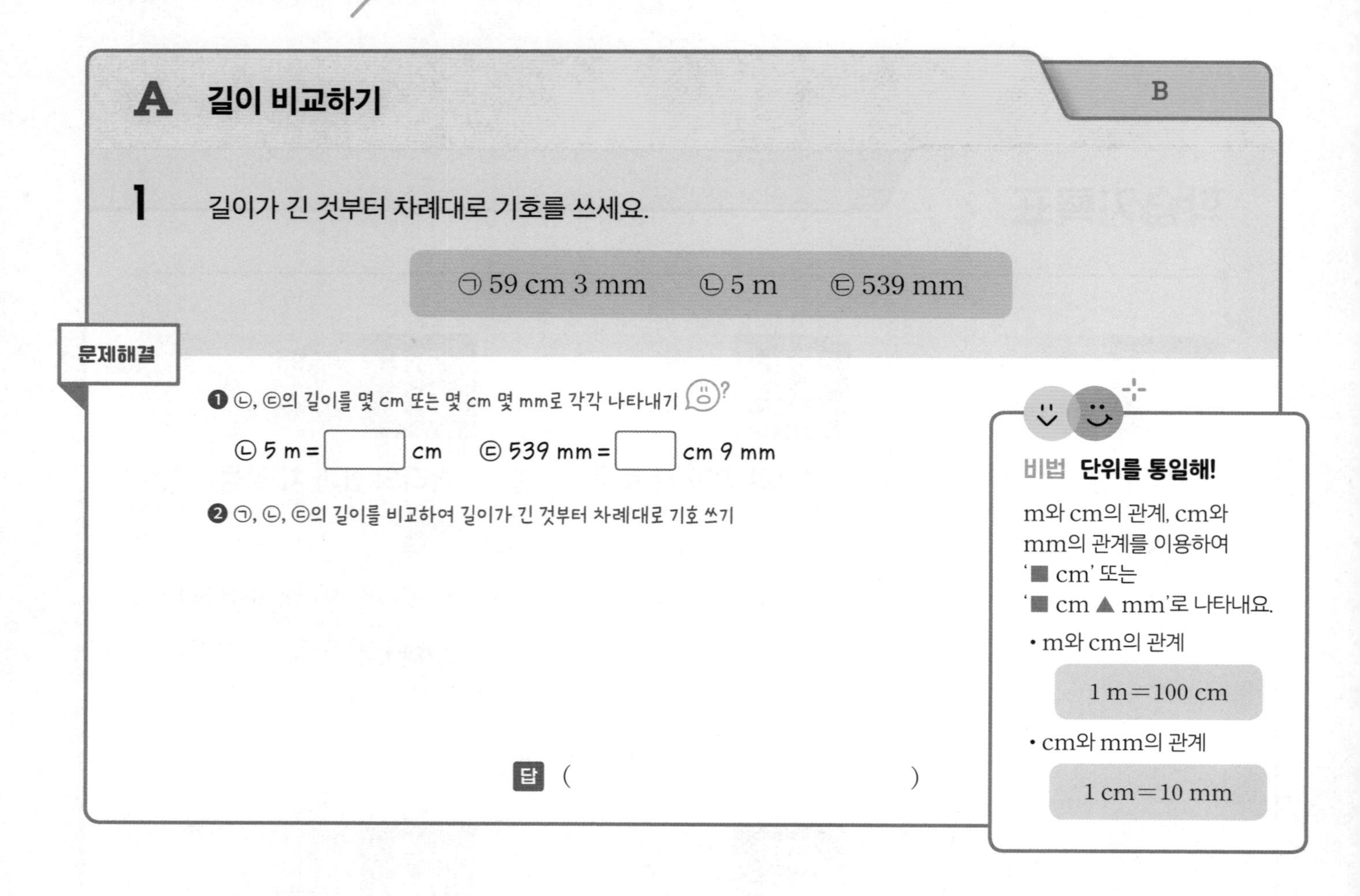

A 길이 비교하기

B

1 길이가 긴 것부터 차례대로 기호를 쓰세요.

㉠ 59 cm 3 mm　　㉡ 5 m　　㉢ 539 mm

문제해결

❶ ㉡, ㉢의 길이를 몇 cm 또는 몇 cm 몇 mm로 각각 나타내기

㉡ 5 m = ☐ cm　　㉢ 539 mm = ☐ cm 9 mm

❷ ㉠, ㉡, ㉢의 길이를 비교하여 길이가 긴 것부터 차례대로 기호 쓰기

답 (　　　　　　　　)

비법 단위를 통일해!

m와 cm의 관계, cm와 mm의 관계를 이용하여 '■ cm' 또는 '■ cm ▲ mm'로 나타내요.

- m와 cm의 관계

1 m = 100 cm

- cm와 mm의 관계

1 cm = 10 mm

2 찬혁이와 친구들이 가지고 있는 끈의 길이를 나타낸 것입니다. 길이가 짧은 끈을 가지고 있는 사람부터 차례대로 이름을 쓰세요.

(　　　　　　　　)

3 민재네 집에서 각 장소까지의 거리를 나타낸 것입니다. 민재네 집에서 거리가 가장 먼 곳을 찾아 쓰세요.

- 도서관: 7000 m
- 공원: 7 km 500 m
- 수목원: 68 km
- 병원: 6900 m

(　　　　　　　　)

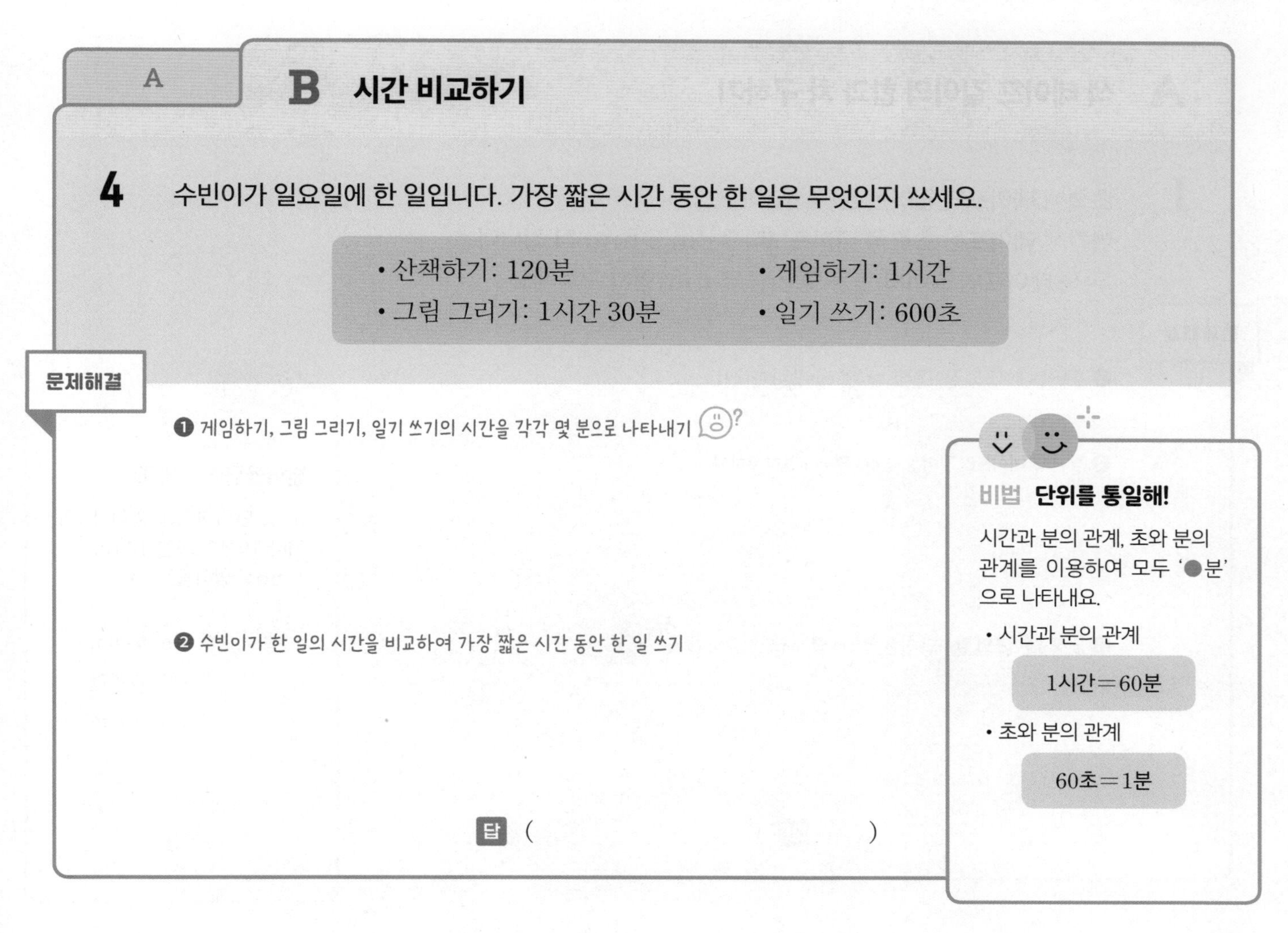

A

B 시간 비교하기

4 수빈이가 일요일에 한 일입니다. 가장 짧은 시간 동안 한 일은 무엇인지 쓰세요.

- 산책하기: 120분
- 게임하기: 1시간
- 그림 그리기: 1시간 30분
- 일기 쓰기: 600초

문제해결

❶ 게임하기, 그림 그리기, 일기 쓰기의 시간을 각각 몇 분으로 나타내기

❷ 수빈이가 한 일의 시간을 비교하여 가장 짧은 시간 동안 한 일 쓰기

답 (   )

비법 단위를 통일해!

시간과 분의 관계, 초와 분의 관계를 이용하여 모두 '●분'으로 나타내요.

- 시간과 분의 관계

1시간=60분

- 초와 분의 관계

60초=1분

5 책을 읽는 데 걸린 시간입니다. 책을 가장 오래 읽은 사람은 누구인지 쓰세요.

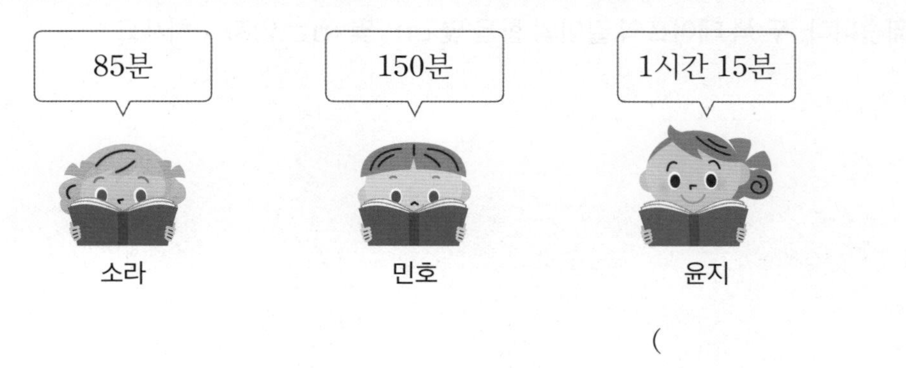

(   )

6 승우네 모둠의 오래달리기 기록입니다. 가장 빨리 달린 사람은 누구인지 쓰세요.

이름	승우	혜지	민성	예림
기록	2분 2초	95초	130초	1분 30초

(   )

유형 02 길이의 합과 차 활용

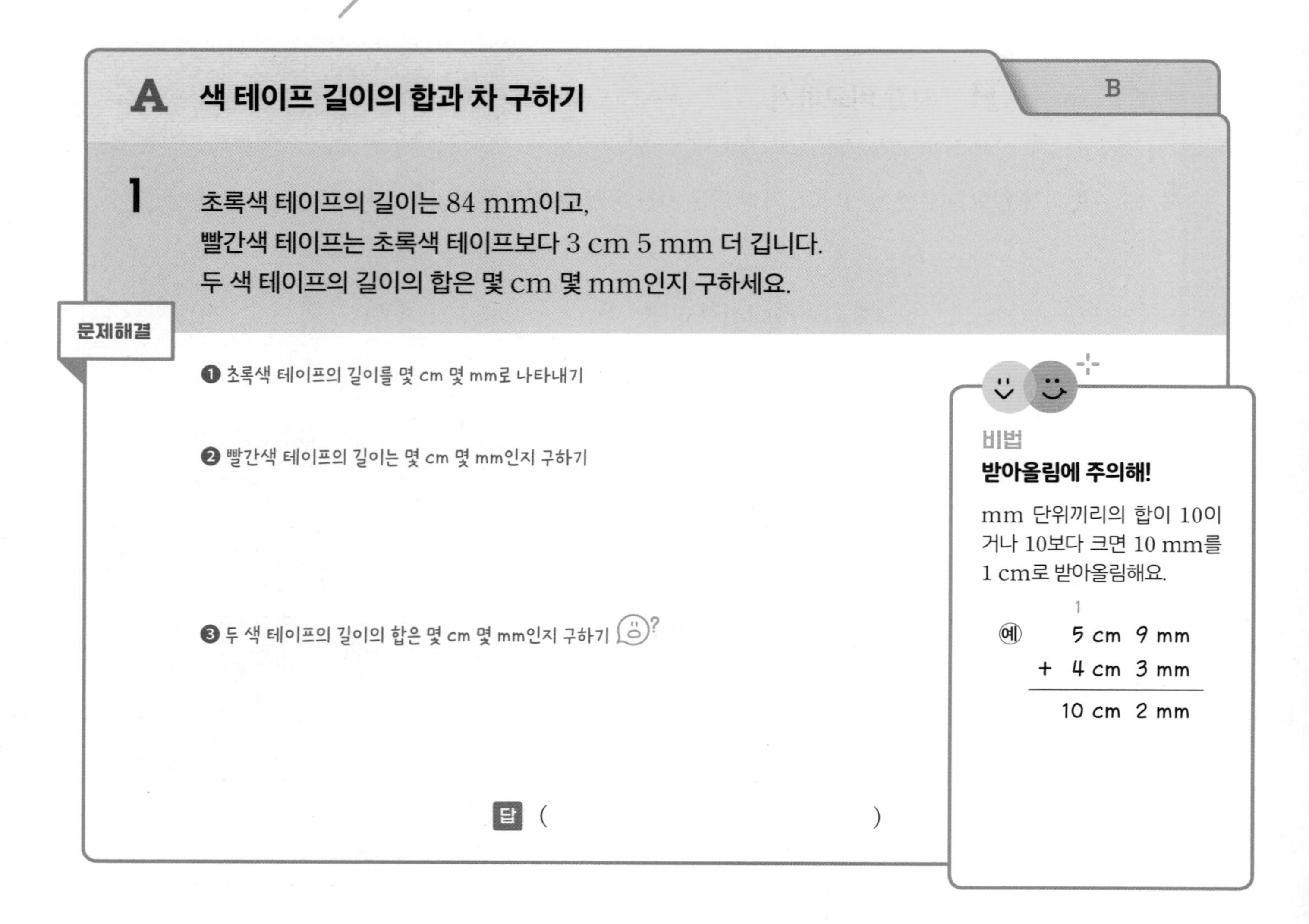

A 색 테이프 길이의 합과 차 구하기

B

1 초록색 테이프의 길이는 84 mm이고,
빨간색 테이프는 초록색 테이프보다 3 cm 5 mm 더 깁니다.
두 색 테이프의 길이의 합은 몇 cm 몇 mm인지 구하세요.

문제해결

❶ 초록색 테이프의 길이를 몇 cm 몇 mm로 나타내기

❷ 빨간색 테이프의 길이는 몇 cm 몇 mm인지 구하기

❸ 두 색 테이프의 길이의 합은 몇 cm 몇 mm인지 구하기

답 (   )

비법
받아올림에 주의해!

mm 단위끼리의 합이 10이거나 10보다 크면 10 mm를 1 cm로 받아올림해요.

예

		1	
	5 cm	9 mm	
+	4 cm	3 mm	
	10 cm	2 mm	

2 파란색 테이프의 길이는 145 mm이고, 노란색 테이프는 파란색 테이프보다 5 cm 2 mm 더 짧습니다. 두 색 테이프의 길이의 합은 몇 cm 몇 mm인지 구하세요.

(   )

3 길이가 259 mm인 색 테이프를 두 도막으로 잘랐습니다. 긴 도막의 길이가 13 cm 5 mm일 때, 긴 도막은 짧은 도막보다 몇 cm 몇 mm 더 긴지 구하세요.

(   )

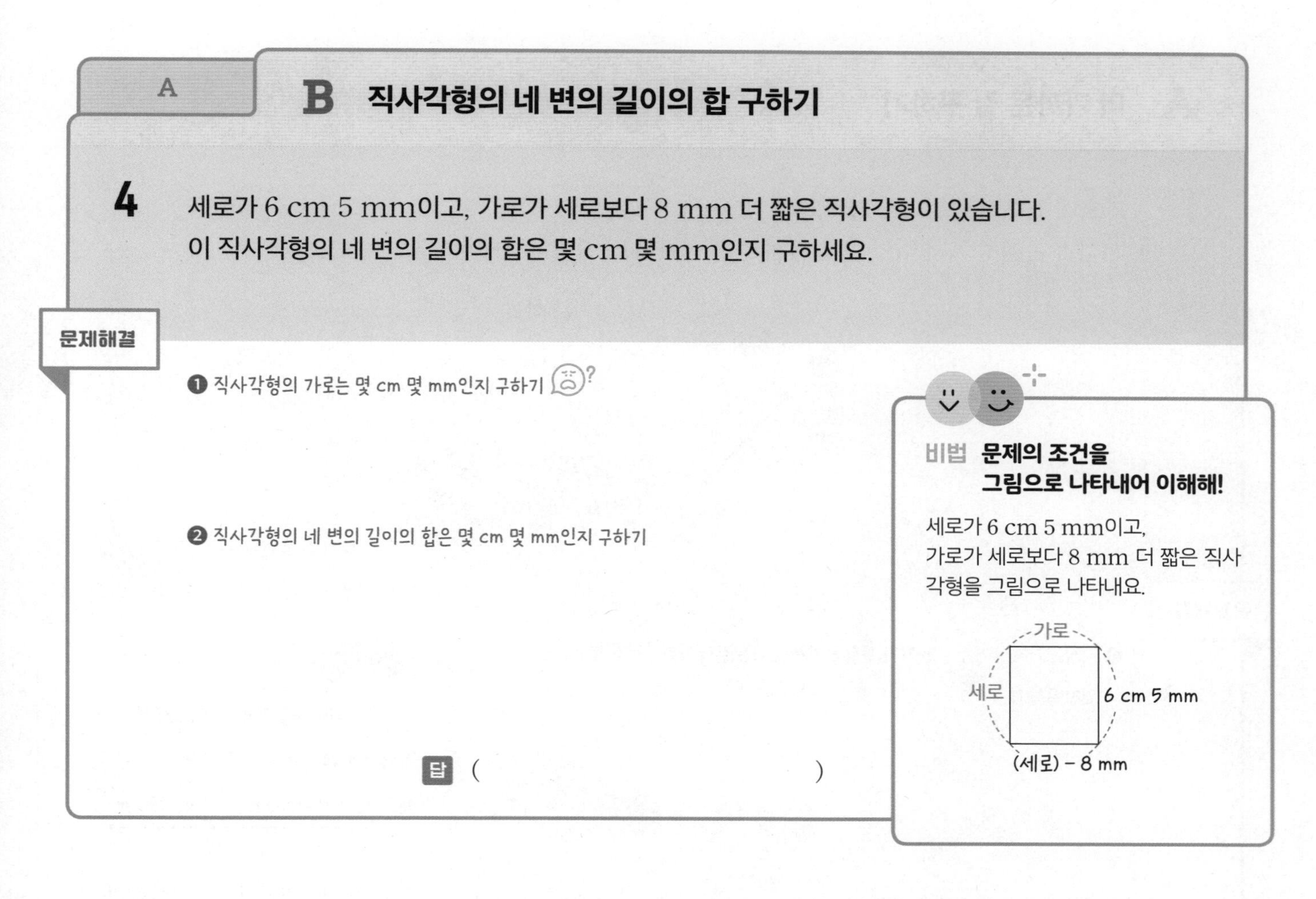

A

B 직사각형의 네 변의 길이의 합 구하기

4 세로가 6 cm 5 mm이고, 가로가 세로보다 8 mm 더 짧은 직사각형이 있습니다. 이 직사각형의 네 변의 길이의 합은 몇 cm 몇 mm인지 구하세요.

문제해결

❶ 직사각형의 가로는 몇 cm 몇 mm인지 구하기

❷ 직사각형의 네 변의 길이의 합은 몇 cm 몇 mm인지 구하기

답 (   )

비법 문제의 조건을 그림으로 나타내어 이해해!

세로가 6 cm 5 mm이고, 가로가 세로보다 8 mm 더 짧은 직사각형을 그림으로 나타내요.

5 가로가 8 cm 2 mm이고, 세로가 가로보다 9 mm 더 긴 직사각형이 있습니다. 이 직사각형의 네 변의 길이의 합은 몇 cm 몇 mm인지 구하세요.

(   )

6 세로가 72 mm이고, 가로가 세로의 2배인 직사각형이 있습니다. 이 직사각형의 네 변의 길이의 합은 몇 cm 몇 mm인지 구하세요.

(   )

유형 03

거리의 합과 차 활용

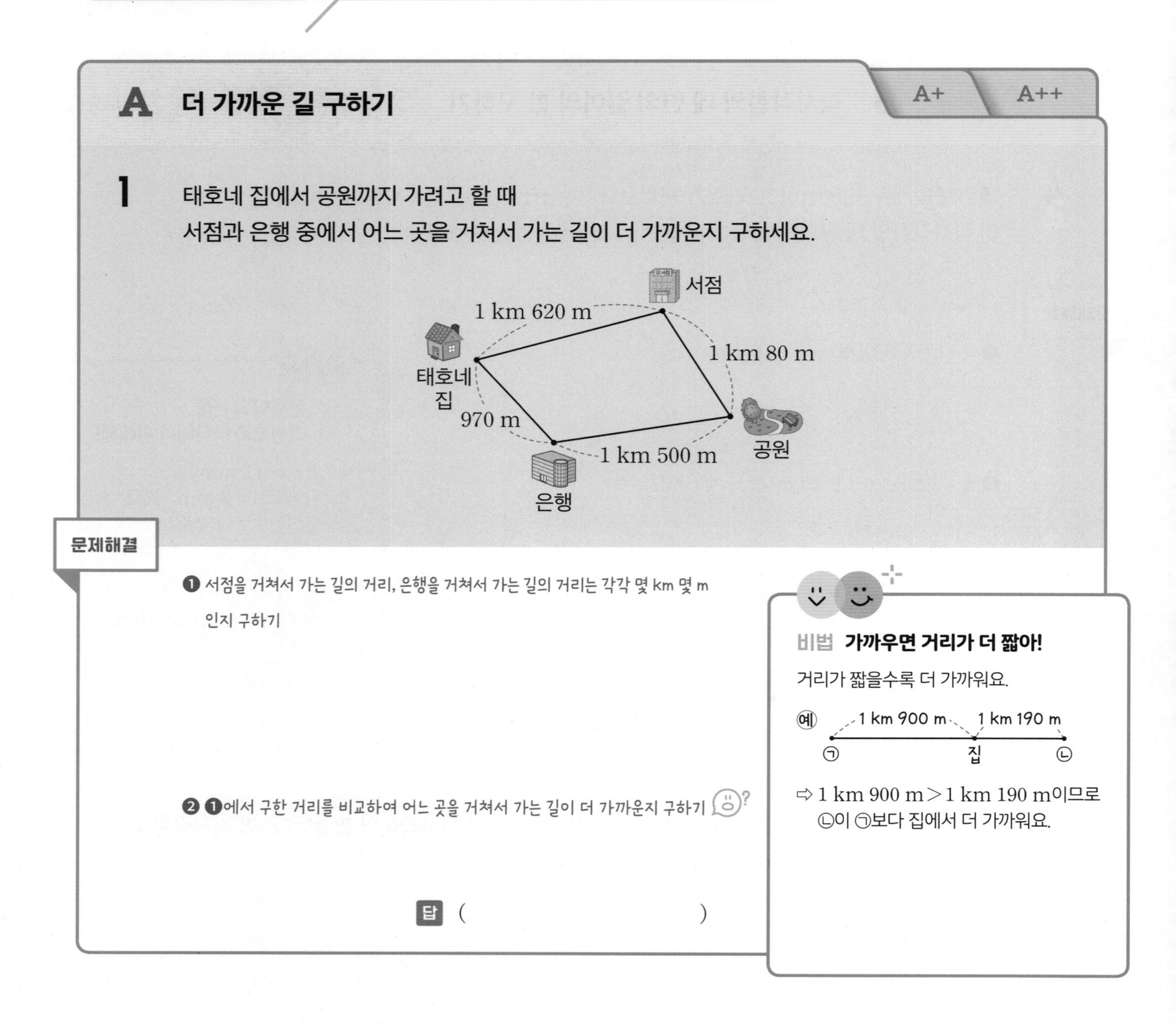

A 더 가까운 길 구하기

1 태호네 집에서 공원까지 가려고 할 때
서점과 은행 중에서 어느 곳을 거쳐서 가는 길이 더 가까운지 구하세요.

문제해결

❶ 서점을 거쳐서 가는 길의 거리, 은행을 거쳐서 가는 길의 거리는 각각 몇 km 몇 m 인지 구하기

❷ ❶에서 구한 거리를 비교하여 어느 곳을 거쳐서 가는 길이 더 가까운지 구하기

답 (   )

비법 가까우면 거리가 더 짧아!

거리가 짧을수록 더 가까워요.

예 ㉠ —1 km 900 m— 집 —1 km 190 m— ㉡

⇨ 1 km 900 m > 1 km 190 m이므로 ㉡이 ㉠보다 집에서 더 가까워요.

2 학교에서 소방서까지 가려고 할 때 도서관과 우체국 중에서 어느 곳을 거쳐서 가는 길이 더 가까운지 구하세요.

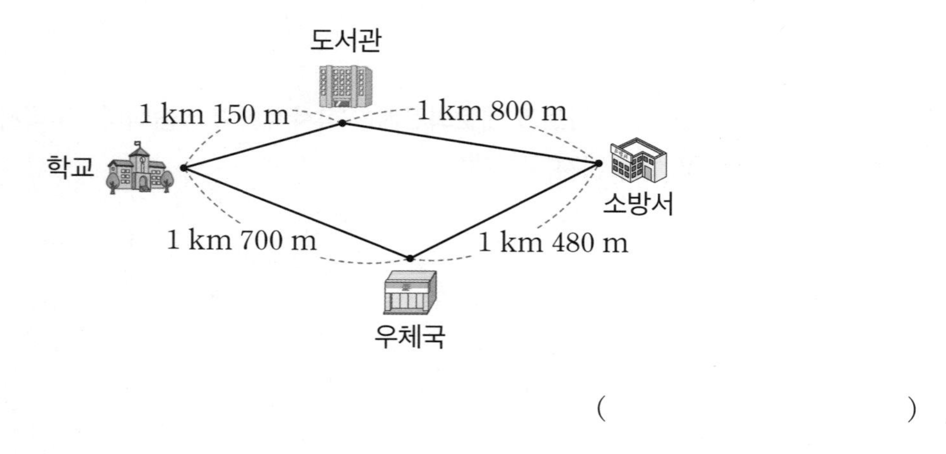

(   )

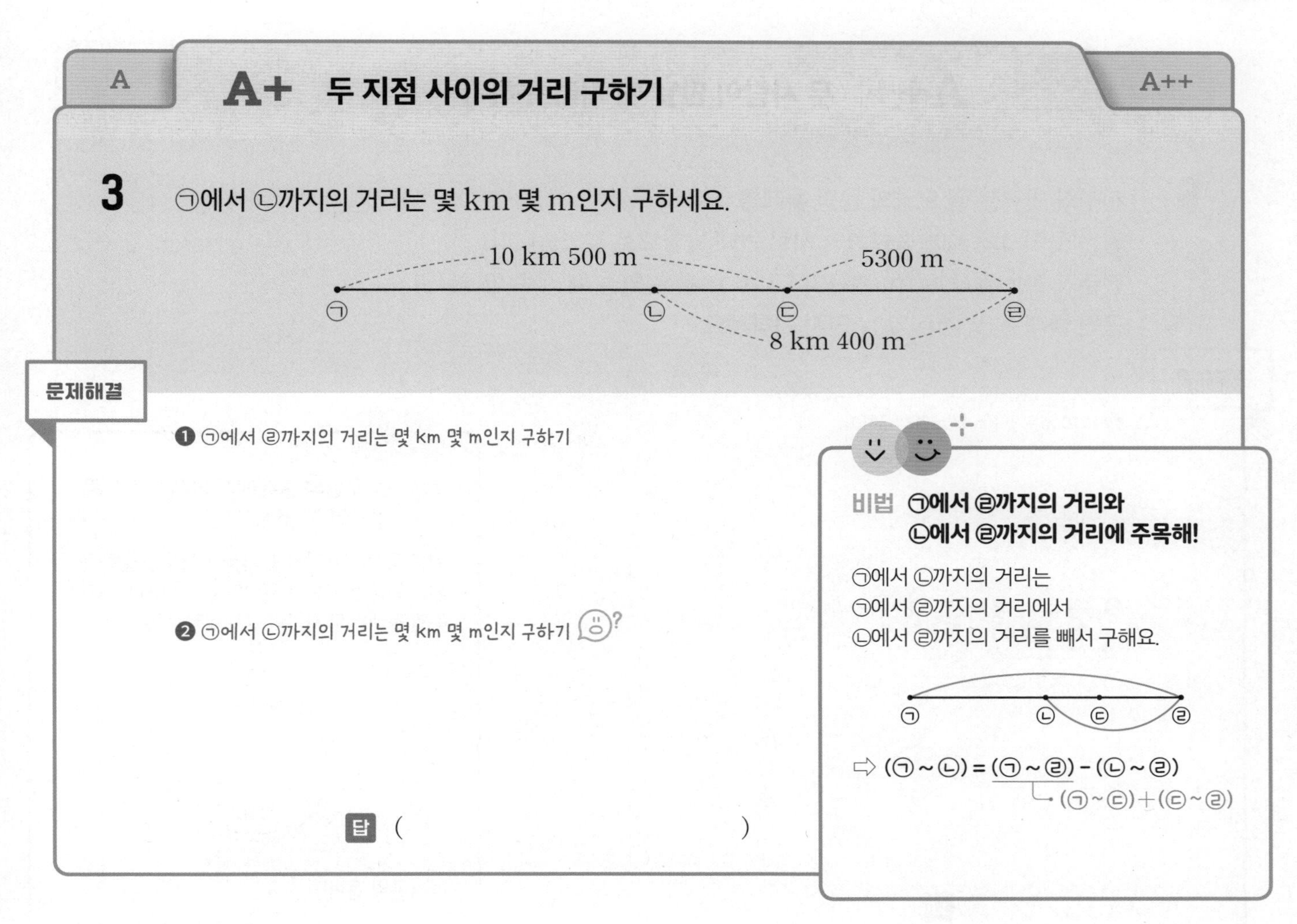

A

A+ 두 지점 사이의 거리 구하기

A++

3 ㉠에서 ㉡까지의 거리는 몇 km 몇 m인지 구하세요.

문제해결

❶ ㉠에서 ㉣까지의 거리는 몇 km 몇 m인지 구하기

❷ ㉠에서 ㉡까지의 거리는 몇 km 몇 m인지 구하기

답 (   )

비법 ㉠에서 ㉣까지의 거리와 ㉡에서 ㉣까지의 거리에 주목해!

㉠에서 ㉡까지의 거리는
㉠에서 ㉣까지의 거리에서
㉡에서 ㉣까지의 거리를 빼서 구해요.

㉠ ㉡ ㉢ ㉣

⇨ (㉠~㉡) = (㉠~㉣) − (㉡~㉣)

(㉠~㉢)+(㉢~㉣)

4 ㉡에서 ㉢까지의 거리는 몇 km 몇 m인지 구하세요.

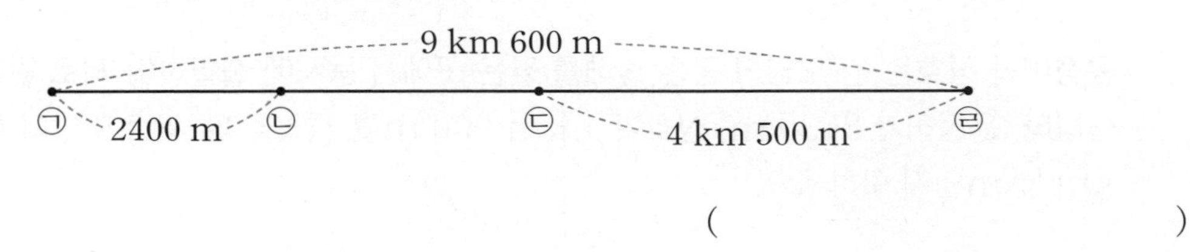

(   )

5 ㉡에서 ㉣까지의 거리는 몇 km 몇 m인지 구하세요.

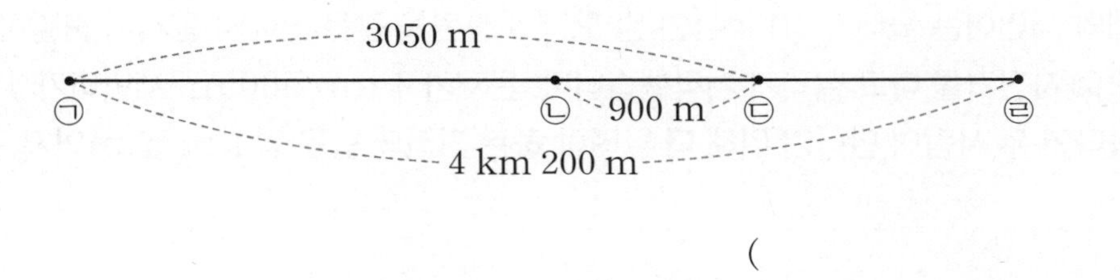

(   )

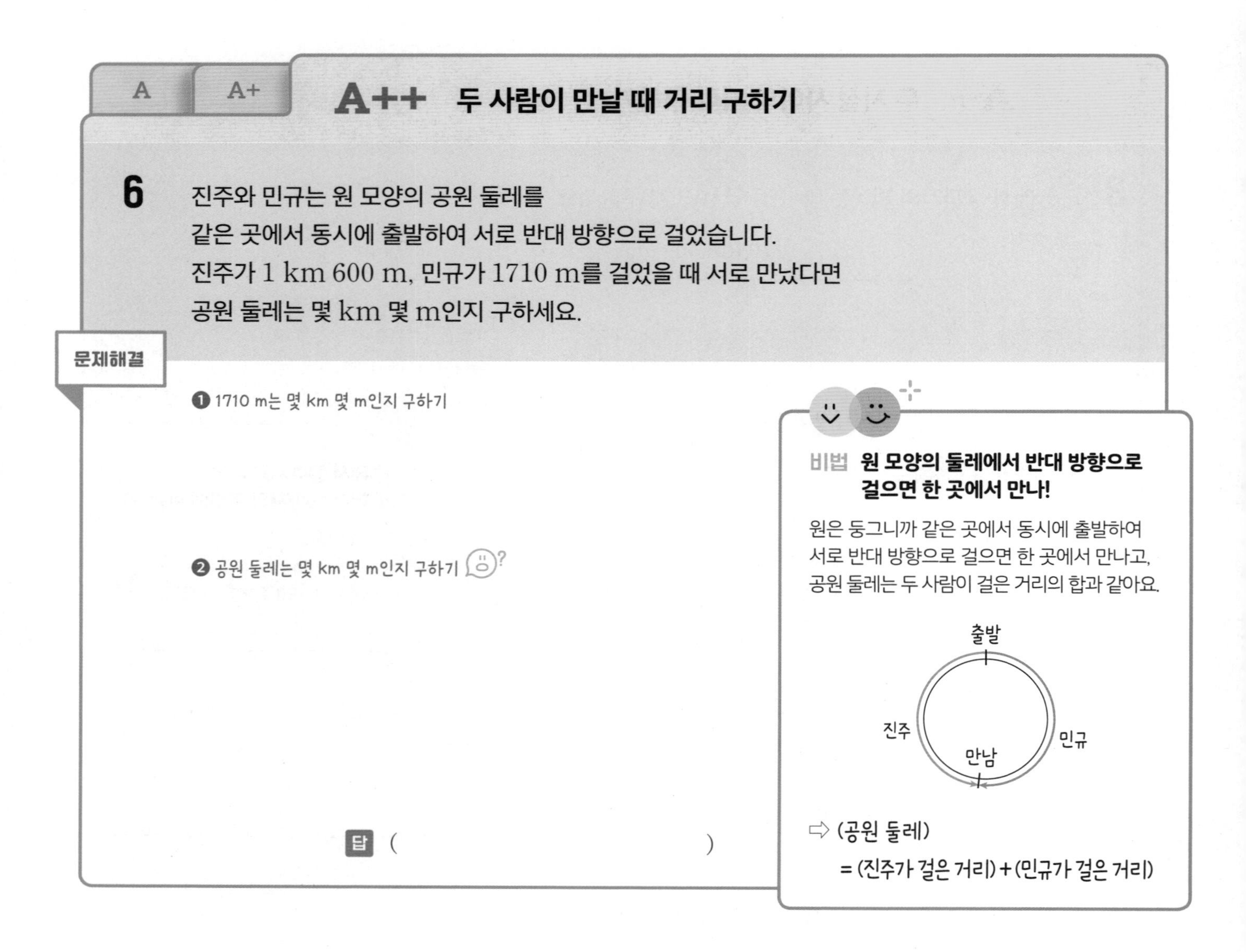

A A+ **A++ 두 사람이 만날 때 거리 구하기**

6 진주와 민규는 원 모양의 공원 둘레를 같은 곳에서 동시에 출발하여 서로 반대 방향으로 걸었습니다. 진주가 1 km 600 m, 민규가 1710 m를 걸었을 때 서로 만났다면 공원 둘레는 몇 km 몇 m인지 구하세요.

문제해결

❶ 1710 m는 몇 km 몇 m인지 구하기

❷ 공원 둘레는 몇 km 몇 m인지 구하기

답 (   )

비법 원 모양의 둘레에서 반대 방향으로 걸으면 한 곳에서 만나!

원은 둥그니까 같은 곳에서 동시에 출발하여 서로 반대 방향으로 걸으면 한 곳에서 만나고, 공원 둘레는 두 사람이 걸은 거리의 합과 같아요.

⇨ (공원 둘레)
= (진주가 걸은 거리) + (민규가 걸은 거리)

7 윤정이와 성호는 원 모양의 공원 둘레를 같은 곳에서 동시에 출발하여 서로 반대 방향으로 걸었습니다. 윤정이가 2130 m, 성호가 1 km 900 m를 걸었을 때 서로 만났다면 공원 둘레는 몇 km 몇 m인지 구하세요.

(   )

8 은채와 재민이는 둘레가 10 km인 원 모양의 공원을 같은 곳에서 동시에 출발하여 서로 반대 방향으로 자전거를 타고 달리기 시작했습니다. 은채가 4 km 500 m, 재민이가 4 km 150 m를 달렸다면 두 사람이 만나기 위해 더 달려야 하는 거리의 합은 몇 km 몇 m인지 구하세요.

(   )

유형 04

시간의 합과 차 활용

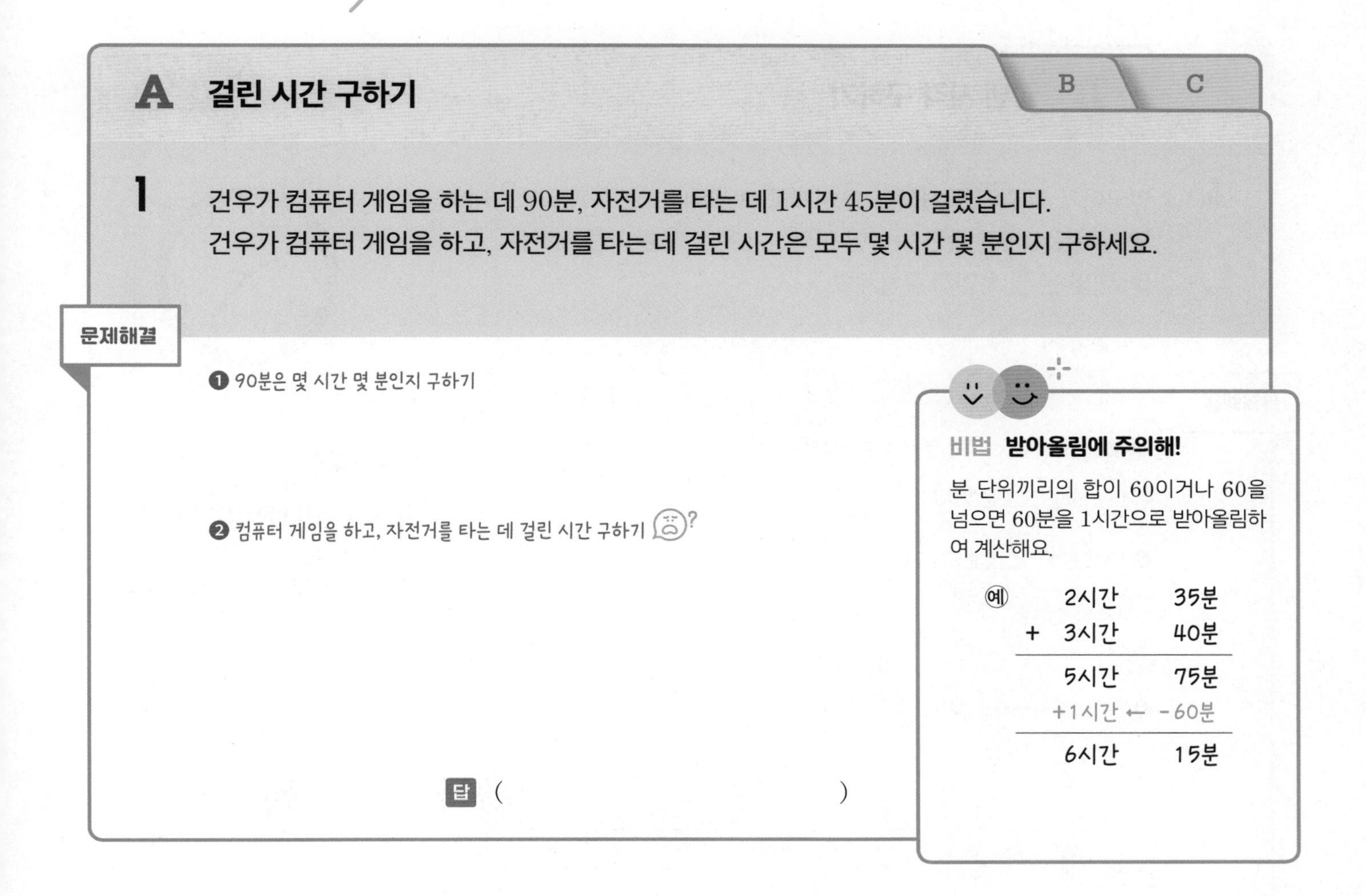

A 걸린 시간 구하기

B C

1 건우가 컴퓨터 게임을 하는 데 90분, 자전거를 타는 데 1시간 45분이 걸렸습니다. 건우가 컴퓨터 게임을 하고, 자전거를 타는 데 걸린 시간은 모두 몇 시간 몇 분인지 구하세요.

문제해결

❶ 90분은 몇 시간 몇 분인지 구하기

❷ 컴퓨터 게임을 하고, 자전거를 타는 데 걸린 시간 구하기

답 (　　　　　　　　　　)

비법 **받아올림에 주의해!**

분 단위끼리의 합이 60이거나 60을 넘으면 60분을 1시간으로 받아올림하여 계산해요.

예

	2시간	35분
+	3시간	40분
	5시간	75분
	+1시간 ←	−60분
	6시간	15분

2 예림이네 가족은 등산을 했습니다. 올라갈 때에는 1시간 55분, 내려올 때에는 75분이 걸렸습니다. 예림이네 가족이 등산하는 데 걸린 시간은 모두 몇 시간 몇 분인지 구하세요.

(　　　　　　　　　　)

3 보람이가 연극을 보기 위해 극장에 오후 3시 50분 30초에 도착했습니다. 오후 4시 10분에 연극이 시작한다면 보람이는 연극을 보기 위해 몇 분 몇 초를 기다려야 하는지 구하세요.

(　　　　　　　　　　)

극장에 도착해서 연극이 시작할 때까지 기다려야 해요.

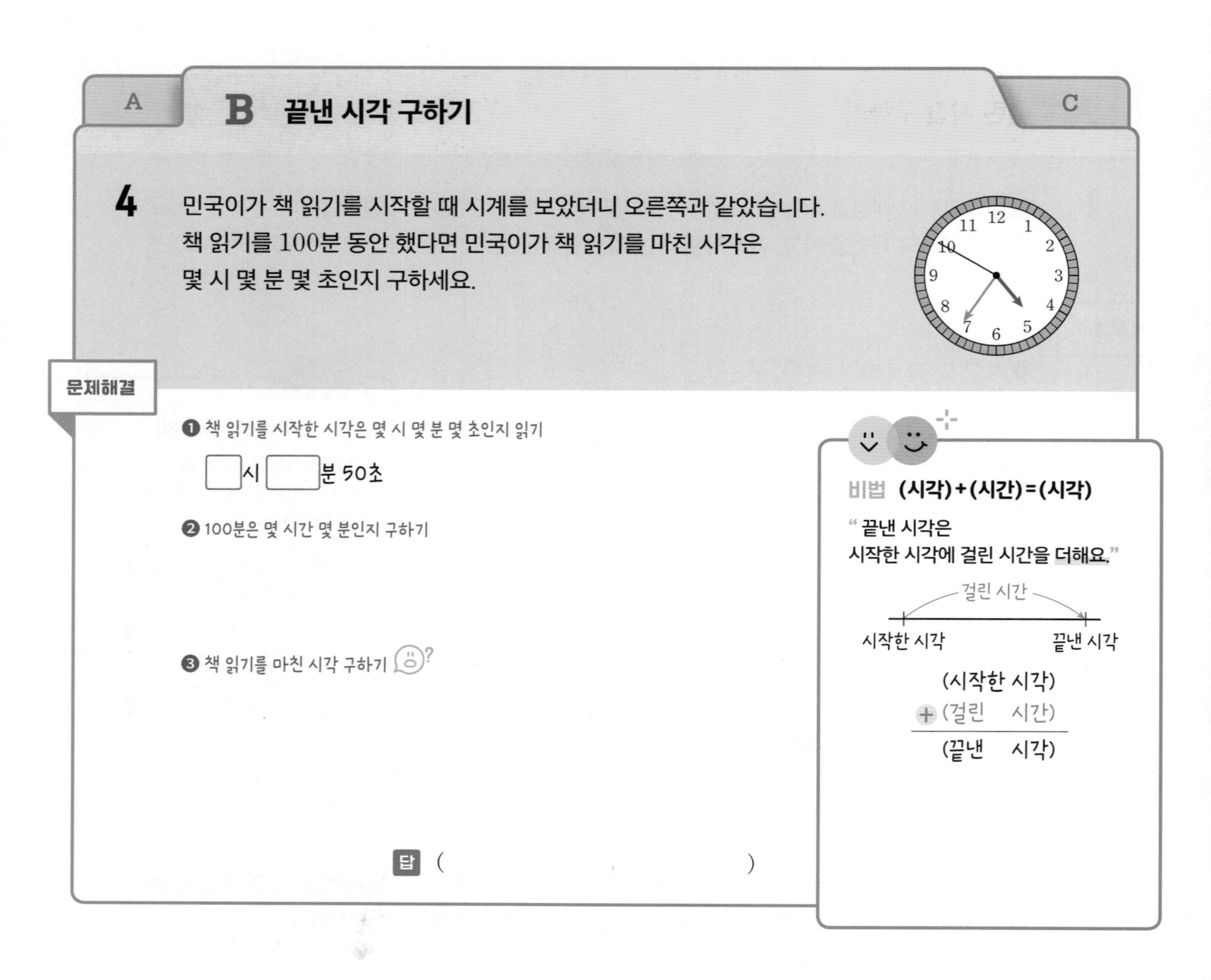

A **B 끝낸 시각 구하기** C

4 민국이가 책 읽기를 시작할 때 시계를 보았더니 오른쪽과 같았습니다. 책 읽기를 100분 동안 했다면 민국이가 책 읽기를 마친 시각은 몇 시 몇 분 몇 초인지 구하세요.

문제해결

❶ 책 읽기를 시작한 시각은 몇 시 몇 분 몇 초인지 읽기

□시 □분 50초

❷ 100분은 몇 시간 몇 분인지 구하기

❸ 책 읽기를 마친 시각 구하기

답 (　　　　　　　　　　)

비법 (시각)+(시간)=(시각)

"끝낸 시각은 시작한 시각에 걸린 시간을 더해요."

걸린 시간

시작한 시각　　끝낸 시각

(시작한 시각)
+ (걸린 시간)
(끝낸 시각)

5 오른쪽은 음악회가 시작한 시각입니다. 음악회가 85분 동안 진행된다면 음악회가 끝나는 시각은 몇 시 몇 분 몇 초인지 구하세요.

(　　　　　　　　　　)

초바늘이 시계를 한 바퀴 도는 데 걸리는 시간은 60초=1분이에요.

6 윤주는 오후 5시 35분 10초에 수영을 시작하여 초바늘이 시계를 50바퀴 돌았을 때 수영을 끝냈습니다. 윤주가 수영을 끝낸 시각은 오후 몇 시 몇 분 몇 초인지 구하세요.

오후 (　　　　　　　　　　)

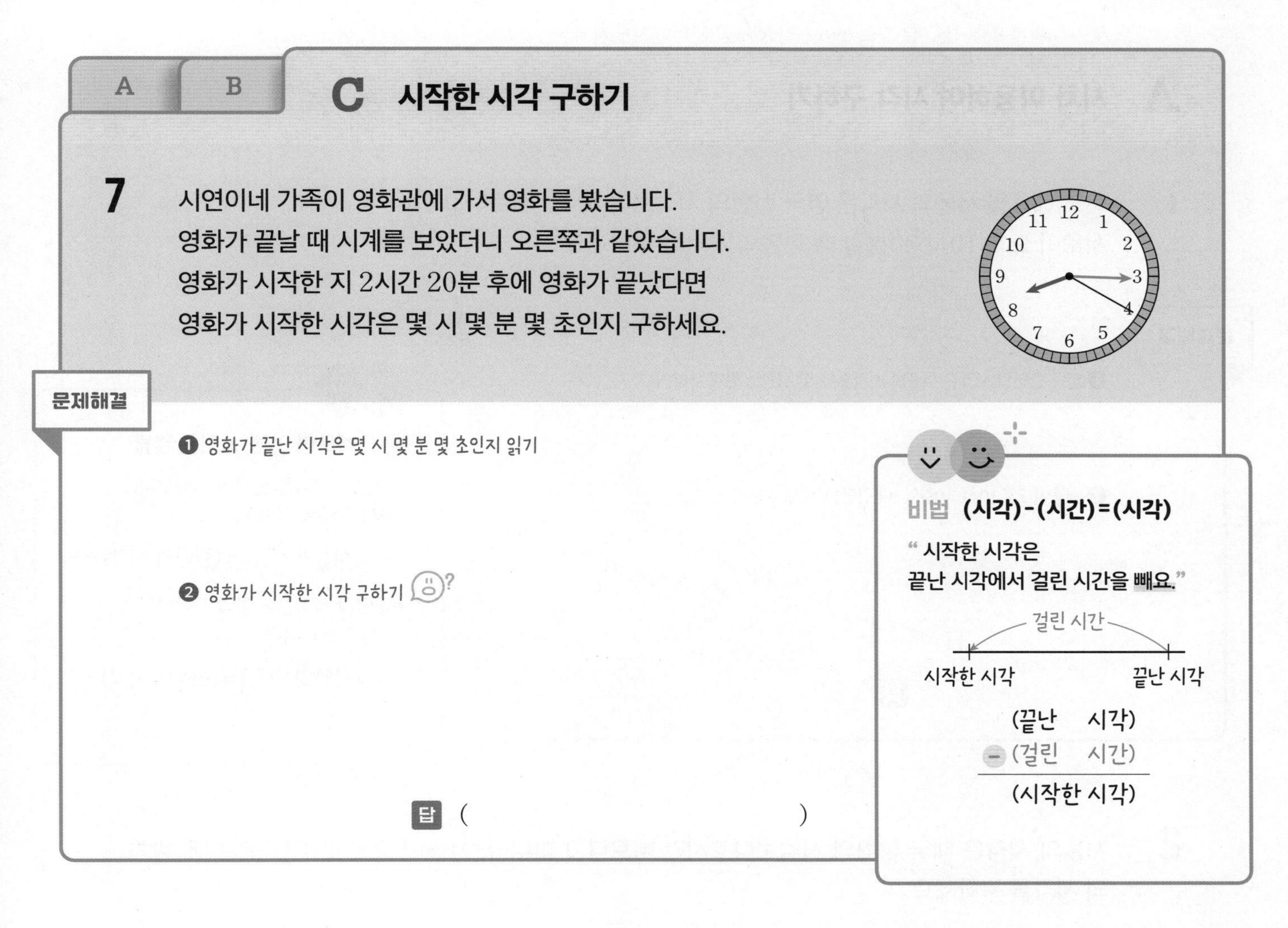

A B

C 시작한 시각 구하기

7 시연이네 가족이 영화관에 가서 영화를 봤습니다. 영화가 끝날 때 시계를 보았더니 오른쪽과 같았습니다. 영화가 시작한 지 2시간 20분 후에 영화가 끝났다면 영화가 시작한 시각은 몇 시 몇 분 몇 초인지 구하세요.

문제해결

❶ 영화가 끝난 시각은 몇 시 몇 분 몇 초인지 읽기

❷ 영화가 시작한 시각 구하기

답 (   )

비법 (시각)-(시간)=(시각)

" 시작한 시각은 끝난 시각에서 걸린 시간을 빼요."

(끝난 시각)
－ (걸린 시간)
(시작한 시각)

8 김포국제공항에서 출발한 비행기가 제주국제공항에 오후 4시에 도착했습니다. 비행시간이 1시간 5분이었다면 비행기가 김포국제공항에서 출발한 시각은 오후 몇 시 몇 분인지 구하세요.

오후 (   )

9 어느 축구 경기는 전반전과 후반전에 각각 45분씩 경기를 하고 중간에 15분을 쉰다고 합니다. 오후 6시 15분에 축구 경기가 끝났다면 경기를 시작한 시각은 오후 몇 시 몇 분인지 구하세요.

오후 (   )

유형 05 해가 뜨고 지는 시각의 활용

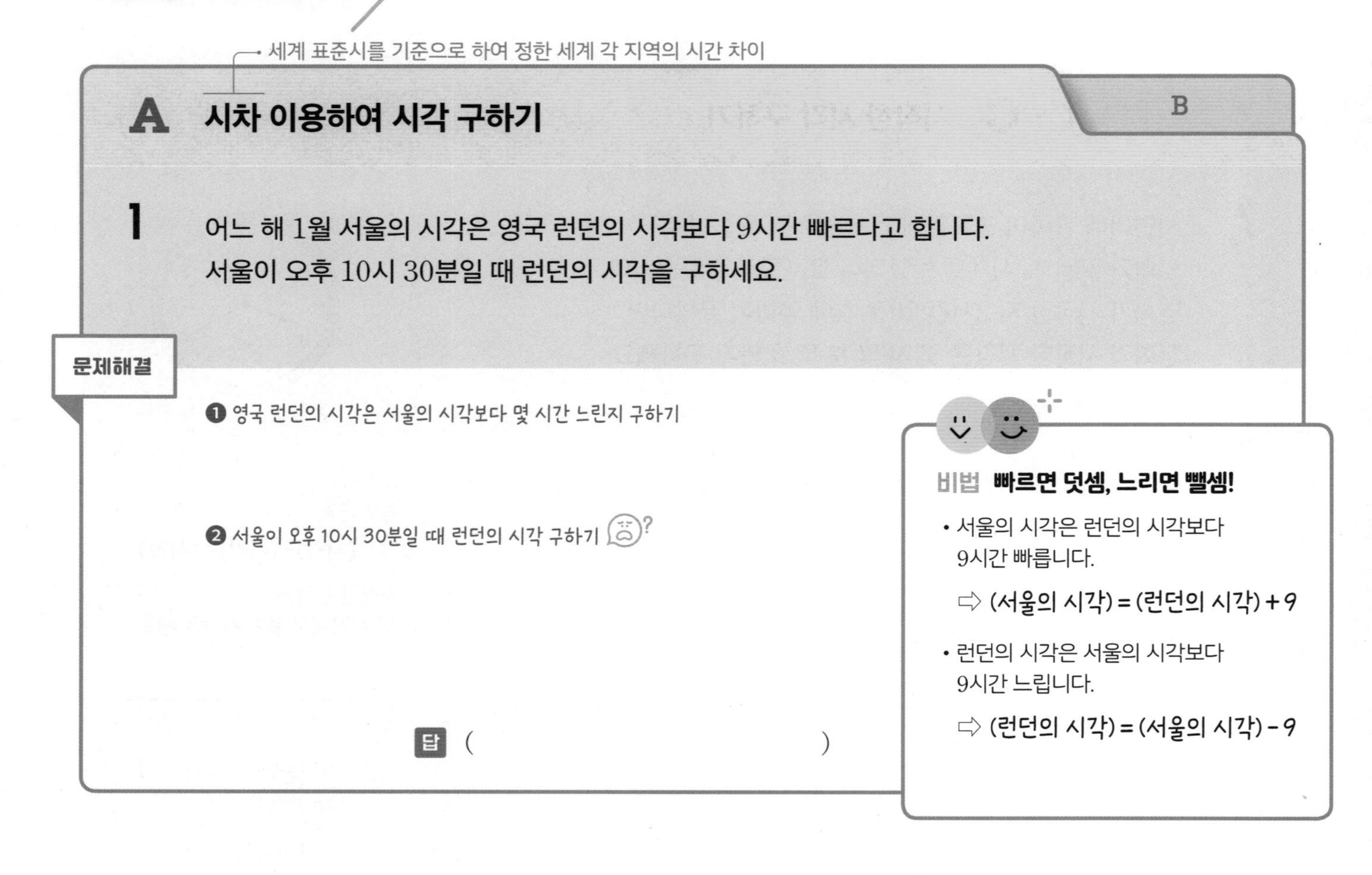

세계 표준시를 기준으로 하여 정한 세계 각 지역의 시간 차이
A 시차 이용하여 시각 구하기
B
1 어느 해 1월 서울의 시각은 영국 런던의 시각보다 9시간 빠르다고 합니다.
서울이 오후 10시 30분일 때 런던의 시각을 구하세요.
문제해결
❶ 영국 런던의 시각은 서울의 시각보다 몇 시간 느린지 구하기
❷ 서울이 오후 10시 30분일 때 런던의 시각 구하기
답 (　　　　)
비법 빠르면 덧셈, 느리면 뺄셈!
• 서울의 시각은 런던의 시각보다 9시간 빠릅니다.
⇨ (서울의 시각) = (런던의 시각) + 9
• 런던의 시각은 서울의 시각보다 9시간 느립니다.
⇨ (런던의 시각) = (서울의 시각) − 9

2 서울의 시각은 태국 방콕의 시각보다 2시간 빠르다고 합니다. 서울이 오후 4시 15분일 때, 방콕의 시각을 구하세요.

(　　　　　　　　)

3 어느 해 12월 뉴질랜드 웰링턴의 시각은 서울의 시각보다 4시간 빠르다고 합니다. 서울이 12월 7일 오후 11시 40분일 때 웰링턴은 몇 월 며칠 몇 시 몇 분인지 구하세요.

12월 7일 오후 11시 40분에서 2시간 후는 12월 8일 오전 1시 40분이에요.

(　　　　　　　　)

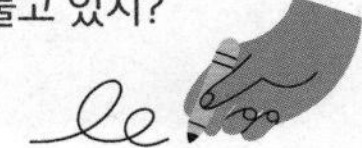

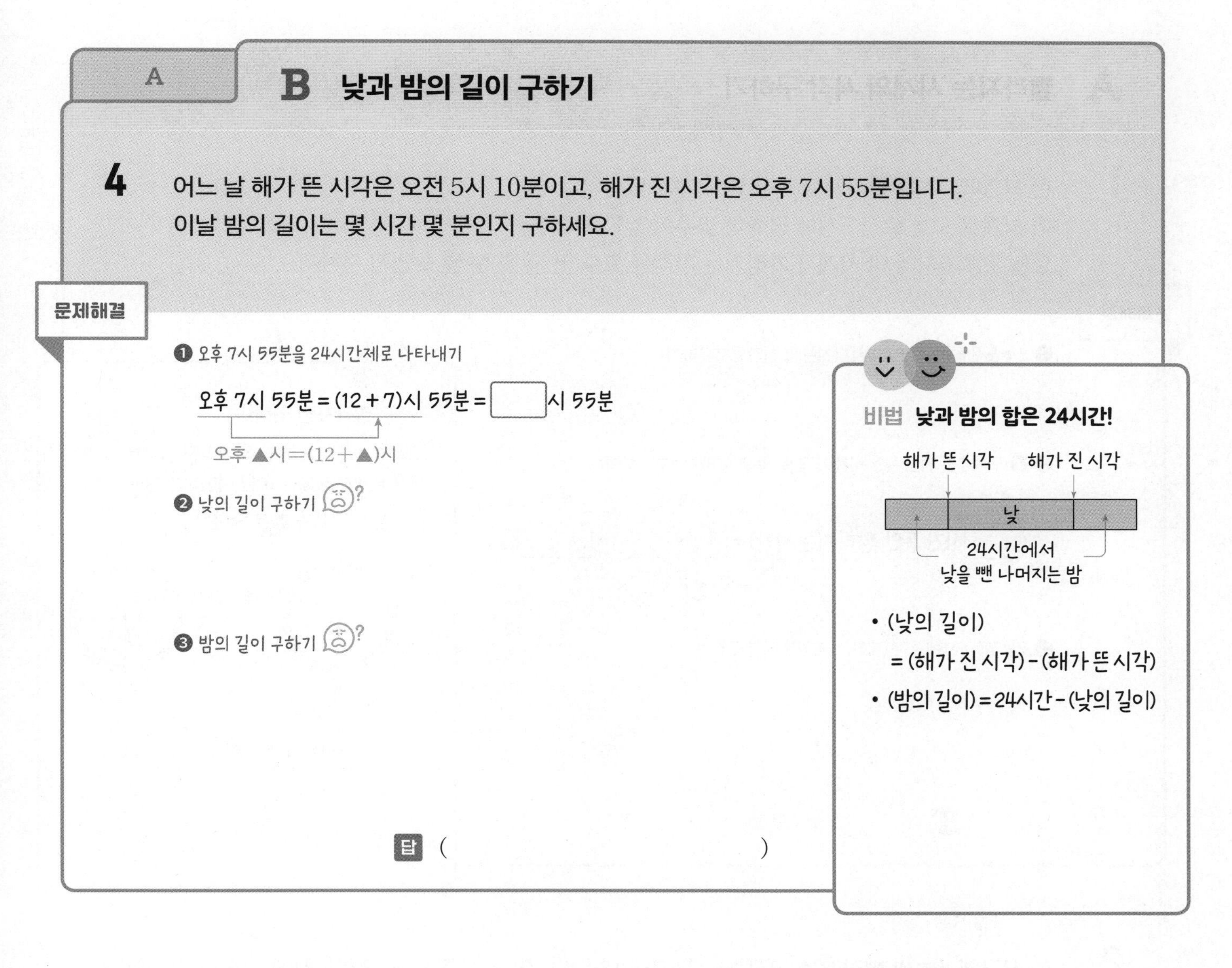

A
B 낮과 밤의 길이 구하기
4 어느 날 해가 뜬 시각은 오전 5시 10분이고, 해가 진 시각은 오후 7시 55분입니다.
이날 밤의 길이는 몇 시간 몇 분인지 구하세요.
문제해결
❶ 오후 7시 55분을 24시간제로 나타내기
오후 7시 55분 = (12 + 7)시 55분 = ☐시 55분
오후 ▲시 = (12 + ▲)시
❷ 낮의 길이 구하기
❸ 밤의 길이 구하기
답 (　　　　　　　　　　)
비법 낮과 밤의 합은 24시간!
해가 뜬 시각
해가 진 시각
낮
24시간에서
낮을 뺀 나머지는 밤
• (낮의 길이)
= (해가 진 시각) - (해가 뜬 시각)
• (밤의 길이) = 24시간 - (낮의 길이)

5 어느 날 해가 뜬 시각은 오전 7시 5분이고, 해가 진 시각은 오후 5시 21분입니다. 이날 밤의 길이는 몇 시간 몇 분인지 구하세요.

(　　　　　　　　　　)

6 어느 날 해가 뜬 시각은 오전 6시 5분 15초이고, 해가 진 시각은 오후 6시 36분 50초입니다. 이날 밤의 길이는 몇 시간 몇 분 몇 초인지 구하세요.

(　　　　　　　　　　)

유형 06 고장 난 시계의 시각

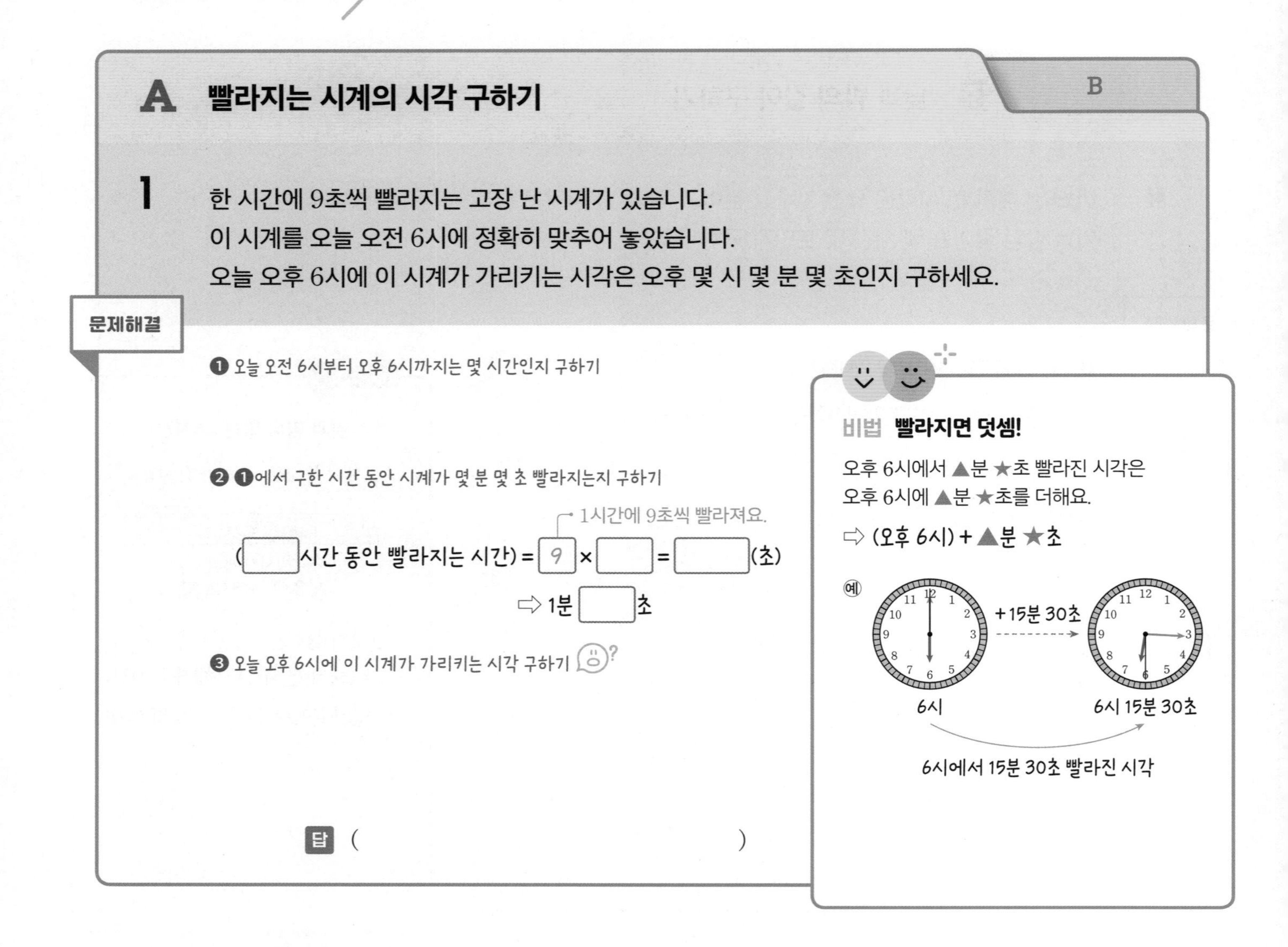

A 빨라지는 시계의 시각 구하기

B

1 한 시간에 9초씩 빨라지는 고장 난 시계가 있습니다.
이 시계를 오늘 오전 6시에 정확히 맞추어 놓았습니다.
오늘 오후 6시에 이 시계가 가리키는 시각은 오후 몇 시 몇 분 몇 초인지 구하세요.

문제해결

❶ 오늘 오전 6시부터 오후 6시까지는 몇 시간인지 구하기

❷ ❶에서 구한 시간 동안 시계가 몇 분 몇 초 빨라지는지 구하기

1시간에 9초씩 빨라져요.

([ ]시간 동안 빨라지는 시간) = [9] × [ ] = [ ](초)

⇨ 1분 [ ]초

❸ 오늘 오후 6시에 이 시계가 가리키는 시각 구하기

답 (　　　　　　　　)

비법 **빨라지면 덧셈!**

오후 6시에서 ▲분 ★초 빨라진 시각은
오후 6시에 ▲분 ★초를 더해요.

⇨ (오후 6시) + ▲분 ★초

예) 6시 —(+15분 30초)→ 6시 15분 30초

6시에서 15분 30초 빨라진 시각

2 한 시간에 5초씩 빨라지는 고장 난 시계가 있습니다. 이 시계를 오늘 오후 4시에 정확히 맞추어 놓았습니다. 내일 오후 4시에 이 시계가 가리키는 시각은 오후 몇 시 몇 분인지 구하세요.

(　　　　　　　　)

3 하루에 40초씩 빨라지는 고장 난 시계가 있습니다. 이 시계를 오늘 오전 7시에 정확히 맞추어 놓았습니다. 내일 오후 7시에 이 시계가 가리키는 시각은 오후 몇 시 몇 분인지 구하세요.

(　　　　　　　　)

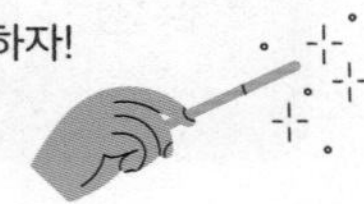

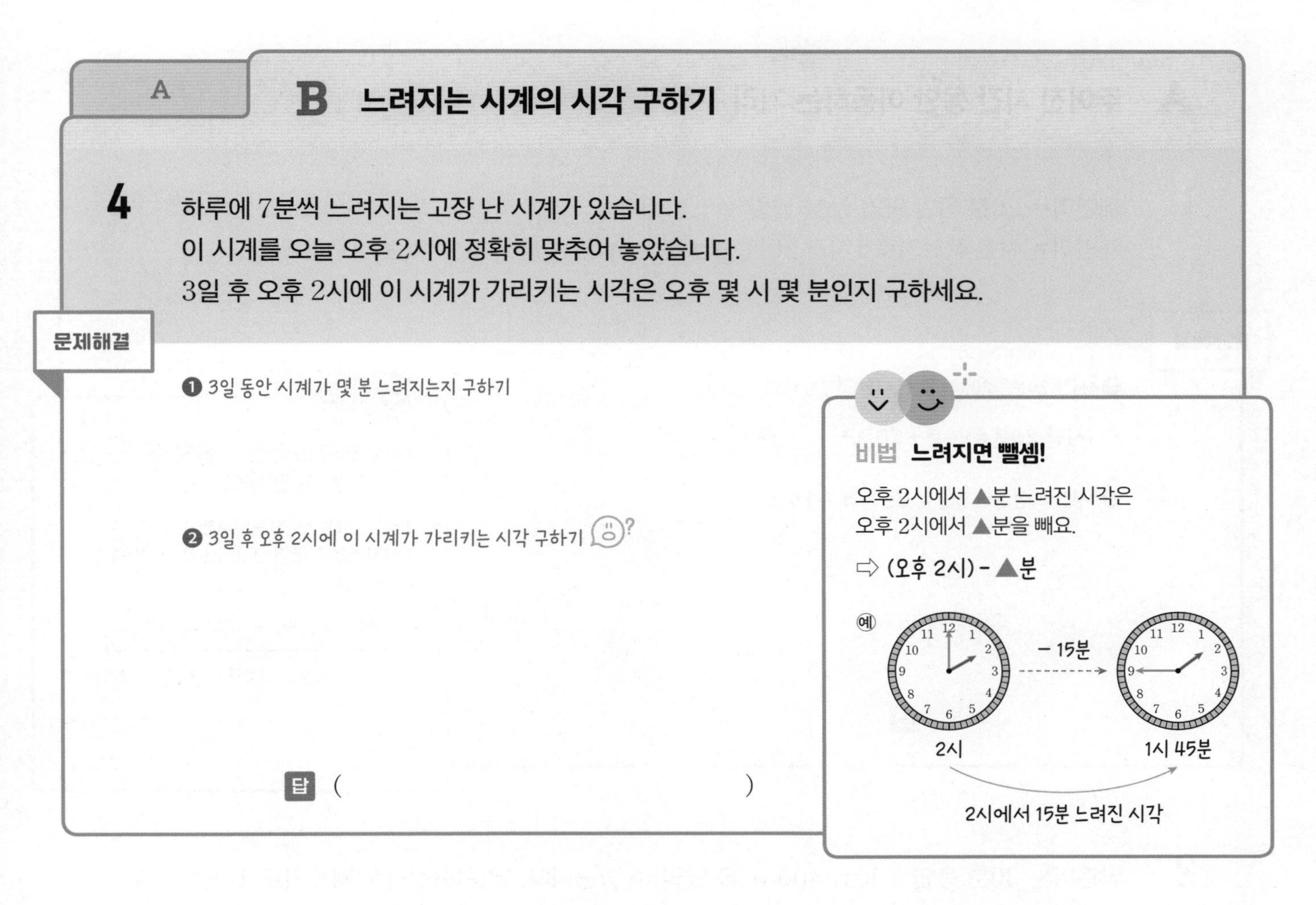

A

B 느려지는 시계의 시각 구하기

4 하루에 7분씩 느려지는 고장 난 시계가 있습니다.
이 시계를 오늘 오후 2시에 정확히 맞추어 놓았습니다.
3일 후 오후 2시에 이 시계가 가리키는 시각은 오후 몇 시 몇 분인지 구하세요.

문제해결

❶ 3일 동안 시계가 몇 분 느려지는지 구하기

❷ 3일 후 오후 2시에 이 시계가 가리키는 시각 구하기

답 (　　　　　　　　　　)

비법 느려지면 뺄셈!

오후 2시에서 ▲분 느려진 시각은
오후 2시에서 ▲분을 빼요.

⇨ (오후 2시) − ▲분

5 한 시간에 3초씩 느려지는 고장 난 시계가 있습니다. 이 시계를 오늘 오전 8시에 정확히 맞추어 놓았습니다. 오늘 오후 8시에 이 시계가 가리키는 시각은 오후 몇 시 몇 분 몇 초인지 구하세요.

(　　　　　　　　　　)

6 하루에 20초씩 느려지는 고장 난 시계가 있습니다. 이 시계를 오늘 오후 5시에 정확히 맞추어 놓았습니다. 일주일 후 오후 5시에 이 시계가 가리키는 시각은 오후 몇 시 몇 분 몇 초인지 구하세요.

(　　　　　　　　　　)

유형 07

시간과 거리의 활용

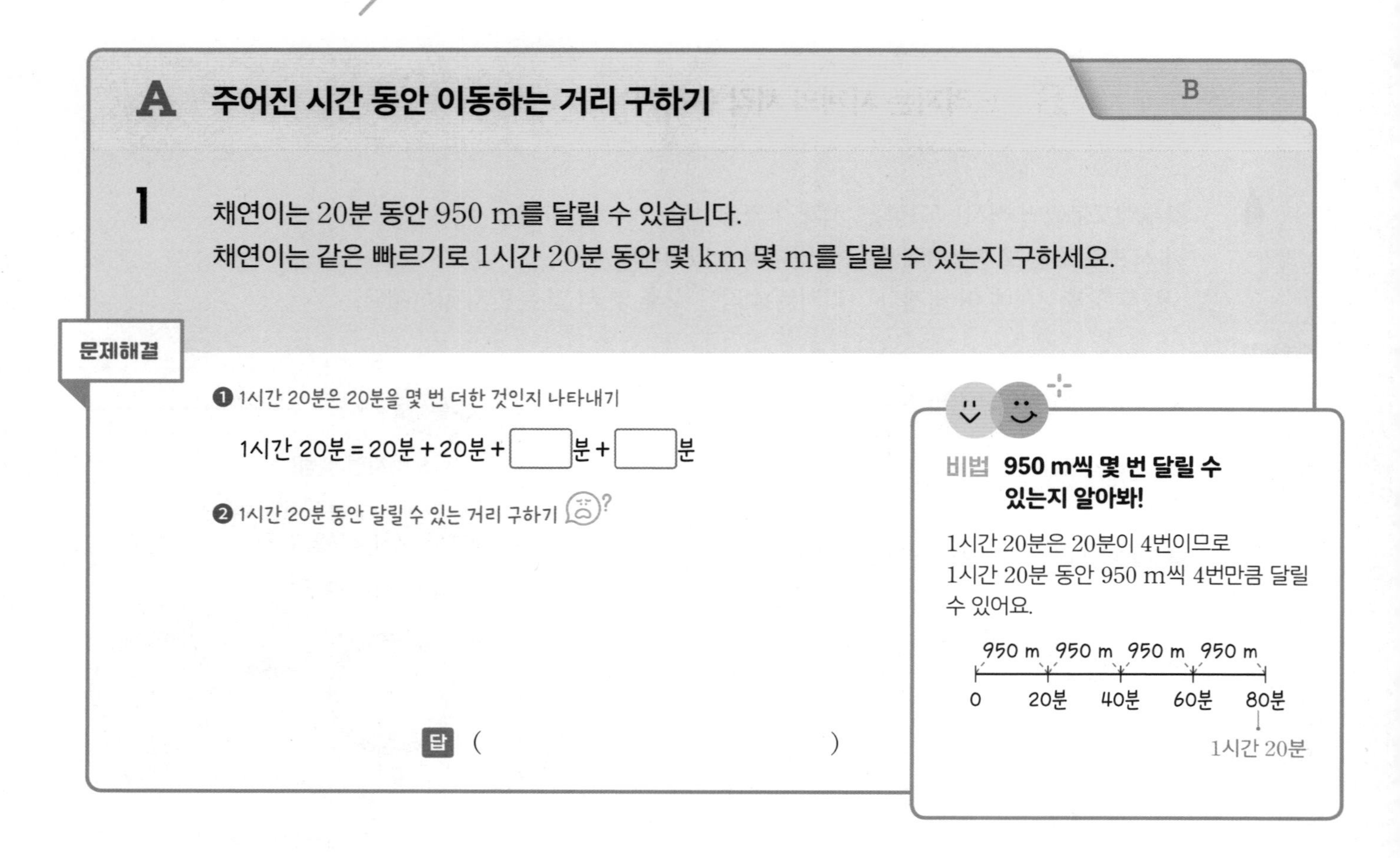

A 주어진 시간 동안 이동하는 거리 구하기

B

1 채연이는 20분 동안 950 m를 달릴 수 있습니다.
채연이는 같은 빠르기로 1시간 20분 동안 몇 km 몇 m를 달릴 수 있는지 구하세요.

문제해결

❶ 1시간 20분은 20분을 몇 번 더한 것인지 나타내기

1시간 20분 = 20분 + 20분 + □분 + □분

❷ 1시간 20분 동안 달릴 수 있는 거리 구하기

답 (   )

비법 950 m씩 몇 번 달릴 수 있는지 알아봐!

1시간 20분은 20분이 4번이므로
1시간 20분 동안 950 m씩 4번만큼 달릴 수 있어요.

2 남준이는 30분 동안 1 km 400 m를 달릴 수 있습니다. 남준이는 같은 빠르기로 1시간 30분 동안 몇 km 몇 m를 달릴 수 있는지 구하세요.

(   )

3 10분 동안 8 km 200 m를 달리는 자동차가 있습니다. 이 자동차는 같은 빠르기로 25분 동안 몇 km 몇 m를 달릴 수 있는지 구하세요.

(   )

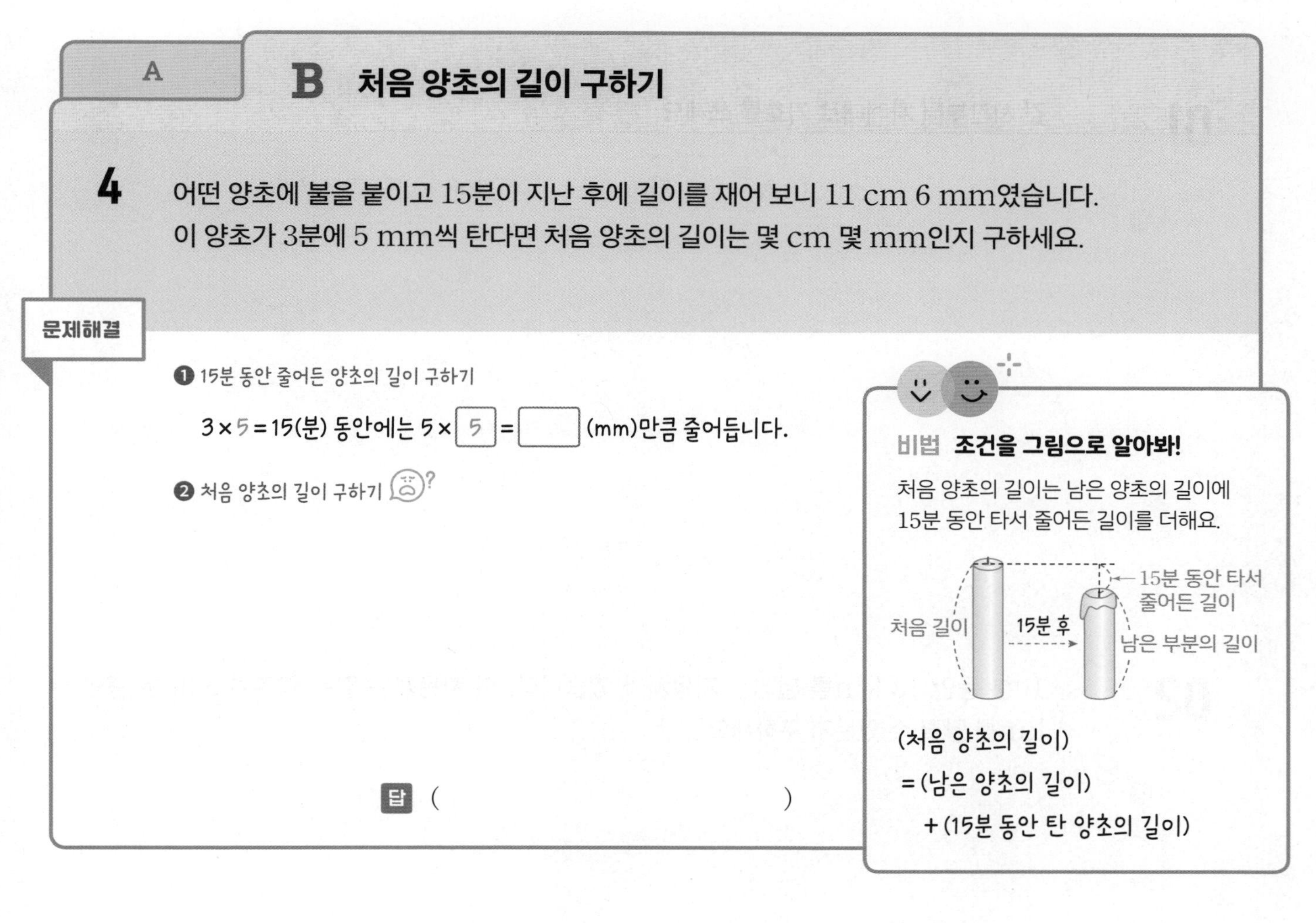

A

B 처음 양초의 길이 구하기

4 어떤 양초에 불을 붙이고 15분이 지난 후에 길이를 재어 보니 11 cm 6 mm였습니다. 이 양초가 3분에 5 mm씩 탄다면 처음 양초의 길이는 몇 cm 몇 mm인지 구하세요.

문제해결

❶ 15분 동안 줄어든 양초의 길이 구하기

3 × 5 = 15(분) 동안에는 5 × [5] = [ ] (mm)만큼 줄어듭니다.

❷ 처음 양초의 길이 구하기

탑 (   )

비법 조건을 그림으로 알아봐!

처음 양초의 길이는 남은 양초의 길이에 15분 동안 타서 줄어든 길이를 더해요.

(처음 양초의 길이)
= (남은 양초의 길이)
+ (15분 동안 탄 양초의 길이)

5 어떤 양초에 불을 붙이고 30분이 지난 후에 길이를 재어 보니 12 cm였습니다. 이 양초가 5분에 6 mm씩 탄다면 처음 양초의 길이는 몇 cm 몇 mm인지 구하세요.

(   )

6 어떤 양초에 불을 붙이고 3시간이 지난 후에 길이를 재어 보니 105 mm였습니다. 이 양초가 20분에 9 mm씩 탄다면 처음 양초의 길이는 몇 mm인지 구하세요.

(   )

단원 5 유형 마스터

01

유형 01 B

긴 시간부터 차례대로 기호를 쓰세요.

㉠ 310초 ㉡ 3분 10초 ㉢ 200초 ㉣ 4분 50초

( )

02

유형 07 A

10분 동안 13 km를 달리는 자동차가 있습니다. 이 자동차는 같은 빠르기로 30분 동안 몇 km를 달릴 수 있는지 구하세요.

( )

03

유형 02 A

우영이는 색 테이프를 52 cm 9 mm 가지고 있었는데 선물 상자를 묶는 데 306 mm를 사용했습니다. 남은 색 테이프의 길이는 몇 cm 몇 mm인지 구하세요.

( )

04

유형 04 B

KTX가 서울역에서 오전 11시 30분 10초에 출발하여 1시간 35분 30초 후에 전주역에 도착했습니다. 전주역에 도착한 시각은 오후 몇 시 몇 분 몇 초인지 구하세요.

( )

05

유형 04 A

송현이는 운동장에서 2시간 동안 운동을 했습니다. 50분 30초 동안 줄넘기를 하고, 나머지 시간에는 축구를 했다면 송현이가 축구를 한 시간은 몇 시간 몇 분 몇 초인지 구하세요.

( )

06

유형 04 C

오른쪽은 세민이가 수영장에 들어간 시각입니다. 강우는 세민이가 수영장에 들어가기 1시간 8분 15초 전에 들어갔습니다. 강우가 수영장에 들어간 시각은 몇 시 몇 분 몇 초인지 구하세요.

( )

07

유형 01 A
유형 02 A

미술 시간에 철사를 아름이는 370 cm, 찬서는 3070 mm, 다예는 아름이와 찬서가 사용한 철사의 길이의 합보다 3 m 짧게 사용했습니다. 아름, 찬서, 다예 중 사용한 철사의 길이가 가장 짧은 학생은 누구인지 구하세요.

(　　　　　　　　　　)

08

유형 05 B

어느 날 해가 뜬 시각은 오전 5시 34분 40초이고, 해가 진 시각은 오후 7시 3분 52초입니다. 이날 밤의 길이는 몇 시간 몇 분 몇 초인지 구하세요.

(　　　　　　　　　　)

09

유형 06 A

하루에 30초씩 빨라지는 고장 난 시계가 있습니다. 이 시계를 오늘 오전 9시에 정확히 맞추어 놓았습니다. 5일 후 오전 9시에 이 시계가 가리키는 시각은 오전 몇 시 몇 분 몇 초인지 구하세요.

(　　　　　　　　　　)

10

유형 02 A
유형 03 A+

길이가 17 cm 5 mm인 보라색 테이프와 23 cm 5 mm인 주황색 테이프를 겹치게 한 줄로 이어 붙였더니 전체 길이가 349 mm였습니다. 겹쳐진 부분의 길이는 몇 cm 몇 mm인지 구하세요.

(　　　　　　　　　　)

11

유형 07 B

어떤 양초에 불을 붙이고 20분이 지난 후에 길이를 재어 보니 13 cm 7 mm였습니다. 이 양초가 4분에 7 mm씩 탄다면 처음 양초의 길이는 몇 cm 몇 mm인지 구하세요.

(　　　　　　　　　　)

12

유형 04 A

일요일 오전에 현지네 가족이 대청소를 시작했을 때와 끝냈을 때 시계를 거울에 비친 모습입니다. 현지네 가족이 대청소를 하는 데 걸린 시간은 몇 시간 몇 분 몇 초인지 구하세요.

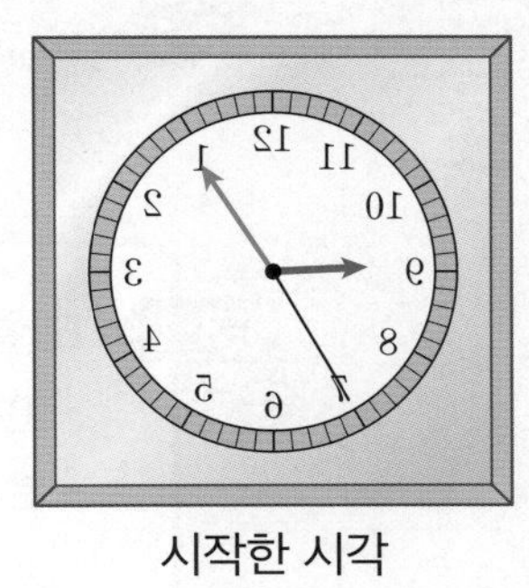

시작한 시각

⇨

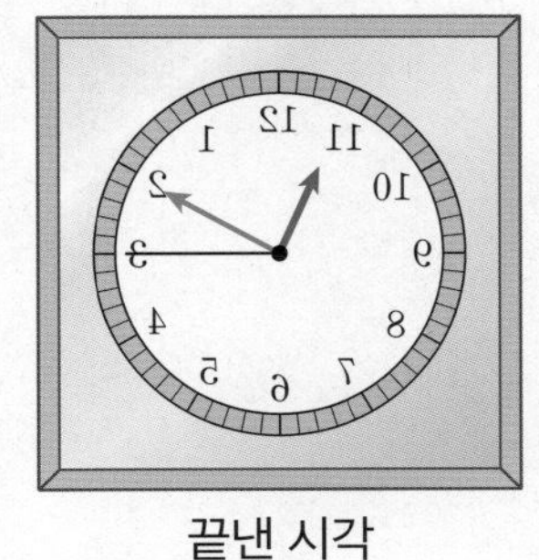

끝낸 시각

(　　　　　　　　　　)

6

분수와 소수

학습계열표

2-1 **2. 여러 가지 도형**
- 칠교판으로 모양 만들기

3-1 **5. 길이와 시간**
- mm와 cm 사이의 관계

3-1 **6. 분수와 소수**
- 분수로 나타내기
- 분수의 크기 비교
- 소수로 나타내기
- 소수의 크기 비교

3-2 **4. 분수**
- 분수만큼이 얼마인지 알기

4-2 **1. 분수의 덧셈과 뺄셈**
3. 소수의 덧셈과 뺄셈

학습기록표

유형 01	학습일 / 학습평가
분수로 나타내기	
A	분수만큼 색칠하기
B	전체가 같을 때 남은 양
B+	전체가 다를 때 남은 양

유형 02	학습일 / 학습평가
소수로 나타내기	
A	그림을 보고 소수로
B	분수를 소수로
C	길이를 소수로

유형 03	학습일 / 학습평가
수의 크기 비교하기	
A	소수
B	분수
A+	분수와 소수
B+	길이

유형 04	학습일 / 학습평가
크기 비교에서 □ 안의 수 구하기	
A	분수의 크기 비교 이용
B	소수의 크기 비교 이용

유형 05	학습일 / 학습평가
조건을 만족하는 수 구하기	
A	조건을 만족하는 분수
B	조건을 만족하는 소수

유형 06	학습일 / 학습평가
수 카드로 소수 만들기	
A	가장 큰 소수
B	가장 작은 소수
C	조건에 알맞은 소수

유형 마스터	학습일 / 학습평가
분수와 소수	

유형 01

분수로 나타내기

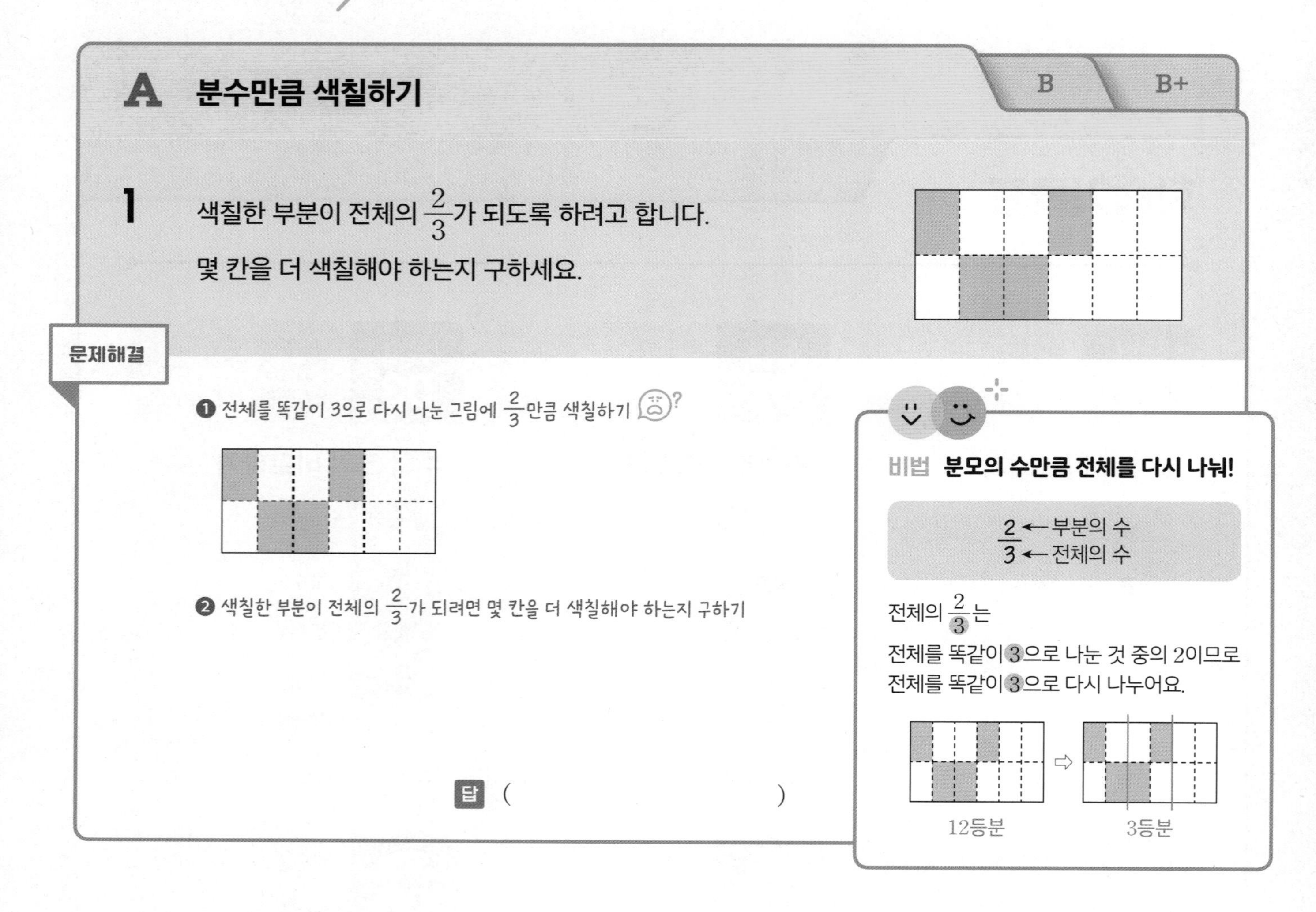

A 분수만큼 색칠하기

B　B+

1 색칠한 부분이 전체의 $\frac{2}{3}$가 되도록 하려고 합니다. 몇 칸을 더 색칠해야 하는지 구하세요.

문제해결

❶ 전체를 똑같이 3으로 다시 나눈 그림에 $\frac{2}{3}$만큼 색칠하기

❷ 색칠한 부분이 전체의 $\frac{2}{3}$가 되려면 몇 칸을 더 색칠해야 하는지 구하기

답 (　　　　　　　　)

비법 분모의 수만큼 전체를 다시 나눠!

$\frac{2}{3}$ ← 부분의 수 / ← 전체의 수

전체의 $\frac{2}{3}$는

전체를 똑같이 3으로 나눈 것 중의 2이므로

전체를 똑같이 3으로 다시 나누어요.

12등분 ⇨ 3등분

2 색칠한 부분이 전체의 $\frac{3}{4}$이 되도록 하려고 합니다. 몇 칸을 더 색칠해야 하는지 구하세요.

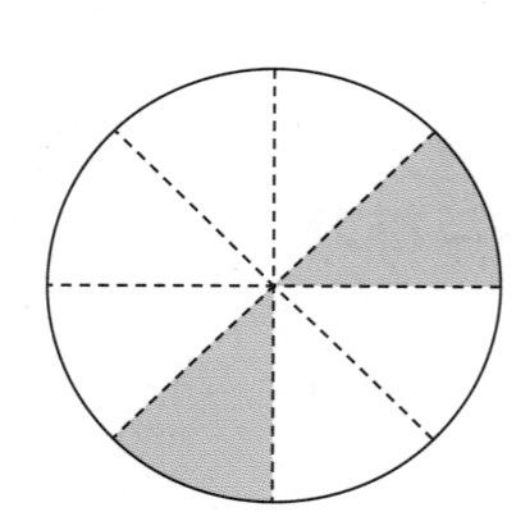

(　　　　　　　　)

3 색칠한 부분이 전체의 $\frac{4}{5}$가 되도록 하려고 합니다. 몇 칸을 더 색칠해야 하는지 구하세요.

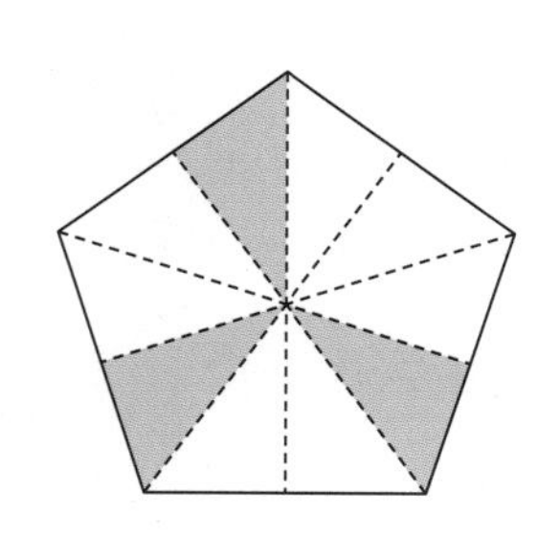

(　　　　　　　　)

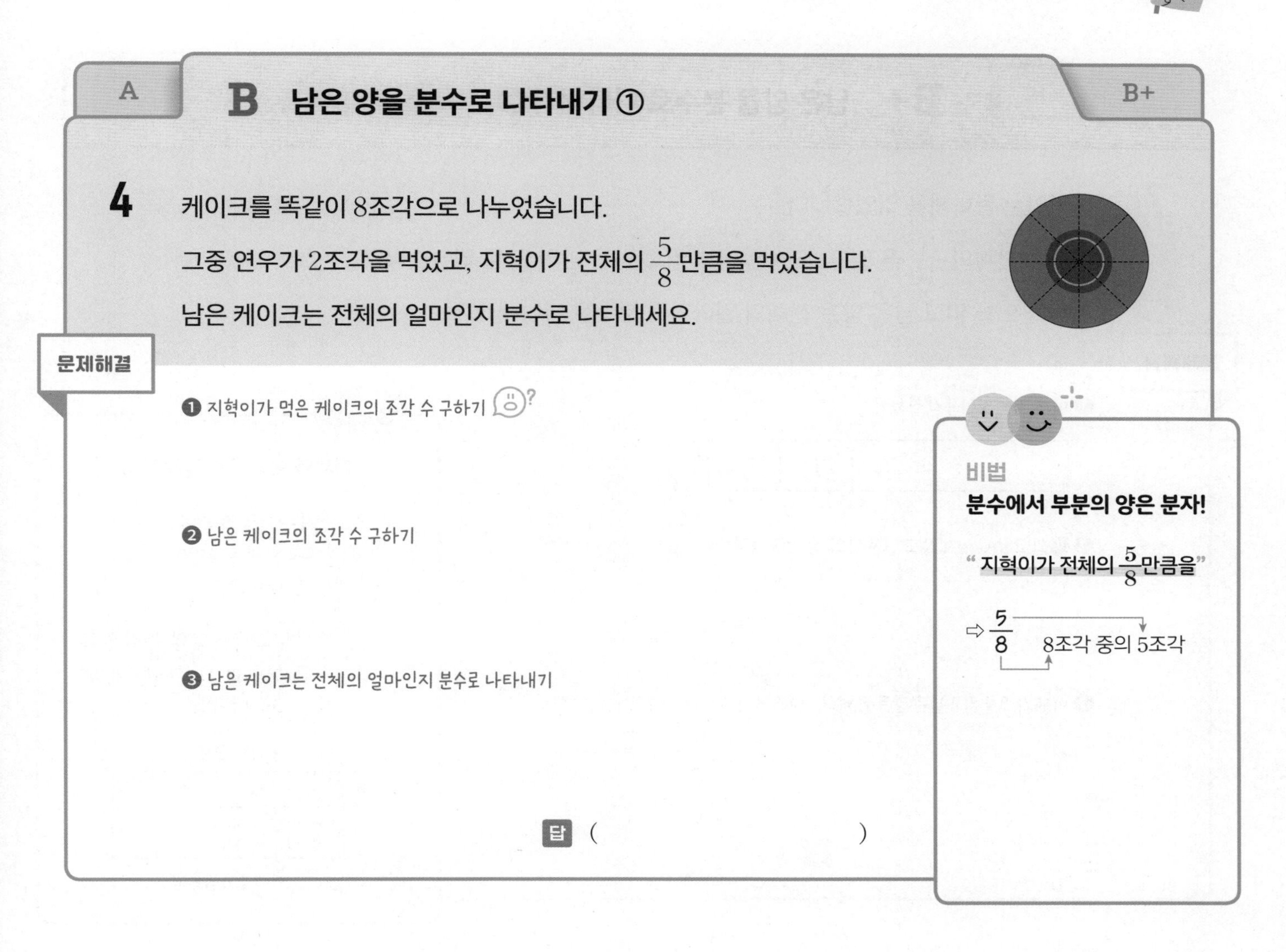

B 남은 양을 분수로 나타내기 ①

4 케이크를 똑같이 8조각으로 나누었습니다.
그중 연우가 2조각을 먹었고, 지혁이가 전체의 $\frac{5}{8}$만큼을 먹었습니다.
남은 케이크는 전체의 얼마인지 분수로 나타내세요.

문제해결

❶ 지혁이가 먹은 케이크의 조각 수 구하기

❷ 남은 케이크의 조각 수 구하기

❸ 남은 케이크는 전체의 얼마인지 분수로 나타내기

답 (　　　　　　　　)

비법
분수에서 부분의 양은 분자!

"지혁이가 전체의 $\frac{5}{8}$만큼을"

⇨ $\frac{5}{8}$ 8조각 중의 5조각

5 텃밭을 똑같이 10군데로 나누었습니다. 그중 4군데에는 방울토마토를 심고, 전체의 $\frac{3}{10}$에는 오이를 심었습니다. 방울토마토와 오이를 심지 않은 부분은 전체의 얼마인지 분수로 나타내세요.

(　　　　　　　　)

6 도화지 한 장을 똑같이 9조각으로 나누었습니다. 그중 1조각에는 초록색을 색칠하고, 전체의 $\frac{4}{9}$에는 노란색을 색칠했습니다. 색칠하지 않은 부분은 전체의 얼마인지 분수로 나타내세요.

(　　　　　　　　)

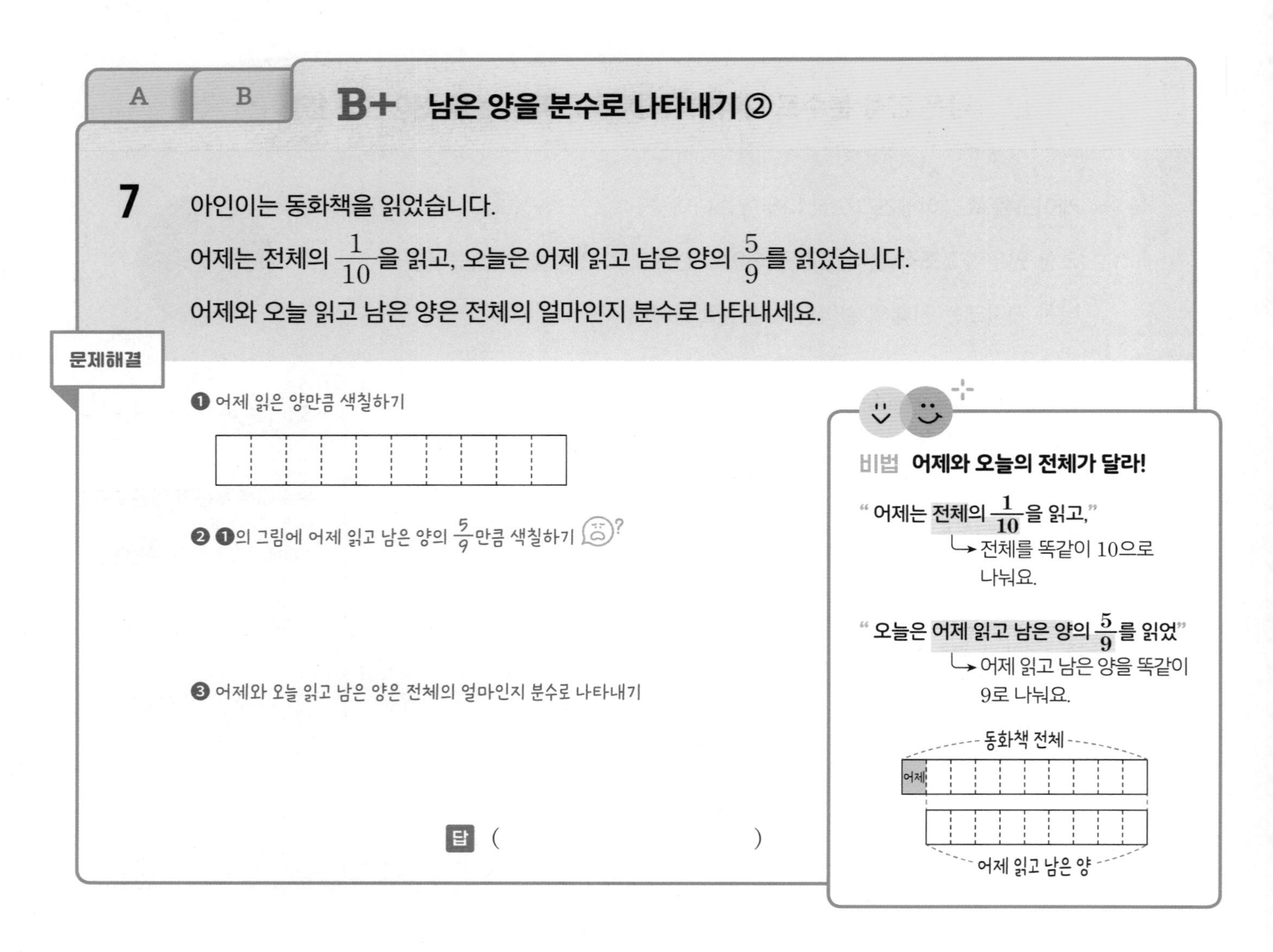

A B **B+ 남은 양을 분수로 나타내기 ②**

7 아인이는 동화책을 읽었습니다.
어제는 전체의 $\frac{1}{10}$을 읽고, 오늘은 어제 읽고 남은 양의 $\frac{5}{9}$를 읽었습니다.
어제와 오늘 읽고 남은 양은 전체의 얼마인지 분수로 나타내세요.

문제해결

❶ 어제 읽은 양만큼 색칠하기

❷ ❶의 그림에 어제 읽고 남은 양의 $\frac{5}{9}$만큼 색칠하기

❸ 어제와 오늘 읽고 남은 양은 전체의 얼마인지 분수로 나타내기

답 (   )

비법 어제와 오늘의 전체가 달라!
" 어제는 전체의 $\frac{1}{10}$을 읽고,"
전체를 똑같이 10으로 나눠요.
" 오늘은 어제 읽고 남은 양의 $\frac{5}{9}$를 읽었"
어제 읽고 남은 양을 똑같이 9로 나눠요.
동화책 전체
어제
어제 읽고 남은 양

8 우찬이는 가지고 있던 철사의 $\frac{3}{8}$을 미술 시간에 사용하고, 나머지의 $\frac{2}{5}$를 동생에게 주었습니다.
지금 우찬이에게 남은 철사는 처음에 가지고 있던 철사의 얼마인지 분수로 나타내세요.

(   )

9 초콜릿 한 상자에 모양과 크기가 똑같은 초콜릿 9조각이 들어 있습니다. 그중에서 효민이가 2조각을 먹고, 승규는 효민이가 먹고 남은 초콜릿의 $\frac{4}{7}$만큼을 먹었습니다. 효민이와 승규가 먹고 남은 초콜릿은 한 상자의 얼마인지 분수로 나타내세요.

(   )

유형 02 소수로 나타내기

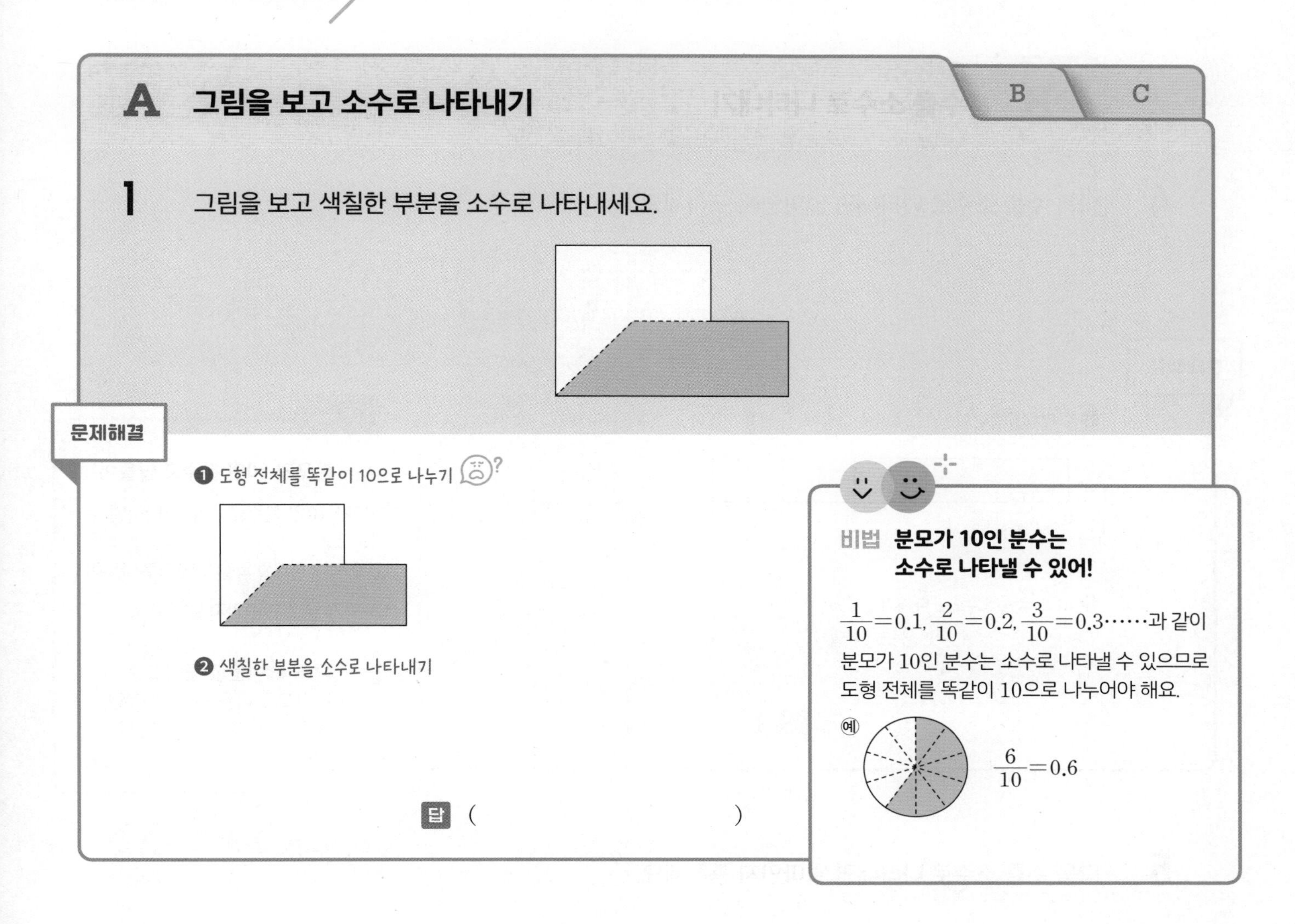

A 그림을 보고 소수로 나타내기

1 그림을 보고 색칠한 부분을 소수로 나타내세요.

문제해결

❶ 도형 전체를 똑같이 10으로 나누기

❷ 색칠한 부분을 소수로 나타내기

답 (　　　　　　　　　　)

비법 분모가 10인 분수는 소수로 나타낼 수 있어!

$\frac{1}{10}=0.1$, $\frac{2}{10}=0.2$, $\frac{3}{10}=0.3$……과 같이 분모가 10인 분수는 소수로 나타낼 수 있으므로 도형 전체를 똑같이 10으로 나누어야 해요.

예 $\frac{6}{10}=0.6$

2 그림을 보고 색칠한 부분을 소수로 나타내세요.

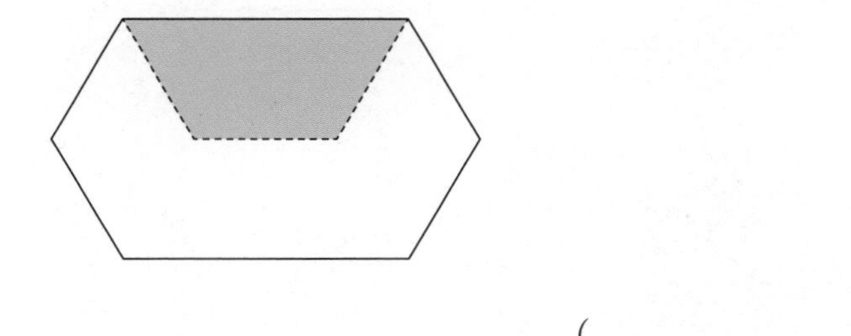

(　　　　　　　　　　)

3 그림을 보고 색칠한 부분을 소수로 나타내세요.

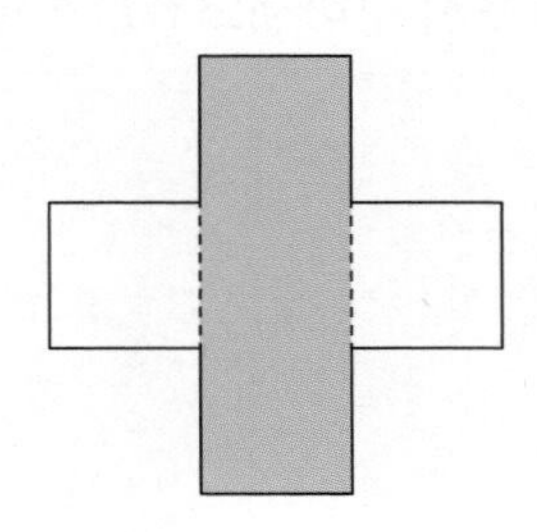

(　　　　　　　　　　)

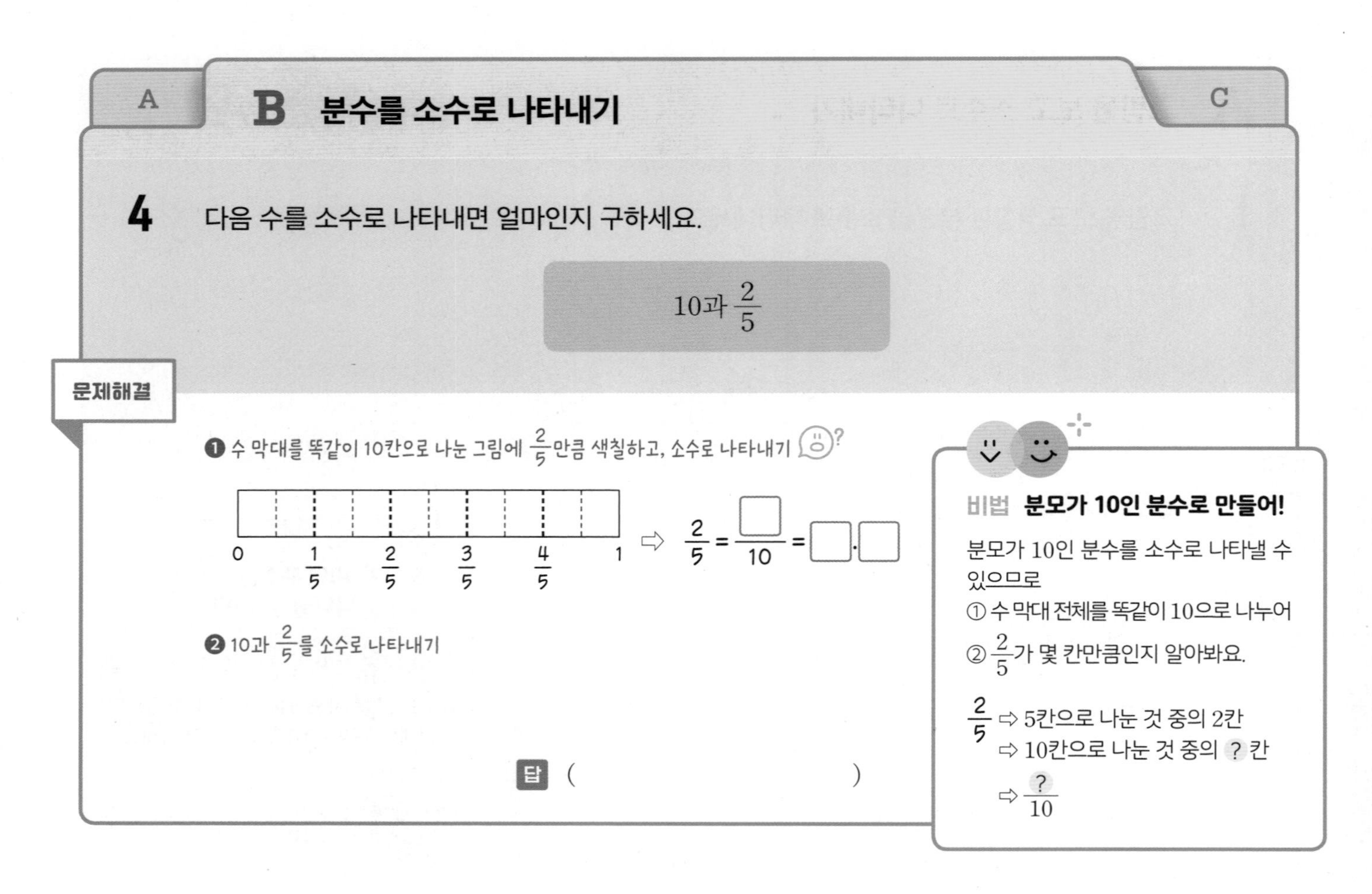

A
B 분수를 소수로 나타내기
C
4 다음 수를 소수로 나타내면 얼마인지 구하세요.
10과 $\frac{2}{5}$
문제해결
❶ 수 막대를 똑같이 10칸으로 나눈 그림에 $\frac{2}{5}$만큼 색칠하고, 소수로 나타내기
0 $\frac{1}{5}$ $\frac{2}{5}$ $\frac{3}{5}$ $\frac{4}{5}$ 1
⇨ $\frac{2}{5}=\frac{\square}{10}=\square.\square$
❷ 10과 $\frac{2}{5}$를 소수로 나타내기
답 ( )
비법 분모가 10인 분수로 만들어!
분모가 10인 분수를 소수로 나타낼 수 있으므로
① 수 막대 전체를 똑같이 10으로 나누어
② $\frac{2}{5}$가 몇 칸만큼인지 알아봐요.
$\frac{2}{5}$ ⇨ 5칸으로 나눈 것 중의 2칸
⇨ 10칸으로 나눈 것 중의 ? 칸
⇨ $\frac{?}{10}$

5 다음 수를 소수로 나타내면 얼마인지 구하세요.

7과 $\frac{1}{2}$

( )

6 3과 $\frac{4}{5}$는 0.1이 몇 개인 수와 같은지 구하세요.

0.7은 0.1이 7개인 수
2.3은 0.1이 23개인 수
▲.★은 0.1이 ▲★개인 수
(단, ▲, ★은 한 자리 수)

( )

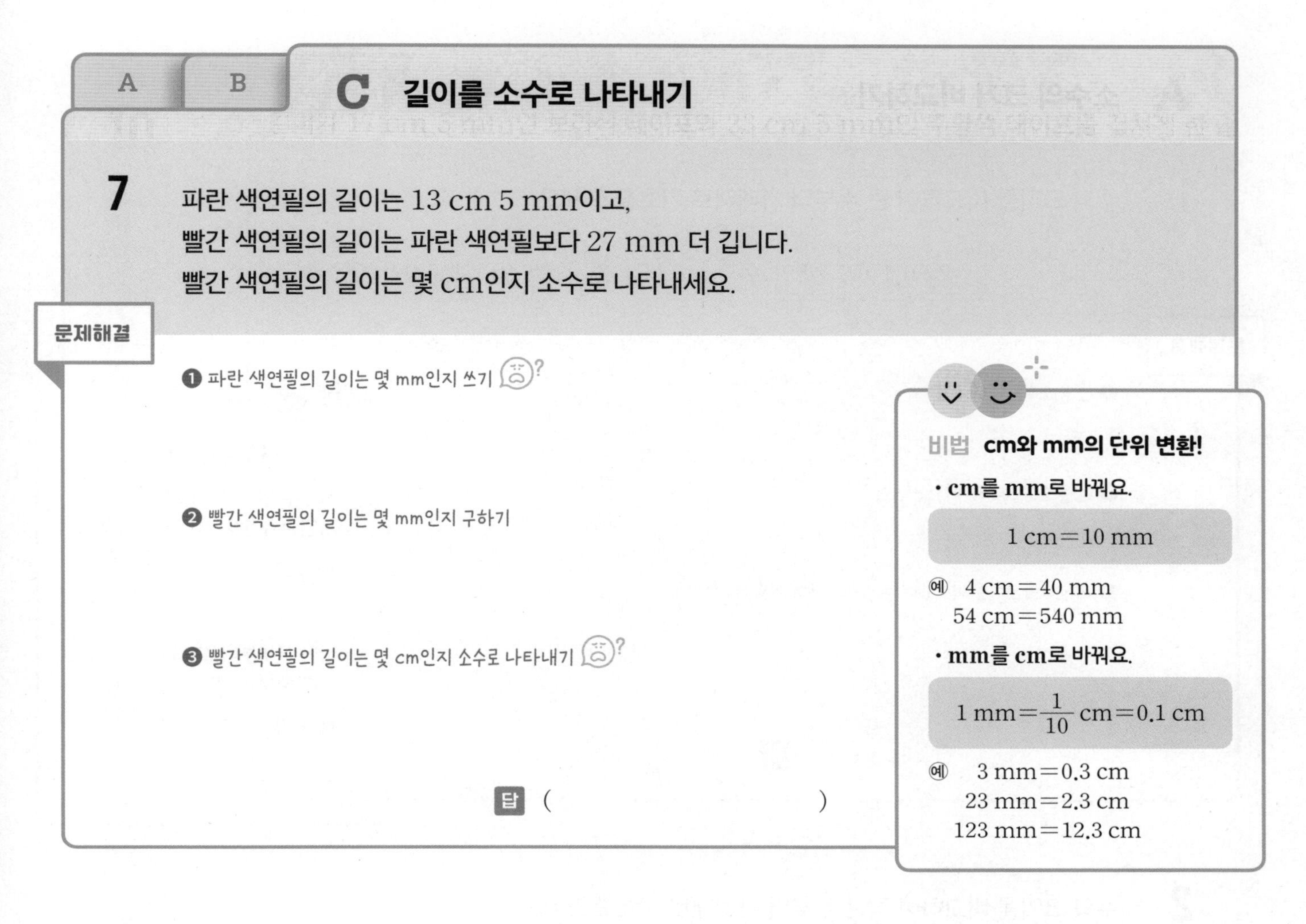

A B

C 길이를 소수로 나타내기

7 파란 색연필의 길이는 13 cm 5 mm이고,
빨간 색연필의 길이는 파란 색연필보다 27 mm 더 깁니다.
빨간 색연필의 길이는 몇 cm인지 소수로 나타내세요.

문제해결

❶ 파란 색연필의 길이는 몇 mm인지 쓰기

❷ 빨간 색연필의 길이는 몇 mm인지 구하기

❸ 빨간 색연필의 길이는 몇 cm인지 소수로 나타내기

답 (   )

비법 cm와 mm의 단위 변환!

• cm를 mm로 바꿔요.

1 cm=10 mm

예 4 cm=40 mm
54 cm=540 mm

• mm를 cm로 바꿔요.

1 mm=$\frac{1}{10}$ cm=0.1 cm

예 3 mm=0.3 cm
23 mm=2.3 cm
123 mm=12.3 cm

8 호정이가 가지고 있는 철사의 길이는 33 cm 6 mm이고, 재후가 가지고 있는 철사의 길이는 호정이가 가지고 있는 철사의 길이보다 93 mm 더 깁니다. 재후가 가지고 있는 철사의 길이는 몇 cm인지 소수로 나타내세요.

(   )

9 민우가 가지고 있는 색 테이프의 길이는 42 cm 8 mm이고, 소희가 가지고 있는 색 테이프의 길이는 민우가 가지고 있는 색 테이프의 길이보다 45 mm 더 짧습니다. 소희가 가지고 있는 색 테이프의 길이는 몇 cm인지 소수로 나타내세요.

(   )

유형 03

수의 크기 비교하기

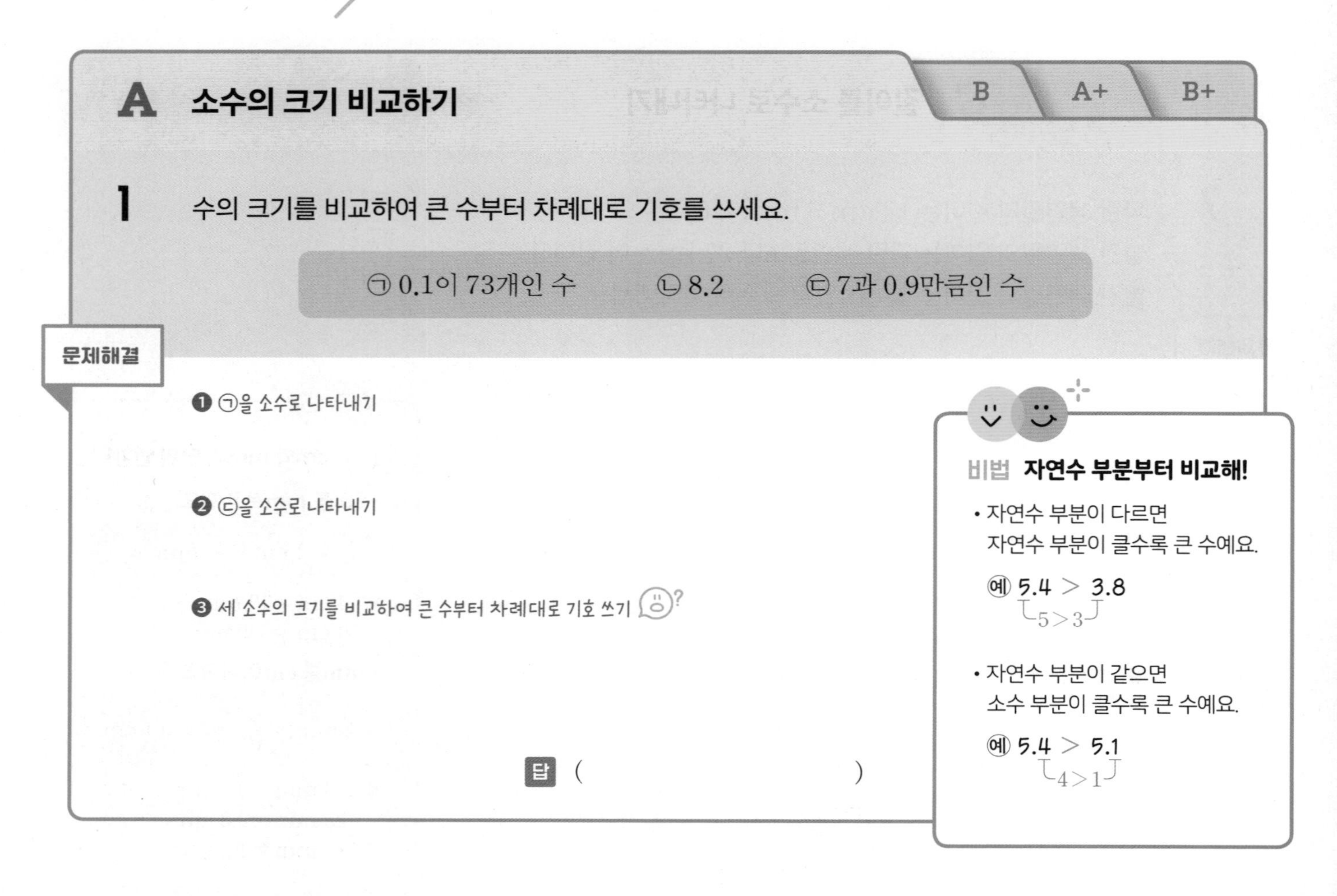

A 소수의 크기 비교하기

B A+ B+

1 수의 크기를 비교하여 큰 수부터 차례대로 기호를 쓰세요.

㉠ 0.1이 73개인 수　　㉡ 8.2　　㉢ 7과 0.9만큼인 수

문제해결

❶ ㉠을 소수로 나타내기

❷ ㉢을 소수로 나타내기

❸ 세 소수의 크기를 비교하여 큰 수부터 차례대로 기호 쓰기

답 (　　　　　　　　)

비법 자연수 부분부터 비교해!

- 자연수 부분이 다르면 자연수 부분이 클수록 큰 수예요.
  예 5.4 > 3.8 (5 > 3)
- 자연수 부분이 같으면 소수 부분이 클수록 큰 수예요.
  예 5.4 > 5.1 (4 > 1)

2 수의 크기를 비교하여 작은 수부터 차례대로 기호를 쓰세요.

㉠ 4와 0.5만큼인 수　　㉡ 0.1이 55개인 수　　㉢ 5.4

(　　　　　　　　)

3 영우네 집에서 병원, 우체국, 도서관, 공원까지의 거리를 나타낸 것입니다. 영우네 집에서 가장 먼 곳과 가장 가까운 곳을 각각 찾아 쓰세요.

- 병원: 3 km
- 우체국: 2 km와 0.6 km만큼인 거리
- 도서관: 0.1 km가 28개인 거리
- 공원: 3 km보다 0.1 km 더 먼 거리

가장 먼 곳 (　　　　　　　　), 가장 가까운 곳 (　　　　　　　　)

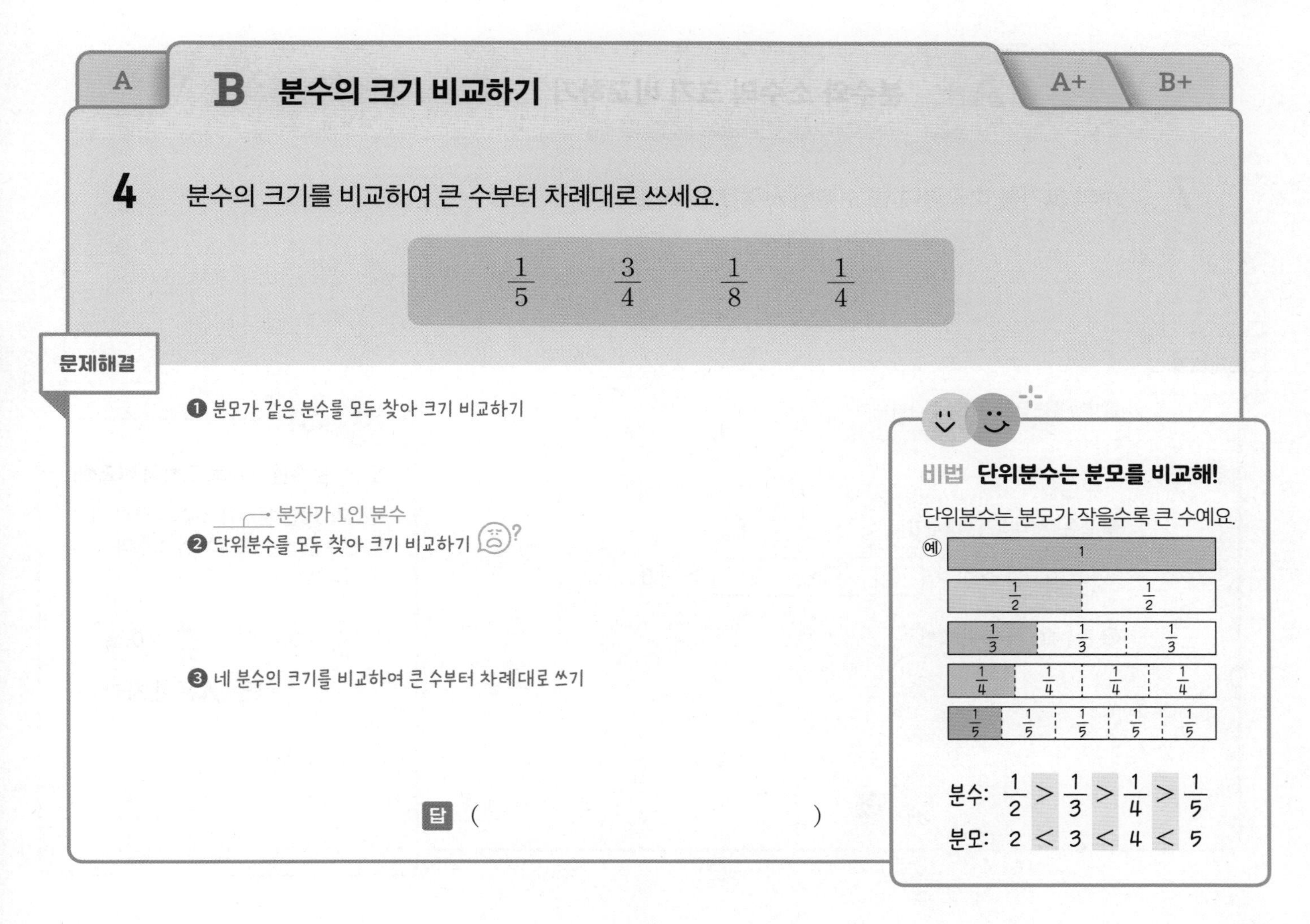

A | **B 분수의 크기 비교하기** | A+ | B+

4 분수의 크기를 비교하여 큰 수부터 차례대로 쓰세요.

$\frac{1}{5}$ $\frac{3}{4}$ $\frac{1}{8}$ $\frac{1}{4}$

문제해결

❶ 분모가 같은 분수를 모두 찾아 크기 비교하기

❷ 단위분수를 모두 찾아 크기 비교하기 (단위분수: 분자가 1인 분수)

❸ 네 분수의 크기를 비교하여 큰 수부터 차례대로 쓰기

답 (　　　　　　　　　　)

비법 단위분수는 분모를 비교해!

단위분수는 분모가 작을수록 큰 수예요.

예

분수: $\frac{1}{2} > \frac{1}{3} > \frac{1}{4} > \frac{1}{5}$

분모: $2 < 3 < 4 < 5$

5 분수의 크기를 비교하여 작은 수부터 차례대로 쓰세요.

$\frac{1}{6}$ $\frac{1}{7}$ $\frac{1}{11}$ $\frac{5}{6}$

(　　　　　　　　　　)

6 우재, 다은, 호진, 성아는 사탕을 나누어 가졌습니다. 우재는 전체의 $\frac{4}{9}$만큼, 다은이는 전체의 $\frac{1}{9}$만큼, 호진이는 전체의 $\frac{1}{10}$만큼, 성아는 전체의 $\frac{2}{9}$만큼 가졌습니다. 사탕을 많이 가진 사람부터 차례대로 이름을 쓰세요.

(　　　　　　　　　　)

A B **A+ 분수와 소수의 크기 비교하기** B+

7 수의 크기를 비교하여 큰 수부터 차례대로 쓰세요.

$\frac{5}{10}$ 1 $\frac{3}{10}$ 1.2 0.7

문제해결

❶ 분수를 모두 찾아 소수로 나타내기

❷ 소수 5개의 크기 비교하기

□.□ > 1 > □.□ > □.□ > 0.3

❸ 큰 수부터 차례대로 쓰기

답 (   )

비법 분수를 소수로 고쳐서 비교해!

분모가 10인 분수와 소수의 크기 비교는 분수를 소수로 고쳐서 소수의 크기를 비교해요.

$\frac{1}{10}$ = 0.1 ⇨ $\frac{▲}{10}$ = 0.▲

(단, ▲는 한 자리 수)

8 수의 크기를 비교하여 작은 수부터 차례대로 쓰세요.

1.4 $\frac{2}{10}$ 0.3 1.1 $\frac{8}{10}$

(   )

9 철사를 새봄이는 2.1 m, 서호는 $\frac{4}{10}$ m, 다미는 $\frac{9}{10}$ m, 민승이는 1.9 m 가지고 있습니다. 가지고 있는 철사의 길이가 긴 사람부터 차례대로 이름을 쓰세요.

(   )

A B A+

B+ 길이 단위를 같게 하여 분수와 소수의 크기 비교하기

10 세 길이를 비교하여 가장 긴 길이를 쓰세요.

8 mm　　$\frac{8}{9}$ cm　　$\frac{7}{10}$ cm

문제해결

❶ 8 mm는 몇 cm인지 분수로 나타내기

❷ 세 분수의 크기 비교하기

$\frac{\square}{\square} > \frac{\square}{\square} > \frac{7}{10}$

❸ 가장 긴 길이 쓰기

답 (　　　　　　　　)

비법 길이 단위를 cm로 통일하여 비교해!

1 cm=10 mm, 1 mm=0.1 cm 이므로 mm와 cm인 길이 단위를 cm로 통일하여 8 mm를 분수로 나타내요.

▲ mm ⇨ 0.▲ cm ⇨ $\frac{▲}{10}$ cm
(단, ▲는 한 자리 수)

11 세 길이를 비교하여 가장 짧은 길이를 쓰세요.

$\frac{4}{8}$ cm　　$\frac{4}{10}$ cm　　3 mm

(　　　　　　　　)

12 빨간색 털실이 $\frac{6}{7}$ m, 초록색 털실이 $\frac{6}{10}$ m, 노란색 털실이 50 cm 있습니다. 길이가 긴 털실부터 차례대로 색깔을 쓰세요.

(　　　　　　　　)

100 cm=1 m이므로
10 cm를 m 단위로 나타내면 10 cm=0.1 m이고,
0.1 m를 분수로 나타내면 0.1 m=$\frac{1}{10}$ m예요.

유형 04

크기 비교에서 □ 안의 수 구하기

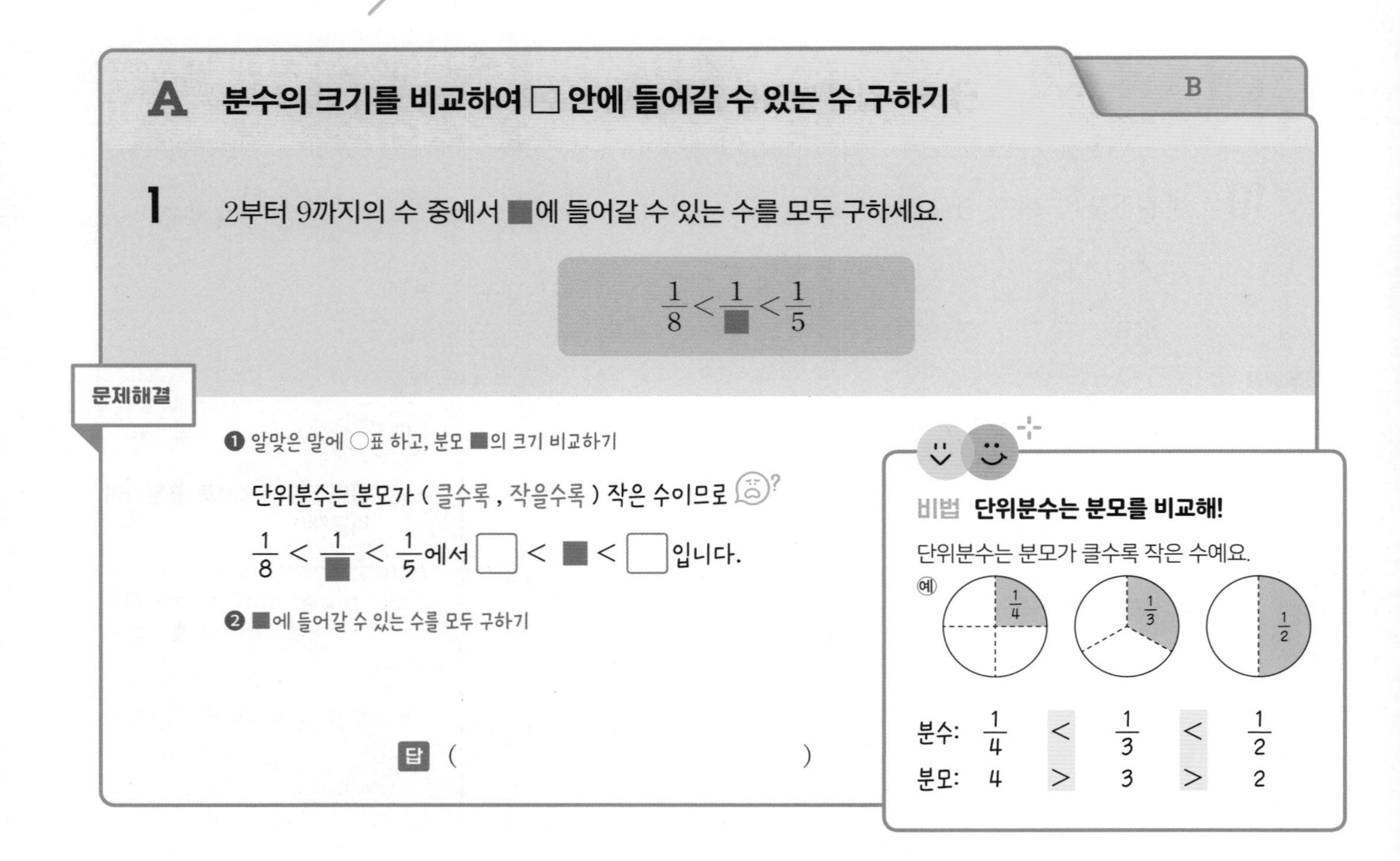

A 분수의 크기를 비교하여 □ 안에 들어갈 수 있는 수 구하기

B

1 2부터 9까지의 수 중에서 ■에 들어갈 수 있는 수를 모두 구하세요.

$$\frac{1}{8}<\frac{1}{■}<\frac{1}{5}$$

문제해결

❶ 알맞은 말에 ○표 하고, 분모 ■의 크기 비교하기

단위분수는 분모가 (클수록 , 작을수록) 작은 수이므로

$\frac{1}{8}<\frac{1}{■}<\frac{1}{5}$에서 □ < ■ < □입니다.

❷ ■에 들어갈 수 있는 수를 모두 구하기

답 (　　　　　　　　)

비법 **단위분수는 분모를 비교해!**

단위분수는 분모가 클수록 작은 수예요.

예)

분수:	$\frac{1}{4}$	<	$\frac{1}{3}$	<	$\frac{1}{2}$
분모:	4	>	3	>	2

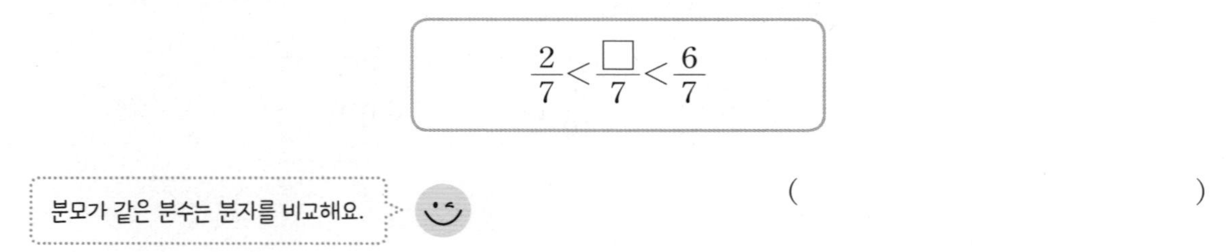

2 1부터 9까지의 수 중에서 □ 안에 들어갈 수 있는 수를 모두 구하세요.

$$\frac{2}{7}<\frac{□}{7}<\frac{6}{7}$$

분모가 같은 분수는 분자를 비교해요.

(　　　　　　　　)

3 2부터 9까지의 수 중에서 □ 안에 공통으로 들어갈 수 있는 수를 모두 구하세요.

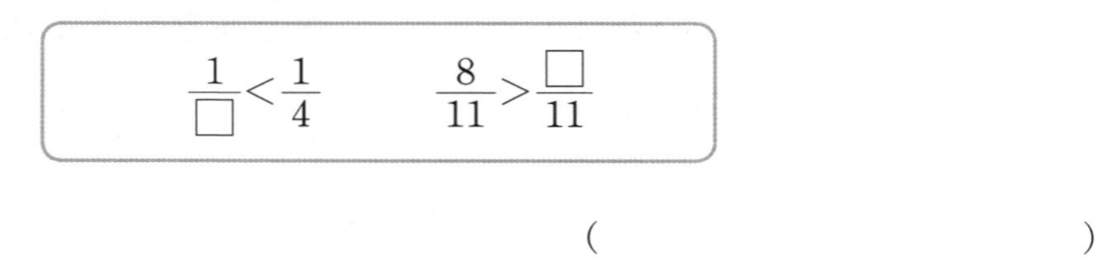

$$\frac{1}{□}<\frac{1}{4} \qquad \frac{8}{11}>\frac{□}{11}$$

(　　　　　　　　)

A

B 소수의 크기를 비교하여 □ 안에 들어갈 수 있는 수 구하기

4 1부터 9까지의 수 중에서 ■에 공통으로 들어갈 수 있는 수를 모두 구하세요.

6.9>■.5 0.3<0.■

문제해결

❶ 1부터 9까지의 수 중에서 6.9 > ■.5에서 ■에 들어갈 수 있는 수 모두 구하기

❷ 0.3 < 0.■에서 ■에 들어갈 수 있는 수 모두 구하기

❸ ❶과 ❷에서 ■에 공통으로 들어갈 수 있는 수 모두 구하기

답 ( )

비법 자연수 부분을 모를 때에는 숫자가 같은 경우도 생각해!

6.9>■.5에서
6>■일 경우만 생각하면 안 돼요.
■가 6일 때: 6.9> 6 .5이므로
■에 6도 들어갈 수 있기 때문이에요.
■가 6보다 작은 경우, ■가 6인 경우를 모두 생각해요.

5 1부터 9까지의 수 중에서 □ 안에 공통으로 들어갈 수 있는 수를 모두 구하세요.

8.4<8.□ 7.2>□.9

( )

6 1부터 9까지의 수 중에서 □ 안에 들어갈 수 있는 수를 모두 구하세요.

0.1이 53개인 수<5.□<5와 0.8만큼인 수

( )

유형 05 조건을 만족하는 수 구하기

A 조건을 만족하는 분수 구하기

B

1 다음 세 조건을 만족하는 분수를 모두 구하세요.

• 단위분수입니다. • $\frac{1}{7}$보다 큽니다. • $\frac{1}{2}$보다 작습니다.

문제해결

❶ 알맞은 말에 ○표 하고, $\frac{1}{7}$보다 큰 단위분수 모두 구하기

단위분수는 분자가 □인 분수입니다.

단위분수는 분모가 (클수록 , 작을수록) 큰 수이므로

$\frac{1}{7}$ 보다 큰 단위분수: $\frac{1}{6}$, $\frac{1}{\square}$, $\frac{1}{\square}$, $\frac{1}{\square}$, $\frac{1}{\square}$

❷ ❶에서 구한 단위분수 중에서 $\frac{1}{2}$보다 작은 단위분수 모두 구하기

답 (   )

비법 단위분수는 분모를 비교해!

단위분수는 분모가 클수록 작은 수예요.

예 $\frac{1}{5}$, $\frac{1}{6}$, $\frac{1}{7}$

분수: $\frac{1}{5} > \frac{1}{6} > \frac{1}{7}$

분모: $5 < 6 < 7$

2 다음 세 조건을 만족하는 분수를 모두 구하세요.

• 단위분수입니다. • $\frac{1}{10}$보다 큽니다. • $\frac{1}{6}$보다 작습니다.

(   )

3 다음 세 조건을 만족하는 분수를 모두 구하세요.

• 단위분수입니다. • $\frac{1}{3}$보다 작습니다. • 분모는 9보다 작습니다.

(   )

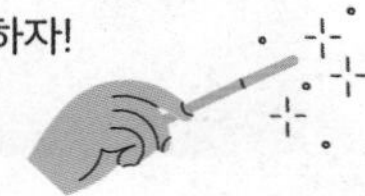

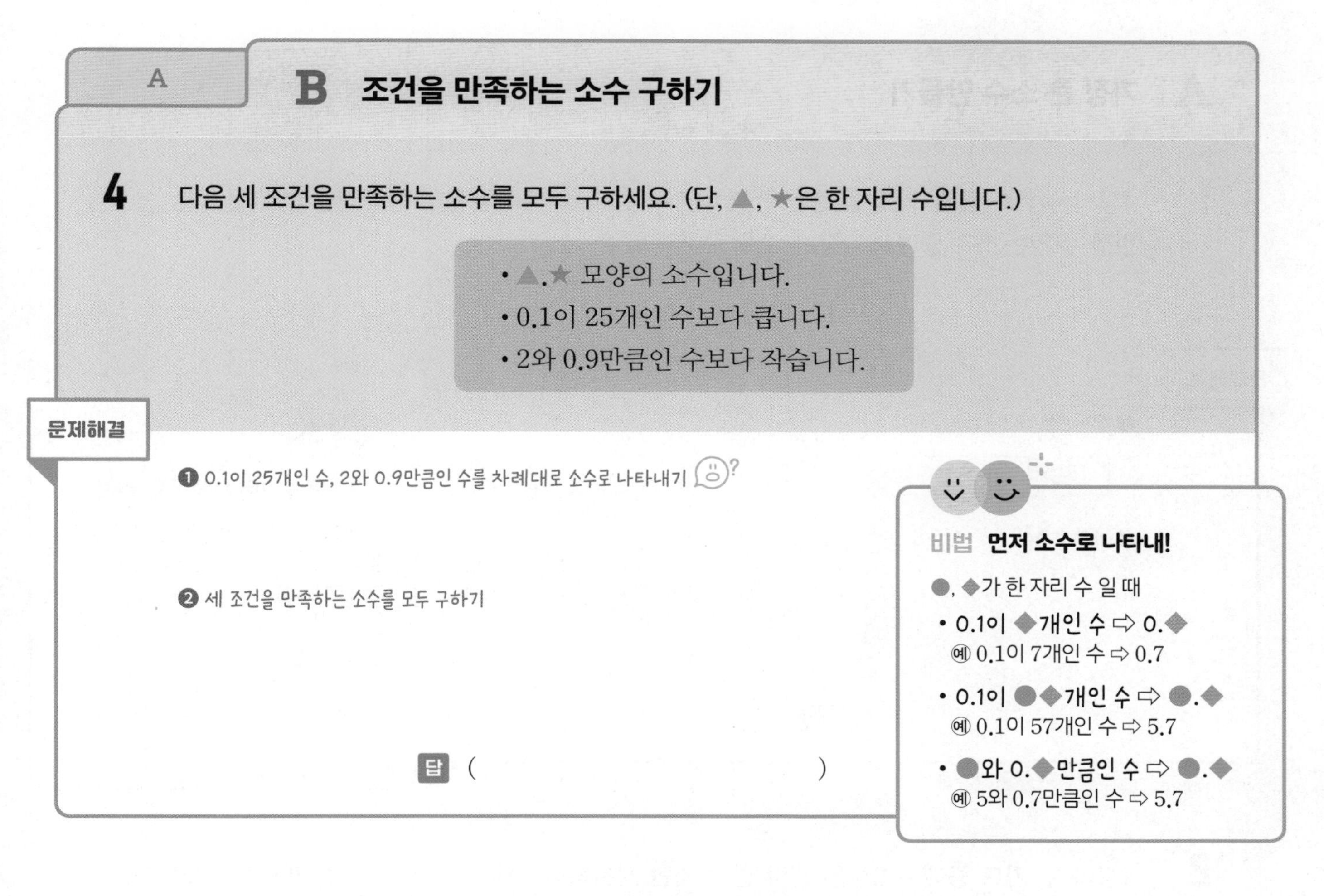

A

B 조건을 만족하는 소수 구하기

4 다음 세 조건을 만족하는 소수를 모두 구하세요. (단, ▲, ★은 한 자리 수입니다.)

- ▲.★ 모양의 소수입니다.
- 0.1이 25개인 수보다 큽니다.
- 2와 0.9만큼인 수보다 작습니다.

문제해결

❶ 0.1이 25개인 수, 2와 0.9만큼인 수를 차례대로 소수로 나타내기

❷ 세 조건을 만족하는 소수를 모두 구하기

답 (　　　　　　　　　　)

비법 **먼저 소수로 나타내!**

●, ◆가 한 자리 수 일 때

- 0.1이 ◆개인 수 ⇨ 0.◆
  예 0.1이 7개인 수 ⇨ 0.7
- 0.1이 ●◆개인 수 ⇨ ●.◆
  예 0.1이 57개인 수 ⇨ 5.7
- ●와 0.◆만큼인 수 ⇨ ●.◆
  예 5와 0.7만큼인 수 ⇨ 5.7

5 다음 세 조건을 만족하는 소수를 모두 구하세요. (단, ▲, ★은 한 자리 수입니다.)

- ▲.★ 모양의 소수입니다.
- 0.1이 66개인 수보다 작습니다.
- 6과 0.3만큼인 수보다 큽니다.

(　　　　　　　　　　)

6 다음 세 조건을 만족하는 소수를 모두 구하세요. (단, ▲, ★은 한 자리 수입니다.)

- ▲.★ 모양의 소수이고, ★ 부분이 홀수입니다.
- $\frac{1}{10}$이 42개인 수보다 큽니다.
- 4와 0.8만큼인 수보다 작습니다.

(　　　　　　　　　　)

유형 06

수 카드로 소수 만들기

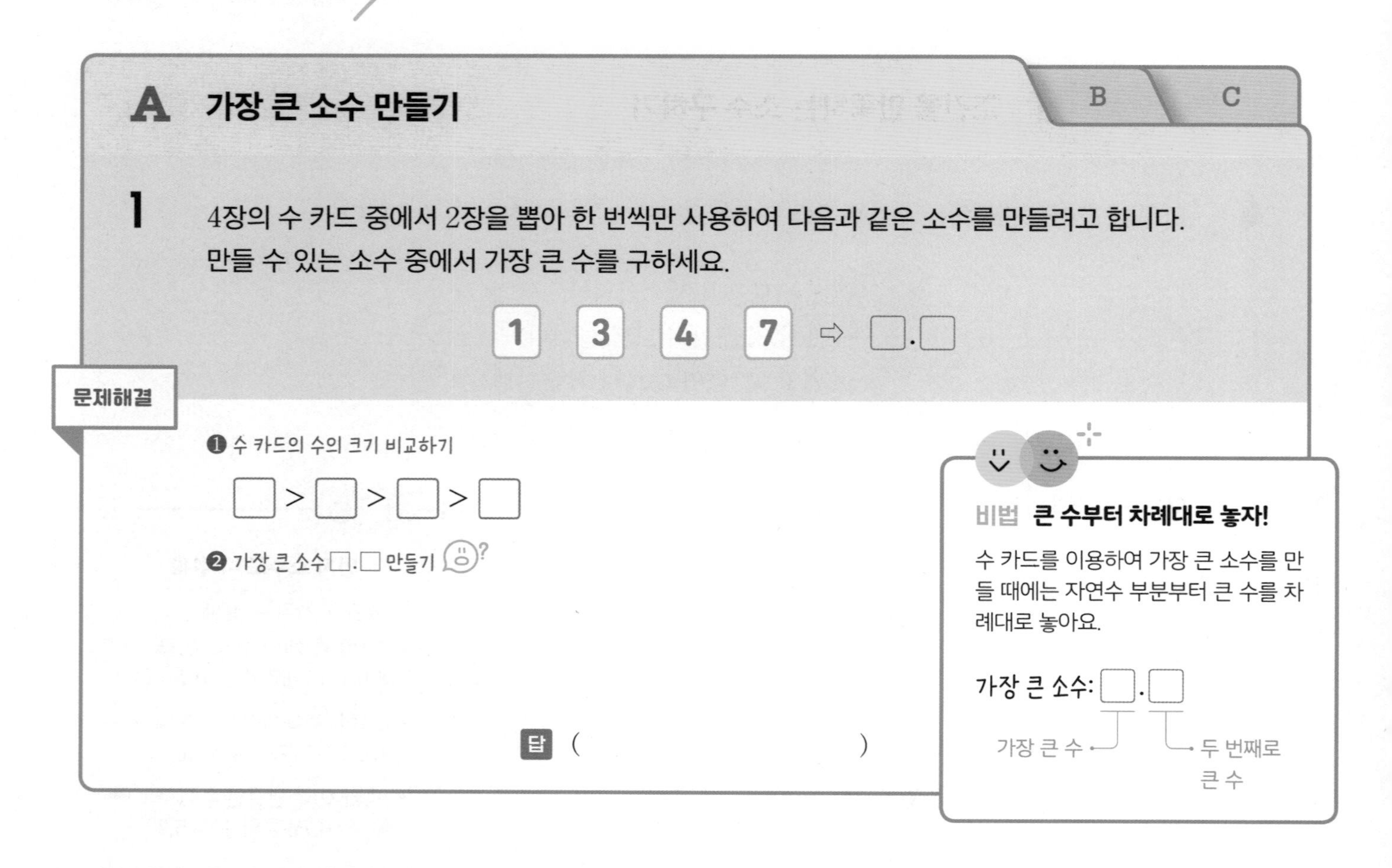

A 가장 큰 소수 만들기

B C

1 4장의 수 카드 중에서 2장을 뽑아 한 번씩만 사용하여 다음과 같은 소수를 만들려고 합니다. 만들 수 있는 소수 중에서 가장 큰 수를 구하세요.

1 3 4 7 ⇨ □.□

문제해결

❶ 수 카드의 수의 크기 비교하기

□ > □ > □ > □

❷ 가장 큰 소수 □.□ 만들기

답 (   )

비법 큰 수부터 차례대로 놓자!

수 카드를 이용하여 가장 큰 소수를 만들 때에는 자연수 부분부터 큰 수를 차례대로 놓아요.

가장 큰 소수: □.□

가장 큰 수, 두 번째로 큰 수

2 4장의 수 카드 중에서 2장을 뽑아 한 번씩만 사용하여 다음과 같은 소수를 만들려고 합니다. 만들 수 있는 소수 중에서 가장 큰 수를 구하세요.

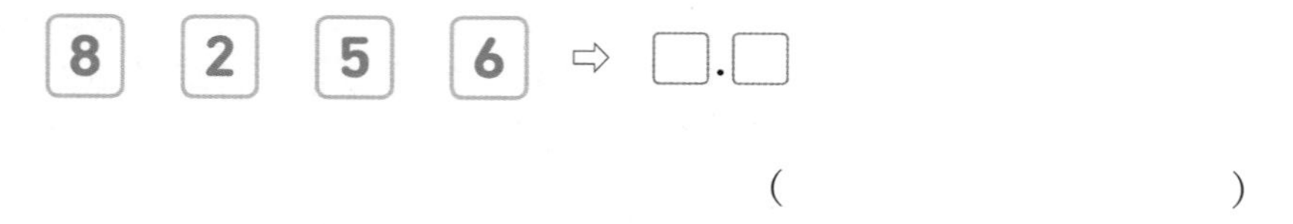

(   )

3 4장의 수 카드 중에서 2장을 뽑아 한 번씩만 사용하여 다음과 같은 소수를 만들려고 합니다. 만들 수 있는 소수 중에서 두 번째로 큰 수를 구하세요.

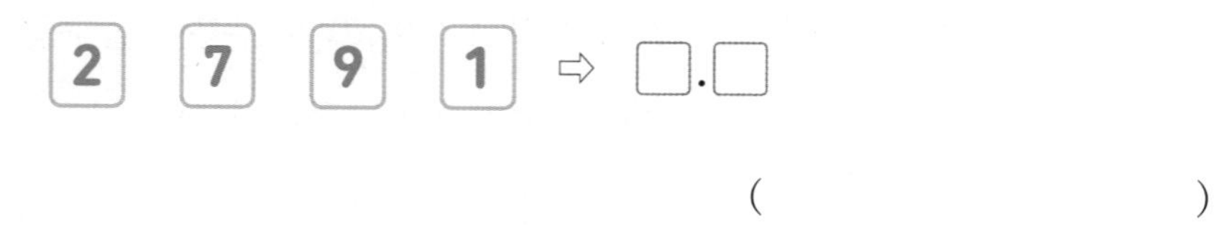

(   )

A | **B 가장 작은 소수 만들기** | C

4 4장의 수 카드 중에서 2장을 뽑아 한 번씩만 사용하여 다음과 같은 소수를 만들려고 합니다. 만들 수 있는 소수 중에서 가장 작은 수를 구하세요.

4 2 8 6 ⇨ □.□

문제해결

❶ 수 카드의 수의 크기 비교하기

□ < □ < □ < □

❷ 가장 작은 소수 □.□ 만들기

답 (　　　　　　)

비법 작은 수부터 차례대로 놓자!

수 카드를 이용하여 가장 작은 소수를 만들 때에는 자연수 부분부터 작은 수를 차례대로 놓아요.

가장 작은 소수: □.□

가장 작은 수 / 두 번째로 작은 수

5 4장의 수 카드 중에서 2장을 뽑아 한 번씩만 사용하여 다음과 같은 소수를 만들려고 합니다. 만들 수 있는 소수 중에서 가장 작은 수를 구하세요.

3 9 1 5 ⇨ □.□

(　　　　　　)

6 4장의 수 카드 중에서 2장을 뽑아 한 번씩만 사용하여 다음과 같은 소수를 만들려고 합니다. 만들 수 있는 소수 중에서 세 번째로 작은 수를 구하세요.

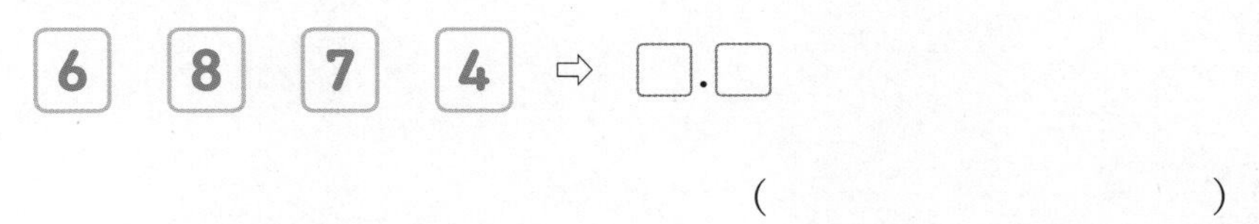

(　　　　　　)

A B **C 조건에 알맞은 소수 만들기**

7 4장의 수 카드 [1], [9], [3], [5] 중에서 2장을 뽑아 한 번씩만 사용하여 소수 ▲.★을 만들려고 합니다.
만들 수 있는 소수 중에서 5보다 큰 수를 모두 구하세요.

문제해결

❶ ▲에 놓을 수 있는 수 모두 구하기

❷ 5.★인 소수, 9.★인 소수 모두 만들기

5.★인 소수: 5.1, 5.3, 5.□

9.★인 소수: 9.□, 9.□, 9.□

답 (   )

비법
자연수 부분의 수부터 찾자!
5보다 큰 소수는 자연수 부분이 5, 6, 7, 8, 9……예요.
5보다 큰 소수
⇨ 5.★, 6.★, 7.★, 8.★, 9.★……

8 4장의 수 카드 [6], [5], [7], [4] 중에서 2장을 뽑아 한 번씩만 사용하여 소수 ▲.★을 만들려고 합니다. 만들 수 있는 소수 중에서 6보다 큰 수를 모두 구하세요.

(   )

9 4장의 수 카드 [0], [2], [4], [8] 중에서 2장을 뽑아 한 번씩만 사용하여 소수 ▲.★을 만들려고 합니다. 만들 수 있는 소수 중에서 4보다 작은 수는 모두 몇 개인지 구하세요.
(단, ★은 0이 아닙니다.)

(   )

어떻게 풀어야 할지 모르겠다면
유형으로 되돌아가 다시 학습해 보세요.

01 그림을 보고 색칠한 부분을 소수로 나타내세요.

유형 02 A

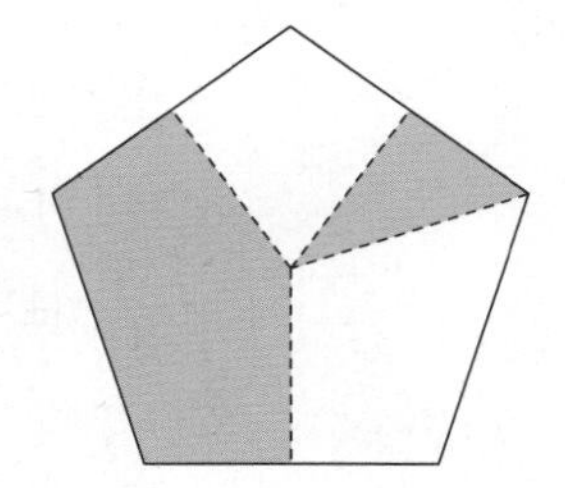

( )

02 2부터 9까지의 수 중에서 □ 안에 들어갈 수 있는 수를 모두 구하세요.

유형 04 A

$$\frac{1}{10} < \frac{1}{\square} < \frac{1}{6}$$

( )

03 꽃밭 전체의 $\frac{4}{9}$만큼 장미를 심고, 장미를 심고 남은 부분의 $\frac{3}{5}$만큼 나팔꽃을 심었습니다. 장미와 나팔꽃을 심고 남은 부분은 꽃밭 전체의 얼마인지 분수로 나타내세요.

유형 01 B+

( )

04

유형 05 B

다음 세 조건을 만족하는 소수는 모두 몇 개인지 구하세요. (단, ★은 한 자리 수입니다.)

- 0.★ 모양의 소수입니다.
- 0.1이 2개인 수보다 큽니다.
- $\frac{7}{10}$보다 작습니다.

(　　　　　　　　)

05

유형 03 B

분수의 크기를 비교하여 가장 큰 수를 찾아 쓰세요.

$\frac{4}{7}$　　$\frac{1}{9}$　　$\frac{6}{7}$　　$\frac{4}{9}$

(　　　　　　　　)

06

유형 01 B
유형 02 B

리본 1 m를 똑같이 10조각으로 나누어 그중 연재가 3조각, 해나가 5조각을 사용했습니다. 연재와 해나가 사용하고 남은 리본의 길이는 몇 m인지 소수로 나타내세요.

(　　　　　　　　)

07

유형 03 A+

0.3보다 크고 1보다 작은 수를 모두 찾아 쓰세요.

0.2	$\frac{8}{10}$	1.3	0.6	$\frac{3}{10}$

( )

08

유형 01 B

피자 한 판을 똑같이 8조각으로 나누었습니다. 찬희가 전체의 $\frac{1}{2}$만큼 먹었고, 유주가 전체의 $\frac{1}{4}$만큼 먹었습니다. 찬희와 유주가 먹고 남은 피자는 몇 조각인지 구하세요.

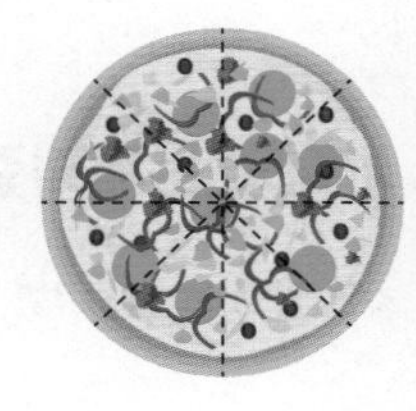

( )

09

유형 06 C

4장의 수 카드 3, 9, 7, 6 중에서 2장을 뽑아 한 번씩만 사용하여 소수 ▲.★을 만들려고 합니다. 만들 수 있는 소수 중에서 6.5보다 크고 9.5보다 작은 수는 모두 몇 개인지 구하세요.

( )

기적학습연구소

“혼자서 작은 산을 넘는 아이가 나중에 큰 산도 넘습니다.”

본 연구소는 아이들이 스스로 큰 산까지 넘을 수 있는 힘을 키워 주고자 합니다.
아이들의 연령에 맞게 학습의 산을 작게 설계하여 혼자서 넘을 수 있다는 자신감을 심어 주고,
때로는 작은 고난도 경험하게 하여 가슴 벅찬 성취감을 느끼게 합니다.
국어, 수학 분과의 학습 전문가들이 아이들에게 실제로 적용해서 검증하며 차근차근 책을 출간합니다.

- 국어 분과 대표 저작물 : 〈기적의 독서논술〉, 〈기적의 독해력〉 외 다수
- 수학 분과 대표 저작물 : 〈기적의 계산법〉, 〈기적의 계산법 응용UP〉, 〈기적의 중학연산〉 외 다수

기적의 문제해결법 1권(초등3-1)

초판 발행 2023년 1월 1일

지은이 기적학습연구소
발행인 이종원
발행처 길벗스쿨
출판사 등록일 2006년 7월 1일
주소 서울시 마포구 월드컵로 10길 56(서교동)
대표 전화 02)332-0931 | **팩스** 02)333-5409
홈페이지 school.gilbut.co.kr | **이메일** gilbut@gilbut.co.kr

기획 김미숙(winnerms@gilbut.co.kr) | **편집진행** 이지훈
제작 이준호, 손일순, 이진혁 | **영업마케팅** 문세연, 박다슬 | **웹마케팅** 박달님, 정유리, 윤승현
영업관리 김명자, 정경화 | **독자지원** 윤정아, 최희창
디자인 퍼플페이퍼 | **삽화** 이탁근
전산편집 글사랑 | **CTP 출력·인쇄** 교보피앤비 | **제본** 경문제책

ISBN 979-11-6406-489-2 64410
(길벗 도서번호 10839)

정가 15,000원

memo

앗!

본책의 정답과 풀이를 분실하셨나요?
길벗스쿨 홈페이지에 들어오시면 내려받으실 수 있습니다.
https://school.gilbut.co.kr/

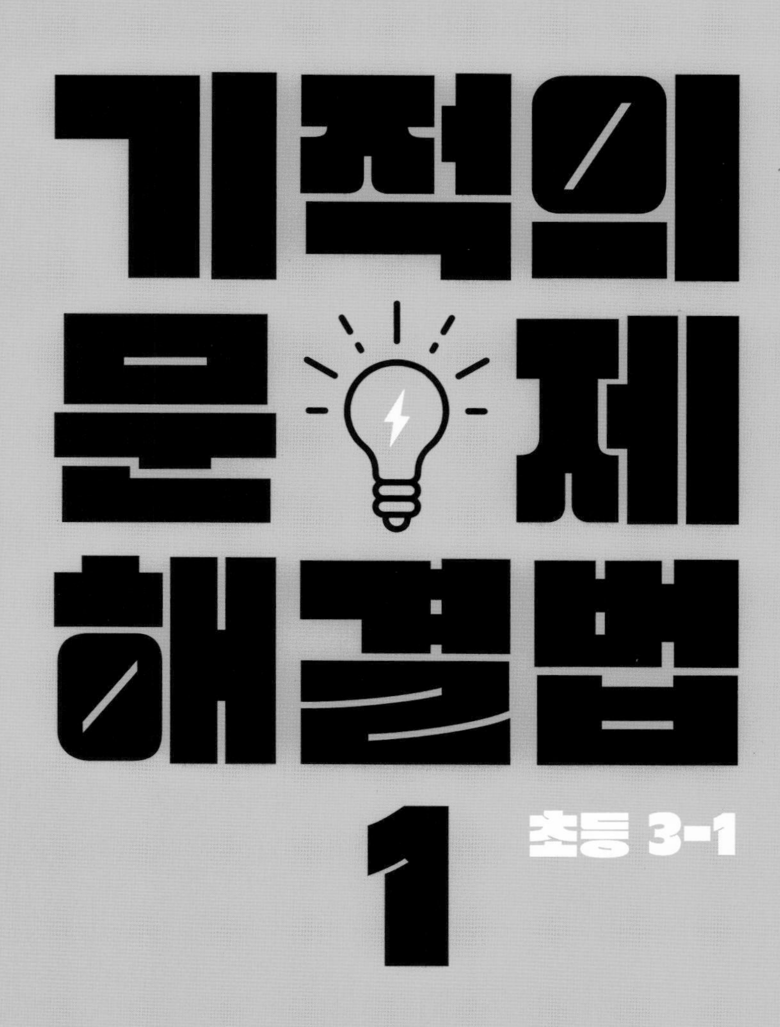

정답과 풀이

차례

빠른 정답

빠른 정답은 각 문제의 정답만 모아 놓아 채점하기에 유용합니다.

1 덧셈과 뺄셈

유형	쪽	정답
유형 01	10쪽	1 ❶ 640명 ❷ 1153명 답 1153명 2 707번 3 1170권
	11쪽	4 ❶ 757개 ❷ 197개 답 197개 5 805개 6 193 cm
유형 02	12쪽	1 ❶ 9+㉢=13에 ○표 / 4 ❷ 1+㉠+4=11에 ○표 / 6 ❸ 7 답 6, 7, 4 2 (위에서부터) 8, 2, 0 3 9, 3
	13쪽	4 ❶ 10+2−㉡=4에 ○표 / 8 ❷ 6 ❸ 9 답 9, 8, 6 5 (위에서부터) 8, 4, 8 6 7, 6, 9
유형 03	14쪽	1 ❶ 은행, 우체국 ❷ 669 m 답 669 m 2 298 m 3 312 cm
	15쪽	4 ❶ −에 ○표 ❷ 132 cm 답 132 cm 5 195 cm 6 105 cm
유형 04	16쪽	1 ❶ 454, 365 ❷ 작은 ❸ 89 답 89 2 619 3 980, 392, 523 (또는 980, 523, 392) / 65
	17쪽	4 ❶ 720, 358 ❷ 86 답 86 5 119 6 117
	18쪽	7 ❶ 447>405>158>139 ❷ 작은 ❸ 713 답 447, 405, 139 (또는 405, 447, 139) / 713 8 512, 465, 289 (또는 465, 512, 289) / 688 9 830, 126, 594 (또는 594, 126, 830) / 1298
	19쪽	10 ❶ 176<345<409<436 ❷ 큰 ❸ 85 답 176, 345, 436 (또는 345, 176, 436) / 85 11 368, 372, 531 (또는 372, 368, 531) / 209 12 213, 757, 819 (또는 757, 213, 819) / 151

유형	쪽	정답
유형 05	20쪽	1 ❶ 7 6 4, 7 6 2 ❷ 2 0 4 ❸ 966 답 966 2 1123 3 967
	21쪽	4 ❶ 8 5 4, 2 3 4 ❷ 620 답 620 5 669 6 736
유형 06	22쪽	1 ❶ 316 ❷ 510 답 510 2 1117 3 269
	23쪽	4 ❶ +에 ○표 ❷ 594 ❸ 411 답 411 5 843 6 1212
	24쪽	7 ❶ > ❷ 881 ❸ 1166 답 1166 8 39 9 569
	25쪽	10 ❶ 203 ❷ 203 ❸ 234 답 234 11 120 12 432
유형 07	26쪽	1 ❶ 4 ❷ 4 / 4 ❸ 0, 1, 2, 3 답 0, 1, 2, 3 2 8, 9 3 0, 1, 2, 3, 4
	27쪽	4 ❶ 157 ❷ 157 / 157 ❸ 158 답 158 5 545 6 280개
유형 마스터	28쪽	01 992 m 02 98명 03 503
	29쪽	04 649, 493, 586 (또는 586, 493, 649) / 742 05 185 06 152
	30쪽	07 900 08 169 09 1382
	31쪽	10 5, 2 11 645 12 30 cm

2 평면도형

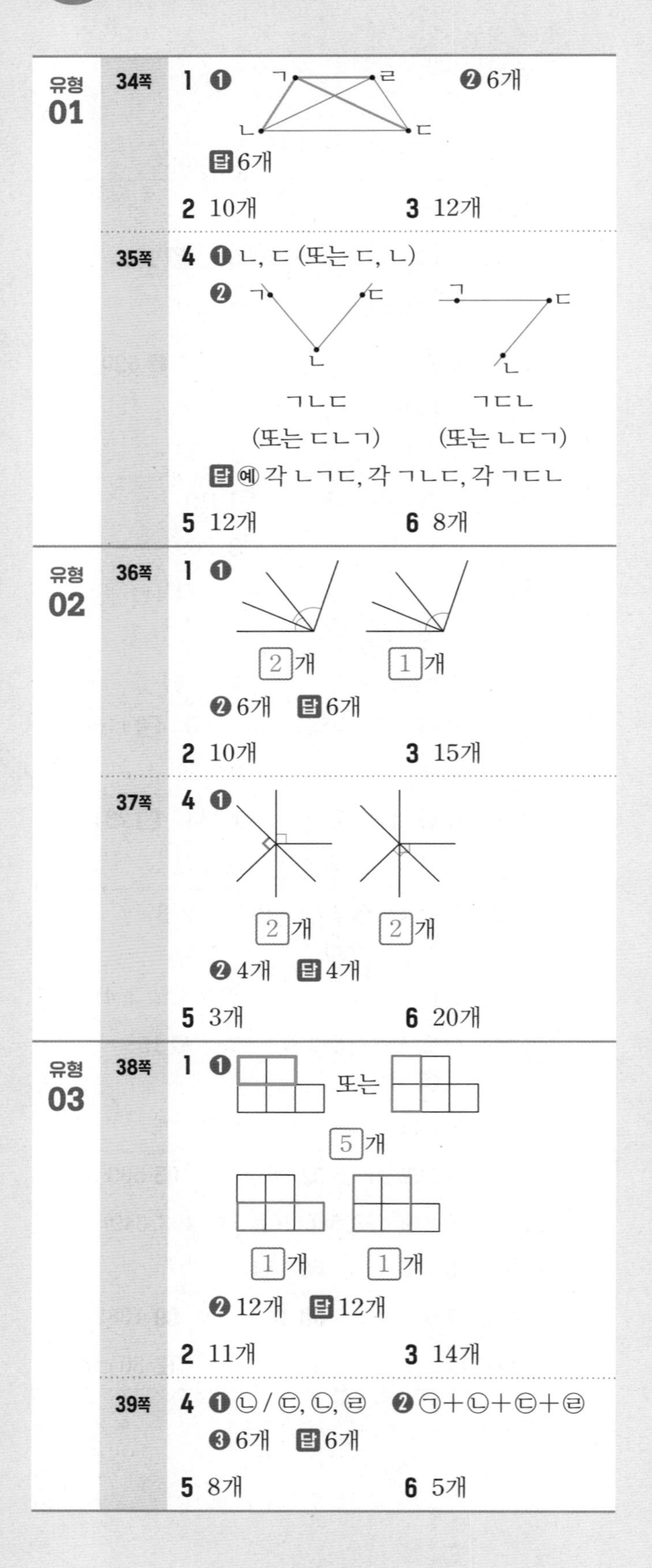

유형 01	34쪽	1 ❶ ㄱ ㄹ ㄴ ㄷ ❷ 6개 답 6개 2 10개 3 12개
	35쪽	4 ❶ ㄴ, ㄷ (또는 ㄷ, ㄴ) ❷ ㄱㄴㄷ (또는 ㄷㄴㄱ) ㄱㄷㄴ (또는 ㄴㄷㄱ) 답 예 각 ㄴㄱㄷ, 각 ㄱㄴㄷ, 각 ㄱㄷㄴ 5 12개 6 8개
유형 02	36쪽	1 ❶ 2개 1개 ❷ 6개 답 6개 2 10개 3 15개
	37쪽	4 ❶ 2개 2개 ❷ 4개 답 4개 5 3개 6 20개
유형 03	38쪽	1 ❶ 또는 5개 1개 1개 ❷ 12개 답 12개 2 11개 3 14개
	39쪽	4 ❶ ㉡ / ㉢, ㉡, ㉣ ❷ ㉠+㉡+㉢+㉣ ❸ 6개 답 6개 5 8개 6 5개

유형 04	40쪽	1 ❶ 80 / 80 ❷ 20 ❸ 20 cm 답 20 cm 2 8 cm 3 9 cm
	41쪽	4 ❶ 15, 15 ❷ 11 ❸ 11 cm 답 11 cm 5 10 cm 6 22
	42쪽	7 ❶ 6 ❷ 7 ❸ 7 답 7 8 12 9 9
유형 05	43쪽	1 ❶ / 12개 ❷ 60 cm 답 60 cm 2 120 cm 3 63 cm
	44쪽	4 ❶ 8 / 8, 21 ❷ 68 cm 답 68 cm 5 66 cm 6 62 cm
유형 마스터	45쪽	01 6개 02 9개 03 10개
	46쪽	04 10개 05 13 cm 06 6개
	47쪽	07 15개 08 49개 09 128 cm

3 나눗셈

유형	쪽	정답
유형 01	50쪽	1 ❶ 3개 ❷ 7대 답 7대 2 8마리 3 3시간
	51쪽	4 ❶ 54개 ❷ 9개 답 9개 5 3개 6 2봉지
유형 02	52쪽	1 ❶ 8 2 7/8 2 7/8 2 7/…… ❷ 5 / 5, 7 답 7 2 9 3 ●
	53쪽	4 ❶ 4 3 2 1/4 3 2 1/4 3 2 1/……, 4 ❷ 1, 4 답 4 5 2 6 검은색
유형 03	54쪽	1 ❶ ㉠: 6, ㉡: 5, ㉢: 4 ❷ ㉠, ㉡, ㉢ 답 ㉠, ㉡, ㉢ 2 ㉢, ㉠, ㉡ 3 4
	55쪽	4 ❶ 4×3=12, 4×4=16 ❷ 2, 6 답 2, 6 5 0, 6 6 9
	56쪽	7 ❶ 5×6=30, 5×7=35 ❷ 7×5=35 ❸ 5 답 5 8 8 9 4
유형 04	57쪽	1 ❶ 13, 15, 16, 31, 35, 36, 51, 53, 56, 61, 63, 65 ❷ 16, 56 답 16, 56 2 12, 24, 42 3 18, 45, 54, 81
	58쪽	4 ❶ 14 / 28, 42, 42, 6 ❷ 14÷2=7, 42÷6=7 답 14÷2=7, 42÷6=7 5 36÷4=9, 63÷7=9 6 16÷2=8, 24÷3=8, 32÷4=8

유형	쪽	정답
유형 05	59쪽	1 ❶ 6, 24 ❷ 8 답 8 2 3 3 2
	60쪽	4 ❶ ×에 ○표 ❷ 8 ❸ 4 답 4 5 3 6 6
	61쪽	7 ❶ × / 15, 20, 25, 30 ❷ 작은 수: 6, 큰 수: 30 답 6, 30 또는 30, 6 8 5, 40 또는 40, 5 9 48, 8
유형 06	62쪽	1 ❶ 9도막 ❷ 8번 답 8번 2 4번 3 5 m
	63쪽	4 ❶ 8군데 ❷ 9그루 답 9그루 5 12개 6 7 m
유형 07	64쪽	1 ❶ 4, 4 ❷ 4 / 4, 5 답 5분 2 8분 3 35개
	65쪽	4 ❶ 3, 9 ❷ 45 m ❸ 동하, 18 m 답 동하, 18 m 5 지수, 12 m 6 ㉯ 공장, 5개
유형 08	66쪽	1 ❶ 9 cm ❷ 36 cm 답 36 cm 2 16 cm 3 70 cm
	67쪽	4 ❶ 10, 10, 34 / 14, 7 ❷ 7 cm 답 7 cm 5 6 cm 6 4 cm
	68쪽	7 ❶ 7 cm ❷ 36 cm 답 36 cm 8 46 cm 9 8개
유형 마스터	69쪽	01 6개 02 35, 7 03 6줄
	70쪽	04 2 05 12 06 21, 63
	71쪽	07 8 cm 08 40분 09 16그루

4 곱셈

유형	쪽	답
유형 01	74쪽	1 ❶ 5 ❷ 5, 3 / 5 답 3, 5
		2 2, 3　3 6, 7, 4
	75쪽	4 ❶ 4 또는 9 ❷ 1 답 1, 9
		5 3, 7　6 8, 6
유형 02	76쪽	1 ❶ 98, 105 ❷ 99, 100, 101, 102, 103, 104 답 99, 100, 101, 102, 103, 104
		2 205, 206, 207　3 14개
	77쪽	4 ❶ 210 / 235 / 188 ❷ 1, 2, 3, 4 답 1, 2, 3, 4
		5 7, 8, 9　6 6
유형 03	78쪽	1 ❶ 골프공: 140개, 야구공: 75개 ❷ 215개 답 215개
		2 168개　3 216팩
	79쪽	4 ❶ 105쪽 ❷ 63쪽 답 63쪽
		5 41자루　6 30 cm
	80쪽	7 ❶ 4분: 172 m, 3분: 195 m ❷ 367 m 답 367 m
		8 1188 m　9 동생, 1 m
유형 04	81쪽	1 ❶ 나무, 7 ❷ 168 m 답 168 m
		2 375 m　3 344 cm
	82쪽	4 ❶ 1, 9 ❷ 180 m 답 180 m
		5 200 m　6 84 m
	83쪽	7 ❶ 150 cm ❷ 36 cm ❸ 114 cm 답 114 cm
		8 485 cm　9 8 cm
유형 05	84쪽	1 ❶ 2 ❷ 128마리 답 128마리
		2 104쪽　3 12마리
	85쪽	4 ❶ 3개 ❷ 11, 33 ❸ 37개 답 37개
		5 43개　6 74개

유형	쪽	답
유형 06	86쪽	1 ❶ 7 / 52 ❷ 364 답 364
		2 512　3 342
	87쪽	4 ❶ 2 / 36 ❷ 72 답 72
		5 224　6 51
유형 07	88쪽	1 ❶ ×에 ○표, 54 ❷ 324 답 324
		2 245　3 320
	89쪽	4 ❶ 5 ❷ 6 / 6, 30 ❸ 180 답 180
		5 512　6 36개
	90쪽	7 ❶ 4 ❷ 3 / 8, 32 ❸ 256 답 256
		8 252　9 30개
유형 마스터	91쪽	01 1, 2, 3, 4　02 18, 54, 162
		03 336쪽
	92쪽	04 666　05 204 m　06 378
	93쪽	07 343　08 65 cm　09 1시간 57분

5 길이와 시간

유형	쪽	정답
유형 01	96쪽	1 ❶ 500, 53 ❷ ㉡, ㉠, ㉢ 답 ㉡, ㉠, ㉢ 2 찬혁, 우진, 지유 3 수목원
	97쪽	4 ❶ 게임하기: 60분, 그림 그리기: 90분, 일기 쓰기: 10분 ❷ 일기 쓰기 답 일기 쓰기 5 민호 6 예림
유형 02	98쪽	1 ❶ 8 cm 4 mm ❷ 11 cm 9 mm ❸ 20 cm 3 mm 답 20 cm 3 mm 2 23 cm 8 mm 3 1 cm 1 mm
	99쪽	4 ❶ 5 cm 7 mm ❷ 24 cm 4 mm 답 24 cm 4 mm 5 34 cm 6 mm 6 43 cm 2 mm
유형 03	100쪽	1 ❶ 서점: 2 km 700 m 은행: 2 km 470 m ❷ 은행 답 은행 2 도서관
	101쪽	3 ❶ 15 km 800 m ❷ 7 km 400 m 답 7 km 400 m 4 2 km 700 m 5 2 km 50 m
	102쪽	6 ❶ 1 km 710 m ❷ 3 km 310 m 답 3 km 310 m 7 4 km 30 m 8 1 km 350 m
유형 04	103쪽	1 ❶ 1시간 30분 ❷ 3시간 15분 답 3시간 15분 2 3시간 10분 3 19분 30초
	104쪽	4 ❶ 4, 35 ❷ 1시간 40분 ❸ 6시 15분 50초 답 6시 15분 50초 5 4시 5분 15초 6 6시 25분 10초
	105쪽	7 ❶ 8시 15분 20초 ❷ 5시 55분 20초 답 5시 55분 20초 8 2시 55분 9 4시 30분
유형 05	106쪽	1 ❶ 9시간 ❷ 오후 1시 30분 답 오후 1시 30분 2 오후 2시 15분 3 12월 8일 오전 3시 40분
	107쪽	4 ❶ 19 ❷ 14시간 45분 ❸ 9시간 15분 답 9시간 15분 5 13시간 44분 6 11시간 28분 25초
유형 06	108쪽	1 ❶ 12시간 ❷ 12, 12, 108 / 48 ❸ 오후 6시 1분 48초 답 오후 6시 1분 48초 2 오후 4시 2분 3 오후 7시 1분
	109쪽	4 ❶ 21분 ❷ 오후 1시 39분 답 오후 1시 39분 5 오후 7시 59분 24초 6 오후 4시 57분 40초
유형 07	110쪽	1 ❶ 20, 20 ❷ 3 km 800 m 답 3 km 800 m 2 4 km 200 m 3 20 km 500 m
	111쪽	4 ❶ 25 ❷ 14 cm 1 mm 답 14 cm 1 mm 5 15 cm 6 mm 6 186 mm
유형 마스터	112쪽	01 ㉠, ㉣, ㉢, ㉡ 02 39 km 03 22 cm 3 mm
	113쪽	04 오후 1시 5분 40초 05 1시간 9분 30초 06 4시 6분 55초
	114쪽	07 찬서 08 10시간 30분 48초 09 오전 9시 2분 30초
	115쪽	10 6 cm 1 mm 11 17 cm 2 mm 12 2시간 4분 40초

6 분수와 소수

유형 01

118쪽 1 ❶ 예 ❷ 4칸 답 4칸
2 4칸 3 5칸

119쪽 4 ❶ 5조각 ❷ 1조각 ❸ $\frac{1}{8}$ 답 $\frac{1}{8}$
5 $\frac{3}{10}$ 6 $\frac{4}{9}$

120쪽 7 ❶, ❷ 예 어제 ❷ 오늘 ❶
❸ $\frac{4}{10}$ 답 $\frac{4}{10}$
8 $\frac{3}{8}$ 9 $\frac{3}{9}$

유형 02

121쪽 1 ❶ 예 ❷ 0.5 답 0.5
2 0.3 3 0.6

122쪽 4 ❶ 예 0 $\frac{1}{5}$ $\frac{2}{5}$ $\frac{3}{5}$ $\frac{4}{5}$ 1 / 4, 0, 4
❷ 10.4 답 10.4
5 7.5 6 38개

123쪽 7 ❶ 135 mm ❷ 162 mm ❸ 16.2 cm 답 16.2 cm
8 42.9 cm 9 38.3 cm

유형 03

124쪽 1 ❶ 7.3 ❷ 7.9 ❸ ㉡, ㉢, ㉠ 답 ㉡, ㉢, ㉠
2 ㉠, ㉢, ㉡ 3 공원, 우체국

125쪽 4 ❶ $\frac{3}{4}>\frac{1}{4}$ ❷ $\frac{1}{4}>\frac{1}{5}>\frac{1}{8}$
❸ $\frac{3}{4}, \frac{1}{4}, \frac{1}{5}, \frac{1}{8}$ 답 $\frac{3}{4}, \frac{1}{4}, \frac{1}{5}, \frac{1}{8}$
5 $\frac{1}{11}, \frac{1}{7}, \frac{1}{6}, \frac{5}{6}$
6 우재, 성아, 다은, 호진

126쪽 7 ❶ $\frac{5}{10}=0.5, \frac{3}{10}=0.3$
❷ 1, 2 / 0, 7 / 0, 5
❸ 1.2, 1, 0.7, $\frac{5}{10}, \frac{3}{10}$
답 1.2, 1, 0.7, $\frac{5}{10}, \frac{3}{10}$
8 $\frac{2}{10}$, 0.3, $\frac{8}{10}$, 1.1, 1.4
9 새봄, 민승, 다미, 서호

127쪽 10 ❶ $\frac{8}{10}$ cm ❷ 8, 9 / 8, 10
❸ $\frac{8}{9}$ cm 답 $\frac{8}{9}$ cm
11 3 mm
12 빨간색, 초록색, 노란색

유형 04

128쪽 1 ❶ 클수록에 ○표 / 5, 8 ❷ 6, 7 답 6, 7
2 3, 4, 5 3 5, 6, 7

129쪽 4 ❶ 1, 2, 3, 4, 5, 6 ❷ 4, 5, 6, 7, 8, 9 ❸ 4, 5, 6 답 4, 5, 6
5 5, 6 6 4, 5, 6, 7

유형 05

130쪽 1 ❶ 1 / 작을수록에 ○표 / 5, 4, 3, 2
❷ $\frac{1}{3}, \frac{1}{4}, \frac{1}{5}, \frac{1}{6}$ 답 $\frac{1}{3}, \frac{1}{4}, \frac{1}{5}, \frac{1}{6}$
2 $\frac{1}{7}, \frac{1}{8}, \frac{1}{9}$ 3 $\frac{1}{4}, \frac{1}{5}, \frac{1}{6}, \frac{1}{7}, \frac{1}{8}$

131쪽 4 ❶ 2.5, 2.9 ❷ 2.6, 2.7, 2.8 답 2.6, 2.7, 2.8
5 6.4, 6.5 6 4.3, 4.5, 4.7

유형 06	132쪽	1 ❶ 7, 4, 3, 1 ❷ 7.4 답 7.4 2 8.6 3 9.2
	133쪽	4 ❶ 2, 4, 6, 8 ❷ 2.4 답 2.4 5 1.3 6 4.8
	134쪽	7 ❶ 5, 9 ❷ 9 / 1, 3, 5 답 5.1, 5.3, 5.9, 9.1, 9.3, 9.5 8 6.4, 6.5, 6.7, 7.4, 7.5, 7.6 9 5개
유형 마스터	135쪽	01 0.5 02 7, 8, 9 03 $\frac{2}{9}$
	136쪽	04 4개 05 $\frac{6}{7}$ 06 0.2 m
	137쪽	07 $\frac{8}{10}$, 0.6 08 2조각 09 6개

자세한 풀이

각 문제의 모범 풀이를 중심으로 참고, 주의를 담아 이해를 돕습니다.

1 덧셈과 뺄셈

유형 01 덧셈과 뺄셈의 활용

10쪽	1 ❶ 640명 ❷ 1153명 답 1153명
	2 707번 3 1170권
11쪽	4 ❶ 757개 ❷ 197개 답 197개
	5 805개 6 193 cm

1 ❶ (남학생 수)=(여학생 수)+127
=513+127=640(명)
❷ (전체 학생 수)=(남학생 수)+(여학생 수)
=640+513=1153(명)

2 (오늘 한 줄넘기 횟수)=(어제 한 줄넘기 횟수)−49
=378−49=329(번)
⇨ (어제와 오늘 한 줄넘기 횟수)=378+329
=707(번)

3 동화책은 역사책보다 280권 더 많으므로
역사책은 동화책보다 280권 더 적습니다.
(역사책의 수)=(동화책의 수)−280
=725−280=445(권)
⇨ (동화책과 역사책의 수)=725+445=1170(권)

4 ❶ (재하가 가지고 있는 블록 수의 합)
=(노란 블록 수)+(파란 블록 수)
=381+376=757(개)
❷ (남은 블록 수)
=(재하가 가지고 있는 블록 수의 합)
−(성을 만드는 데 사용한 블록 수)
=757−560=197(개)

5 (딴 배와 감의 수)=368+542=910(개)
⇨ (남은 배와 감의 수)
=(딴 배와 감의 수)−(할머니 댁에 드린 배와 감의 수)
=910−105=805(개)

6 1 m=100 cm이므로 5 m=500 cm
(남은 철사의 길이)=500−(사용한 철사의 길이)
=500−307=193 (cm)

유형 02 세로셈 완성하기

12쪽	1 ❶ 9+㉢=13에 ○표 / 4
	❷ 1+㉠+4=11에 ○표 / 6
	❸ 7 답 6, 7, 4
	2 (위에서부터) 8, 2, 0 3 9, 3
13쪽	4 ❶ 10+2−㉡=4에 ○표 / 8 ❷ 6 ❸ 9
	답 9, 8, 6
	5 (위에서부터) 8, 4, 8 6 7, 6, 9

1 ❶ 9+㉢=3이 될 수 없으므로
9+㉢=13
→ 13−9=㉢, ㉢=4
❷ 일의 자리에서 받아올림이 있고
1+㉠+4=1이 될 수 없으므로
1+㉠+4=11, 5+㉠=11
→ 11−5=㉠, ㉠=6
❸ 십의 자리에서 받아올림이 있으므로
1+2+㉡=10, 3+㉡=10
→ 10−3=㉡, ㉡=7

$$\begin{array}{rrrr} & {\scriptstyle 1} & {\scriptstyle 1} & \\ & 2 & ㉠ & 9 \\ + & ㉡ & 4 & ㉢ \\ \hline 1 & 0 & 1 & 3 \end{array}$$

2 〈일의 자리 계산〉
㉠+7=15, 15−7=㉠, ㉠=8
〈십의 자리 계산〉
1+4+5=10이므로 ㉢=0
〈백의 자리 계산〉
1+6+㉡=9, 7+㉡=9, 9−7=㉡, ㉡=2

$$\begin{array}{rrrr} & {\scriptstyle 1} & {\scriptstyle 1} & \\ & 6 & 4 & ㉠ \\ + & ㉡ & 5 & 7 \\ \hline & 9 & ㉢ & 5 \end{array}$$

3 일의 자리와 백의 자리 계산에서
■+★=12입니다.
〈백의 자리 계산〉
1+■+★=1★, 1+12=1★,
13=1★, ★=3
〈일의 자리 계산〉
■+★=12, ■+3=12, 12−3=■, ■=9
〈확인〉

$$\begin{array}{rrrr} & {\scriptstyle 1} & {\scriptstyle 1} & \\ & 9 & 9 & 9 \\ + & 3 & 3 & 3 \\ \hline 1 & 3 & 3 & 2 \end{array}$$

$$\begin{array}{rrrr} & {\scriptstyle 1} & {\scriptstyle 1} & \\ & ■ & ■ & ■ \\ + & ★ & ★ & ★ \\ \hline 1 & ★ & ★ & 2 \end{array}$$

4 ❶ 2−㉡=4가 될 수 없으므로
10+2−㉡=4, 12−㉡=4
→ 12−4=㉡, ㉡=8

$$\begin{array}{rrrr} & {\scriptstyle ㉠-1} & {\scriptstyle 14} & {\scriptstyle 10} \\ & ㉠ & \not{5} & 2 \\ - & 1 & 8 & ㉡ \\ \hline & 7 & ㉢ & 4 \end{array}$$

❷ 일의 자리로 받아내림이 있고 5−1−8은 계산할 수 없으므로 10+5−1−8=㉢, ㉢=6

❸ 십의 자리로 받아내림이 있으므로
㉠−1−1=7, ㉠−2=7 → 7+2=㉠, ㉠=9

5 〈일의 자리 계산〉
10+1−3=㉢, ㉢=8
〈십의 자리 계산〉
10−㉡=6, 10−6=㉡, ㉡=4
〈백의 자리 계산〉
㉠−1−5=2, ㉠−6=2, 2+6=㉠, ㉠=8

```
  ㉠−1 10 10
    ㉠  1  1
 −   5  ㉡  3
 ───────────
     2  6  ㉢
```

6 〈일의 자리 계산〉
4−㉢=5가 될 수 없으므로
십의 자리에서 받아내림하여 계산하면
10+4−㉢=5, 14−㉢=5,
14−5=㉢, ㉢=9
〈백의 자리 계산〉
㉠−2=4가 되는 경우는 ㉠=6 또는 ㉠=7
〈십의 자리 계산〉
㉠=6일 때: 백의 자리에서 받아내림이 없으므로
㉡−1−㉠=8, ㉡−1−6=8,
㉡−7=8이 될 수 없습니다.
㉠=7일 때: 백의 자리에서 받아내림하여 계산하면
10+㉡−1−㉠=8,
10+㉡−1−7=8, ㉡+2=8,
8−2=㉡, ㉡=6

```
     ㉡−1 10
    ㉠  ㉡  4
 −   2  ㉠  ㉢
 ───────────
     4  8  5
```

3 (색 테이프 3장의 길이의 합)=134+134+134
=402 (cm)
(겹쳐진 부분의 길이의 합)=45+45=90 (cm)
⇨ (이어 붙인 색 테이프의 전체 길이)
=402−90=312 (cm)

4 ❶ (수직선의 전체 길이)=269+583−㉠
⇨ ㉠=269+583−(수직선의 전체 길이)
❷ 수직선의 전체 길이가 720 cm이므로
㉠=269+583−720
=852−720=132 (cm)

5 (수직선의 전체 길이)=645+324−㉠
⇨ ㉠=645+324−(수직선의 전체 길이)
=645+324−774
=969−774=195 (cm)

6 (전체 길이)
=(파란색 테이프의 길이)+(노란색 테이프의 길이)
−(겹쳐진 부분의 길이)
=356+317−(겹쳐진 부분의 길이)
⇨ (겹쳐진 부분의 길이)=356+317−(전체 길이)
=356+317−568
=673−568=105 (cm)

유형 03 겹쳐진 부분 이용하기

14쪽	1 ❶ 은행, 우체국 ❷ 669 m 답 669 m	
	2 298 m	3 312 cm
15쪽	4 ❶ −에 ○표 ❷ 132 cm 답 132 cm	
	5 195 cm	6 105 cm

1 ❶ (정후네 집 ~ 미술관)
=(정후네 집 ~ 우체국)+(은행 ~ 미술관)
−(은행 ~ 우체국)
❷ (정후네 집에서 미술관까지의 거리)
=357+495−183
=852−183=669 (m)

2 (**가**에서 **라**까지의 거리)
=(**가**에서 **다**까지의 거리)+(**나**에서 **라**까지의 거리)
−(**나**에서 **다**까지의 거리)
=266+184−152
=450−152=298 (m)

유형 04 조건에 맞는 식 만들기

16쪽	1 ❶ 454, 365 ❷ 작은 ❸ 89 답 89	
	2 619	
	3 980, 392, 523 (또는 980, 523, 392) / 65	
17쪽	4 ❶ 720, 358 ❷ 86 답 86	
	5 119	6 117
18쪽	7 ❶ 447>405>158>139 ❷ 작은 ❸ 713 답 447, 405, 139 (또는 405, 447, 139) / 713	
	8 512, 465, 289 (또는 465, 512, 289) / 688	
	9 830, 126, 594 (또는 594, 126, 830) / 1298	
19쪽	10 ❶ 176<345<409<436 ❷ 큰 ❸ 85 답 176, 345, 436 (또는 345, 176, 436) / 85	
	11 368, 372, 531 (또는 372, 368, 531) / 209	
	12 213, 757, 819 (또는 757, 213, 819) / 151	

1 ❷ 차가 가장 큰 뺄셈식: (가장 큰 수)$-$(가장 작은 수)
❸ 가장 큰 수는 454, 가장 작은 수는 365이므로
(가장 큰 수)$-$(가장 작은 수)$=454-365=89$

2 네 수의 크기를 비교하면 $900>897>290>281$이므로
차가 가장 큰 뺄셈식: (가장 큰 수)$-$(가장 작은 수)
$=900-281=619$

3 네 수의 크기를 비교하면 $980>654>523>392$이므로
계산 결과가 가장 큰 뺄셈식:
(가장 큰 수)$-$(가장 작은 수)$-$(두 번째로 작은 수)
$=980-392-523=588-523=65$

4 ❶ 백의 자리 숫자의 차가 가장 작은 두 수는
634와 720, 471과 358입니다.
❷ $720-634=86$, $471-358=113$이고, $86<113$이므로 차가 가장 작게 될 때의 차는 86입니다.

5 백의 자리 숫자의 차가 가장 작은 두 수는
215와 334, 976과 849이므로 차를 각각 구하면
$334-215=119$, $976-849=127$입니다.
따라서 $119<127$이므로 차가 가장 작게 될 때의 차는 119입니다.

6 백의 자리 숫자의 차가 가장 작은 두 수는
893과 742, 742와 625이므로 차를 각각 구하면
$893-742=151$, $742-625=117$입니다.
따라서 $151>117$이므로 차가 가장 작게 될 때의 차는 117입니다.

7 ❷ (가장 큰 수)$+$(두 번째로 큰 수)$-$(가장 작은 수)
❸ $447+405-139=852-139=713$

8 네 수의 크기를 비교하면 $512>465>298>289$이므로 계산 결과가 가장 크게 되도록 식을 만들면
(가장 큰 수)$+$(두 번째로 큰 수)$-$(가장 작은 수)
$=512+465-289=977-289=688$입니다.

9 네 수의 크기를 비교하면 $830>594>303>126$이므로 계산 결과가 가장 크게 되도록 식을 만들면
(가장 큰 수)$-$(가장 작은 수)$+$(두 번째로 큰 수)
$=830-126+594=704+594=1298$입니다.

10 ❷ (가장 작은 수)$+$(두 번째로 작은 수)$-$(가장 큰 수)
❸ $176+345-436=521-436=85$

11 네 수의 크기를 비교하면 $368<372<516<531$이므로 계산 결과가 가장 작게 되도록 식을 만들면
(가장 작은 수)$+$(두 번째로 작은 수)$-$(가장 큰 수)
$=368+372-531=740-531=209$입니다.

12 네 수의 크기를 비교하면 $213<757<783<819$이므로 계산 결과가 가장 작게 되도록 식을 만들면
(가장 작은 수)$+$(두 번째로 작은 수)$-$(가장 큰 수)
$=213+757-819=970-819=151$입니다.

유형 05 수 카드로 만든 세 자리 수의 합 또는 차

20쪽	1 ❶ 7 6 4, 7 6 2 ❷ 2 0 4 ❸ 966 답 966 2 1123 3 967
21쪽	4 ❶ 8 5 4, 2 3 4 ❷ 620 답 620 5 669 6 736

1 ❶ 수 카드의 수의 크기를 비교하면 $7>6>4>2>0$입니다.
• 가장 큰 세 자리 수: 7 6 4
• 두 번째로 큰 세 자리 수: 7 6 2
❷ 가장 작은 세 자리 수: 2 0 4
❸ $762+204=966$

2 수 카드의 수의 크기를 비교하면 $9>8>5>3>1$이므로
가장 큰 세 자리 수: 985
가장 작은 세 자리 수: 135,
두 번째로 작은 세 자리 수: 138
⇨ 가장 큰 수와 두 번째로 작은 수의 합:
$985+138=1123$

3 수 카드의 수의 크기를 비교하면 $8>6>3>1>0$이므로
가장 큰 세 자리 수: 863, 두 번째로 큰 세 자리 수: 861
가장 작은 세 자리 수: 103,
두 번째로 작은 세 자리 수: 106
⇨ 두 번째로 큰 수와 두 번째로 작은 수의 합:
$861+106=967$

4 ❶ 수 카드의 수의 크기를 비교하면 $8>5>4>3>2$입니다.
• 가장 큰 세 자리 수: 8 5 4
• 가장 작은 세 자리 수: 2 3 4
❷ $854-234=620$

5 수 카드의 수의 크기를 비교하면 9>7>6>3>0이므로
가장 큰 세 자리 수: 976
가장 작은 세 자리 수: 306,
두 번째로 작은 세 자리 수: 307
⇨ 가장 큰 수와 두 번째로 작은 수의 차:
976－307＝669

6 수 카드의 수의 크기를 비교하면 8>6>4>2>1이므로
가장 큰 세 자리 수: 864, 두 번째로 큰 세 자리 수: 862
가장 작은 세 자리 수: 124,
두 번째로 작은 세 자리 수: 126
⇨ 두 번째로 큰 수와 두 번째로 작은 수의 차:
862－126＝736

유형 06 모르는 수 구하기

22쪽	1 ❶ 316 ❷ 510 답 510	
	2 1117	3 269
23쪽	4 ❶ ＋에 ○표 ❷ 594 ❸ 411 답 411	
	5 843	6 1212
24쪽	7 ❶ > ❷ 881 ❸ 1166 답 1166	
	8 39	9 569
25쪽	10 ❶ 203 ❷ 203 ❸ 234 답 234	
	11 120	12 432

1 ❶ 267＋■＝583 → ■＝583－267, ■＝316
❷ ■＝316이므로 ▲－194＝■에서 ▲－194＝316
▲－194＝316 → ▲＝316＋194, ▲＝510

2 • ♥＋289＝661 → ♥＝661－289, ♥＝372
• 745＋♥＝●에서 745＋372＝●, ●＝1117

3 • 853－★＝204 → 853－204＝★, ★＝649
• ★＋♣＝918에서 649＋♣＝918
→ ♣＝918－649, ♣＝269

4 ❶ 잘못 계산한 식: ■＋183＝777
❷ ■＋183＝777 → ■＝777－183, ■＝594
❸ (어떤 수)－183＝594－183＝411

5 어떤 수를 □라 하면
잘못 계산한 식에서 □－378＝87 → □＝87＋378,
□＝465
따라서 바르게 계산하면 465＋378＝843입니다.

6 백의 자리 숫자와 일의 자리 숫자를 바꾸어 만든 세 자리 수를 □라 하면
□＋489＝816 → □＝816－489, □＝327
따라서 어떤 세 자리 수는 3 2 7 → 723이므로
(어떤 세 자리 수)＋489＝723＋489＝1212입니다.

7 ❶ 두 수의 백의 자리 숫자를 비교하면 8>2이므로
찢어진 종이에 적힌 수가 더 큰 수입니다.
❷ 찢어진 종이에 적힌 세 자리 수를 □라 하면
두 수의 차가 □－285＝596이므로
□＝596＋285, □＝881입니다.
❸ 두 수의 합: 881＋285＝1166

8 찢어진 종이에 적힌 세 자리 수를 □라 하면
두 수의 합이 334＋□＝629이므로
□＝629－334, □＝295입니다.
⇨ 두 수의 차: 334－295＝39

9 두 수의 백의 자리 숫자를 비교하면 1<4이므로
찢어진 종이에 적힌 수가 더 큰 수입니다.
찢어진 종이에 적힌 세 자리 수를 □라 하면
두 수의 차가 □－116＝337이므로
□＝337＋116, □＝453입니다.
⇨ 두 수의 합: 116＋453＝569

10 ❶ 작은 수: ■, 큰 수: ■＋203
❷ (작은 수)＋(큰 수)＝■＋■＋203＝671
❸ ■＋■＋203＝671, ■＋■＝468에서
234＋234＝468 → ■＝234
따라서 작은 수는 234입니다.

11 두 수의 차가 456이므로 작은 수를 □라 하면
큰 수는 □＋456입니다.
두 수의 합이 696이므로 □＋□＋456＝696,
□＋□＝240에서 120＋120＝240 → □＝120
따라서 작은 수는 120입니다.

12 연속하는 두 수 중 작은 수를 □라 하면
큰 수는 □＋1입니다.
두 수의 합이 863이므로 □＋□＋1＝863,
□＋□＝862에서 431＋431＝862 → □＝431
따라서 작은 수가 431이므로
큰 수는 431＋1＝432입니다.

다른 풀이
연속하는 두 수 중 큰 수를 □라 하면 작은 수는 □－1입니다.
□＋□－1＝863, □＋□＝864에서
432＋432＝864 → □＝432
따라서 큰 수는 432입니다.

유형 07 합, 차의 크기 비교에서 모르는 수 구하기

26쪽	1 ❶ 4 ❷ 4 / 4 ❸ 0, 1, 2, 3 답 0, 1, 2, 3 2 8, 9 3 0, 1, 2, 3, 4
27쪽	4 ❶ 157 ❷ 157 / 157 ❸ 158 답 158 5 545 6 280개

1 ❶ 62■+286=910일 때 910−286=624이므로 ■=4입니다.
❷ 624+286=910이므로 62■+286<910에서 ■에는 4보다 작은 수가 들어가야 합니다.
❸ ■에는 4보다 작은 수인 0, 1, 2, 3이 들어갈 수 있습니다.

2 349+58□=936일 때 936−349=587이므로 □=7입니다.
349+58□>936이어야 하므로 □ 안에는 7보다 큰 수인 8, 9가 들어갈 수 있습니다.

3 물감이 묻어 보이지 않는 수를 □라 하면
4□3−126<327입니다.
4□3−126=327일 때 327+126=453이므로
□=5입니다.
4□3−126<327이어야 하므로 □ 안에는 5보다 작은 수인 0, 1, 2, 3, 4가 들어갈 수 있습니다.

4 ❶ 805−■=648일 때 805−648=■, ■=157입니다.
❷ 805−157=648이므로
805−■<648에서 ■에는 157보다 큰 수가 들어가야 합니다.
❸ ■에 들어갈 수 있는 세 자리 수 중에서 가장 작은 수는 158입니다.

5 275+□=821일 때 □=821−275, □=546입니다.
275+□<821이어야 하므로 □ 안에는 546보다 작은 수가 들어가야 합니다.
따라서 □ 안에 들어갈 수 있는 세 자리 수 중에서 가장 큰 수는 545입니다.

6 573=953−□일 때 953−573=□, □=380입니다.
573<953−□이어야 하므로 □ 안에는 380보다 작은 수가 들어가야 합니다.
따라서 □ 안에 들어갈 수 있는 세 자리 수는 100, 101, 102……377, 378, 379까지 모두
379−100+1=280(개)입니다.

참고
▲부터 ●까지의 수의 개수: (●−▲+1)개

단원 1 유형 마스터

28쪽	01 992 m	02 98명	03 503
29쪽	04 649, 493, 586 (또는 586, 493, 649) / 742		
	05 185	06 152	
30쪽	07 900	08 169	09 1382
31쪽	10 5, 2	11 645	12 30 cm

01 (집에서 공원까지 갔다 온 거리)
=(집에서 공원까지의 거리)+(공원에서 집까지의 거리)
=496+496=992 (m)

02 (지금까지 입장한 사람 수)=283+219=502(명)
⇨ (더 입장할 수 있는 사람 수)
=600−502=98(명)

다른 풀이
(더 입장할 수 있는 사람 수)
=600−(오전에 입장한 사람 수)−(오후에 입장한 사람 수)
=600−283−219=317−219=98(명)

03 두 수의 백의 자리 숫자를 비교하면 4<5이므로 찢어진 종이에 적힌 수가 더 큰 수입니다.
찢어진 종이에 적힌 세 자리 수를 □라 하면
두 수의 합이 407+□=910이므로
□=910−407, □=503입니다.

04 네 수의 크기를 비교하면 649>586>567>493이므로 계산 결과가 가장 크게 되도록 식을 만들면
(가장 큰 수)−(가장 작은 수)+(두 번째로 큰 수)
=649−493+586=156+586=742입니다.

05 • ◆−274=396 → ◆=396+274, ◆=670
• 485+★=◆에서 485+★=670
→ ★=670−485, ★=185

06 백의 자리 숫자의 차가 가장 작은 두 수는 766과 970, 308과 156이므로 차를 각각 구하면
970−766=204, 308−156=152입니다.
따라서 204>152이므로 차가 가장 작게 될 때의 차는 152입니다.

07 어떤 수를 □라 하면 잘못 계산한 식에서
□+534=891 → □=891−534, □=357
따라서 바르게 계산하면 357+543=900입니다.

08 195+333=528이므로
698−□>528에서 698−□=528일 때
698−528=□, □=170입니다.
698−□>528이어야 하므로 □ 안에는 170보다 작은 수가 들어가야 합니다.
따라서 □ 안에 들어갈 수 있는 세 자리 수 중에서 가장 큰 수는 169입니다.

09 수 카드의 수의 크기를 비교하면
9>7>6>4>0이므로
가장 큰 세 자리 수: 976, 가장 작은 세 자리 수: 406
⇨ 가장 큰 수와 가장 작은 수의 합: 976+406=1382

10 백의 자리 계산 ★−♥에서 ★>♥이므로
십의 자리 계산 ♥−★은 백의 자리에서 받아내림이 있는 계산입니다.
〈백의 자리 계산〉
십의 자리로 받아내림이 있고, 일의 자리 계산에서
★−♥=3이므로
★−1−♥=3−1=2, ♥=2입니다.
〈일의 자리 계산〉
★−♥=3에서 ★−2=3, 3+2=★, ★=5

11 두 수의 차가 305이므로 작은 수를 □라 하면
큰 수는 □+305입니다.
두 수의 합이 985이므로 □+□+305=985,
□+□=680에서 340+340=680 → □=340
따라서 (작은 수)=340이므로
(큰 수)=340+305=645입니다.

12 (색 테이프 3장의 길이의 합)
=218+218+218=654 (cm)
(겹쳐진 부분의 길이의 합)=654−594=60 (cm)
⇨ 겹쳐진 부분은 2군데이고 30+30=60이므로
(겹쳐진 한 부분의 길이)=30 cm

2 평면도형

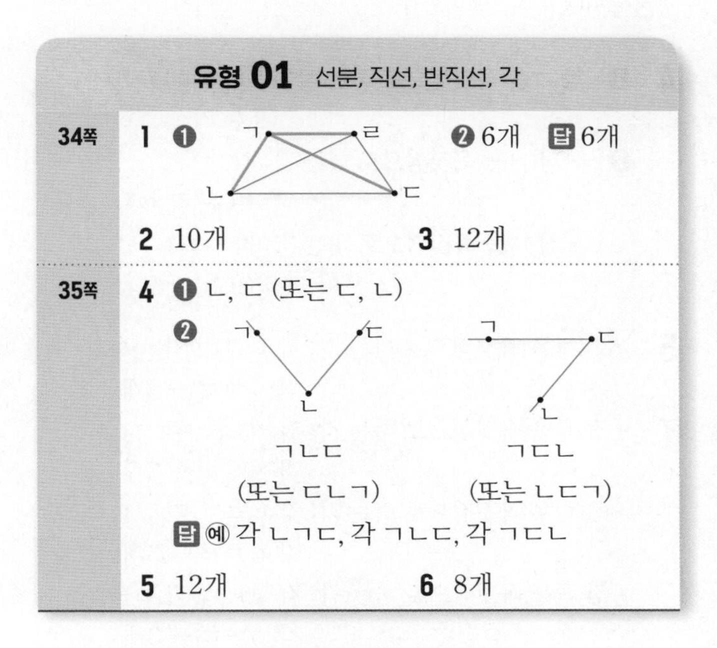
유형 01 선분, 직선, 반직선, 각

34쪽
1 ❶ (그림) ❷ 6개 답 6개
2 10개 3 12개

35쪽
4 ❶ ㄴ, ㄷ (또는 ㄷ, ㄴ)
❷ ㄱㄴㄷ (또는 ㄷㄴㄱ) ㄱㄷㄴ (또는 ㄴㄷㄱ)
답 예 각 ㄴㄱㄷ, 각 ㄱㄴㄷ, 각 ㄱㄷㄴ
5 12개 6 8개

1 ❶ • 점 ㄱ에서 그을 수 있는 선분: 3개
• 점 ㄴ에서 그을 수 있는 선분:
선분 ㄱㄴ을 제외한 2개
• 점 ㄷ에서 그을 수 있는 선분:
선분 ㄱㄷ, 선분 ㄴㄷ을 제외한 1개
• 점 ㄹ에서 그을 수 있는 선분: 점 ㄱ, 점 ㄴ, 점 ㄷ에서 그은 선분과 모두 겹치므로 없습니다.
❷ 3+2+1=6(개)

2 5개의 점 중에서 2개의 점을 이어 그을 수 있는 직선은 모두 10개입니다.

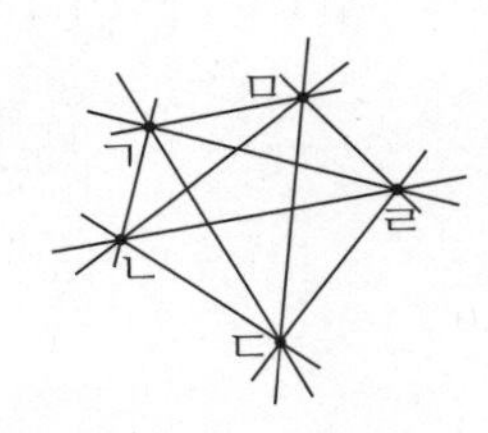

3 점 ㄱ, 점 ㄴ, 점 ㄷ, 점 ㄹ에서 그을 수 있는 반직선을 각각 나타내면

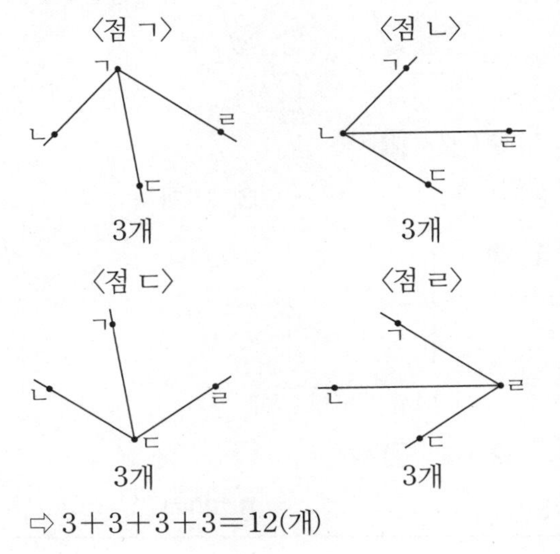

⇨ 3+3+3+3=12(개)

주의
반직선은 한 점에서 시작하여 한쪽으로 끝없이 늘인 곧은 선이므로 반직선 ㄱㄴ과 반직선 ㄴㄱ은 서로 다른 도형입니다.

4 ❶ 점 ㄱ을 꼭짓점으로 하는 각: 각 ㄴㄱㄷ
(또는 각 ㄷㄱㄴ)

❷ • 점 ㄴ을 꼭짓점으로 하는 각: 각 ㄱㄴㄷ
(또는 각 ㄷㄴㄱ)
• 점 ㄷ을 꼭짓점으로 하는 각: 각 ㄱㄷㄴ
(또는 각 ㄴㄷㄱ)

5 • 점 ㄱ을 꼭짓점으로 하는 각: 각 ㄴㄱㄷ, 각 ㄷㄱㄹ, 각 ㄴㄱㄹ → 3개
• 점 ㄴ을 꼭짓점으로 하는 각: 각 ㄱㄴㄹ, 각 ㄹㄴㄷ, 각 ㄱㄴㄷ → 3개
• 점 ㄷ을 꼭짓점으로 하는 각: 각 ㄴㄷㄱ, 각 ㄱㄷㄹ, 각 ㄴㄷㄹ → 3개
• 점 ㄹ을 꼭짓점으로 하는 각: 각 ㄱㄹㄴ, 각 ㄴㄹㄷ, 각 ㄱㄹㄷ → 3개

⇨ $3+3+3+3=12$(개)

6 • 점 ㄱ을 꼭짓점으로 하는 직각: 각 ㄴㄱㄹ → 1개
• 점 ㄴ을 꼭짓점으로 하는 직각: 각 ㄱㄴㄷ → 1개
• 점 ㄷ을 꼭짓점으로 하는 직각: 각 ㄴㄷㄹ → 1개
• 점 ㄹ을 꼭짓점으로 하는 직각: 각 ㄷㄹㄱ → 1개
• 점 ㅁ을 꼭짓점으로 하는 직각:
각 ㄱㅁㄴ, 각 ㄴㅁㄷ, 각 ㄷㅁㄹ, 각 ㄹㅁㄱ → 4개

⇨ $1+1+1+1+4=8$(개)

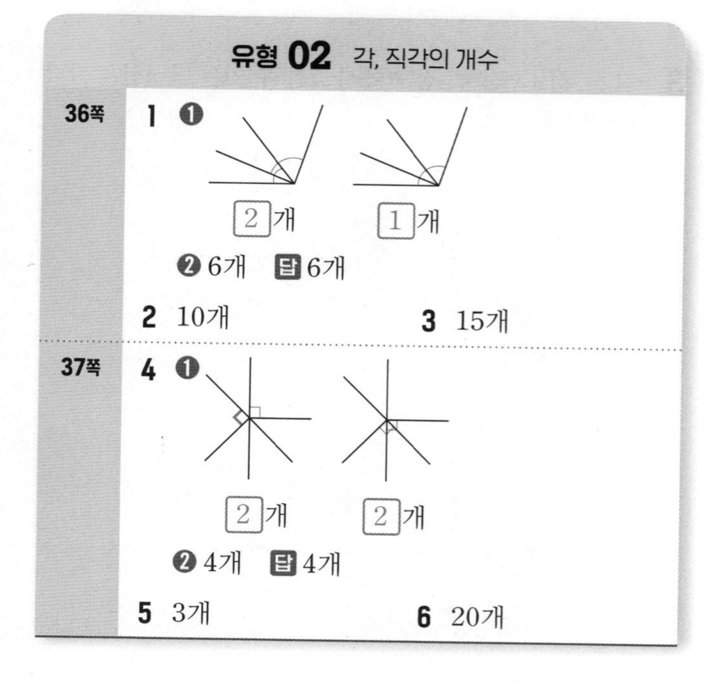

유형 02 각, 직각의 개수
36쪽
1 ❶
2개
1개
❷ 6개 답 6개
2 10개
3 15개
37쪽
4 ❶
2개
2개
❷ 4개 답 4개
5 3개
6 20개

1 ❶ 〈각 1개짜리〉 〈각 2개짜리〉 〈각 3개짜리〉

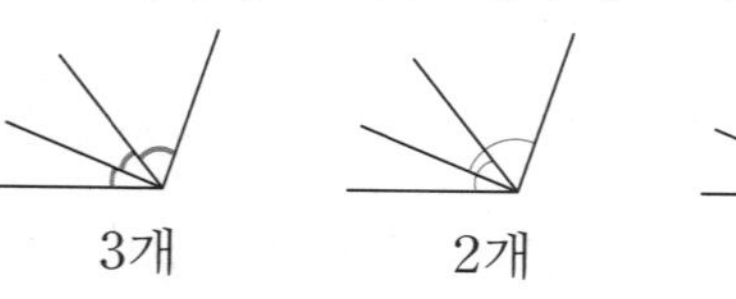

3개 2개 1개

❷ $3+2+1=6$(개)

2 각 1개, 각 2개, 각 3개, 각 4개로 이루어진 각을 나타내면

〈각 1개짜리〉 〈각 2개짜리〉 〈각 3개짜리〉 〈각 4개짜리〉

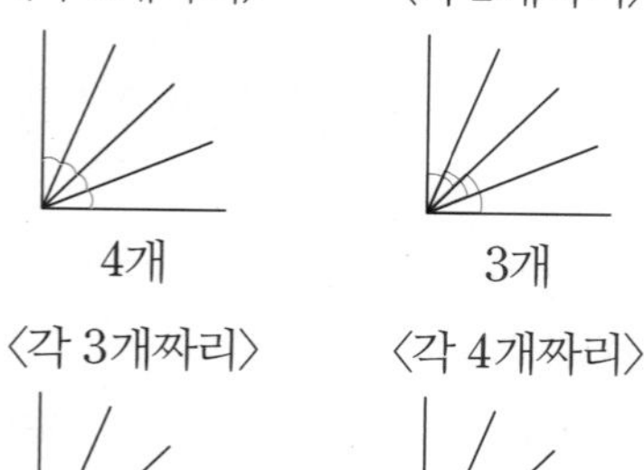

4개 3개 2개 1개

⇨ 도형에서 찾을 수 있는 각은 모두 $4+3+2+1=10$(개)입니다.

3 각 1개, 각 2개, 각 3개, 각 4개, 각 5개로 이루어진 각을 나타내면

〈각 1개짜리〉 〈각 2개짜리〉 〈각 3개짜리〉

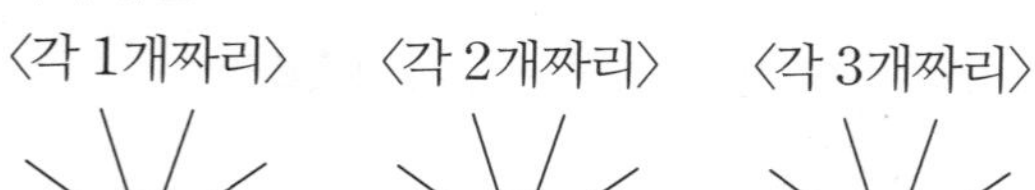
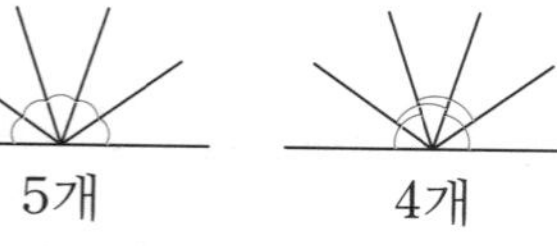
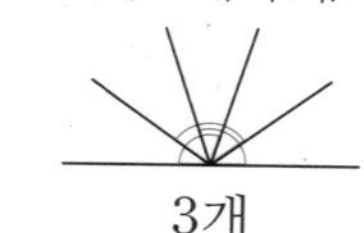

5개 4개 3개

〈각 4개짜리〉 〈각 5개짜리〉

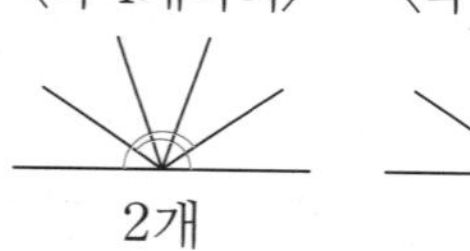

2개 1개

⇨ 도형에서 찾을 수 있는 각은 모두 $5+4+3+2+1=15$(개)입니다.

4 ❶ 〈각 1개짜리〉 〈각 2개짜리〉

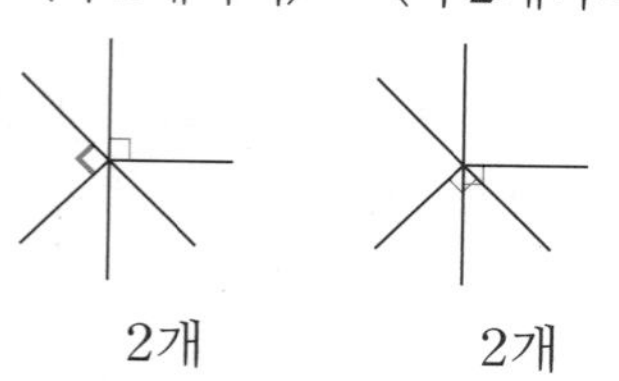

2개 2개

❷ $2+2=4$(개)

5 각 2개, 각 4개로 이루어진 직각을 나타내면

〈각 2개짜리〉 〈각 4개짜리〉

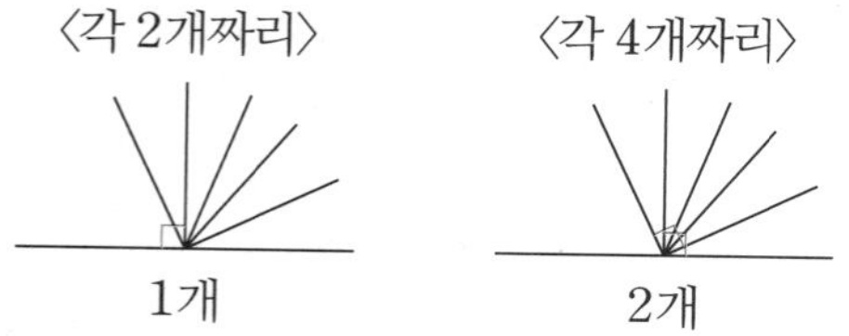

1개 2개

⇨ 도형에서 찾을 수 있는 직각은 모두 $1+2=3$(개)입니다.

6 각 1개, 각 2개로 이루어진 직각을 나타내면

〈각 1개짜리〉 〈각 2개짜리〉

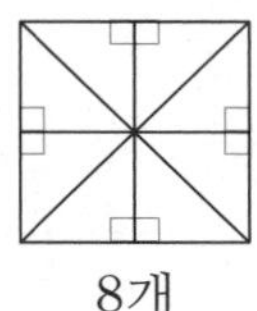

8개

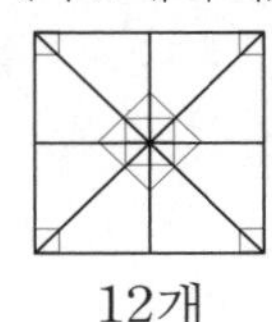

12개

⇨ 도형에서 찾을 수 있는 직각은 모두 8+12=20(개)입니다.

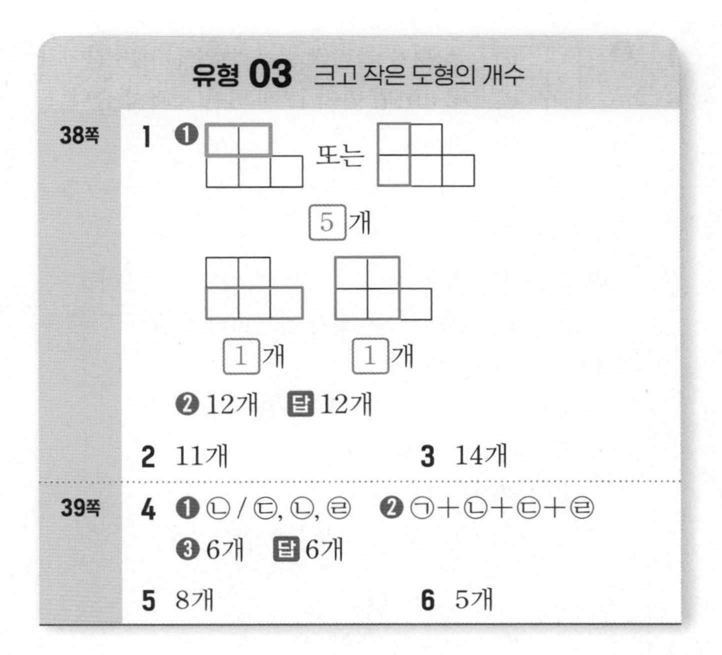

유형 03 크고 작은 도형의 개수

38쪽	**1** ❶ 5개 / 1개 / 1개 ❷ 12개 답 12개
	2 11개 **3** 14개
39쪽	**4** ❶ ㉡ / ㉢, ㉡, ㉣ ❷ ㉠+㉡+㉢+㉣ ❸ 6개 답 6개
	5 8개 **6** 5개

1 ❶ 〈1개짜리〉 5개 〈2개짜리〉 5개

〈3개짜리〉 1개 〈4개짜리〉 1개

❷ 5+5+1+1=12(개)

2 • 작은 정사각형 1개짜리: □ → 5개

• 작은 정사각형 2개짜리: □□ 또는 □ → 4개

• 작은 정사각형 3개짜리: □□□ 또는 □ → 2개

⇨ 도형에서 찾을 수 있는 크고 작은 직사각형은 모두 5+4+2=11(개)입니다.

3 • 작은 정사각형 1개짜리: □ → 9개

• 작은 정사각형 4개짜리: ⊞ → 4개

• 작은 정사각형 9개짜리: ⊞ → 1개

⇨ 도형에서 찾을 수 있는 크고 작은 정사각형은 모두 9+4+1=14(개)입니다.

4 ❶ • 작은 도형 1개짜리: ㉠, ㉡ → 2개

• 작은 도형 2개짜리: ㉠+㉡, ㉠+㉢, ㉡+㉣ → 3개

❷ 작은 도형 4개짜리: ㉠+㉡+㉢+㉣ → 1개

❸ 2+3+1=6(개)

5

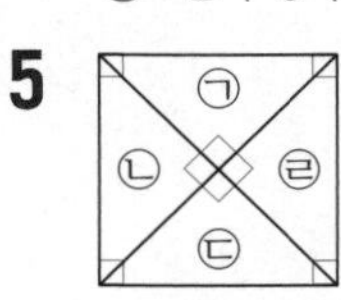

• 작은 도형 1개짜리: ㉠, ㉡, ㉢, ㉣ → 4개

• 작은 도형 2개짜리: ㉠+㉡, ㉡+㉢, ㉢+㉣, ㉠+㉣ → 4개

⇨ 도형에서 찾을 수 있는 크고 작은 직각삼각형은 모두 4+4=8(개)입니다.

6

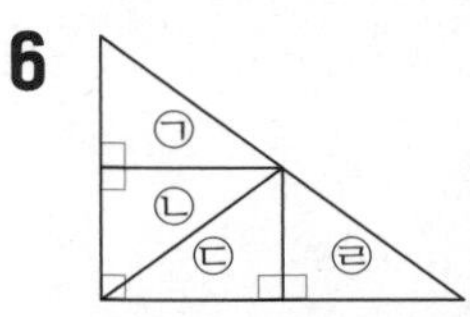

• 작은 도형 1개짜리: ㉠, ㉡, ㉢, ㉣ → 4개

• 작은 도형 4개짜리: ㉠+㉡+㉢+㉣ → 1개

⇨ 도형에서 찾을 수 있는 크고 작은 직각삼각형은 모두 4+1=5(개)입니다.

유형 04 직사각형, 정사각형에서 변의 길이

40쪽	**1** ❶ 80 / 80 ❷ 20 ❸ 20 cm 답 20 cm
	2 8 cm **3** 9 cm
41쪽	**4** ❶ 15, 15 ❷ 11 ❸ 11 cm 답 11 cm
	5 10 cm **6** 22
42쪽	**7** ❶ 6 ❷ 7 ❸ 7 답 7
	8 12 **9** 9

1 ❶ 네 변의 길이의 합이 80이므로

■+■+■+■=80

⇨ 4번 더해서 80이 되는 수를 찾습니다.

❷ 20+20+20+20=80이므로 ■=20

❸ 정사각형의 한 변의 길이는 20 cm입니다.

2 정사각형의 한 변의 길이를 □cm라 하면

□+□+□+□=32이고

8+8+8+8=32이므로 □=8

⇨ 정사각형의 한 변의 길이는 8 cm입니다.

3 (직사각형의 네 변의 길이의 합)$=11+7+11+7$
$=36$ (cm)
만든 정사각형의 한 변의 길이를 □cm라 하면
□+□+□+□$=36$이고
$9+9+9+9=36$이므로 □$=9$
⇨ 만든 정사각형의 한 변의 길이는 9 cm입니다.

4 ❶ 직사각형의 세로를 ■ cm라 하면
$15+$■$+15+$■$=52$
❷ $15+$■$+15+$■$=52$, $30+$■$+$■$=52$,
■$+$■$=22$이고 $11+11=22$이므로 ■$=11$
❸ 직사각형의 세로는 11 cm입니다.

5 직사각형의 가로를 □cm라 하면
□$+14+$□$+14=48$, □$+$□$+28=48$,
□$+$□$=20$이고 $10+10=20$이므로 □$=10$
⇨ 직사각형의 가로는 10 cm입니다.

6 (직사각형의 네 변의 길이의 합)
$=$(정사각형의 네 변의 길이의 합)
$=19+19+19+19=76$ (cm)
$16+$□$+16+$□$=76$, $32+$□$+$□$=76$,
□$+$□$=44$이고 $22+22=44$이므로 □$=22$

7 ❶ 정사각형에서 네 변의 길이가 모두 같으므로 ㉡$=6$
❷ ㉠과 ㉡의 길이의 합이 13 cm이므로
㉠$=13-$㉡$=13-6=7$
❸ 직사각형에서 마주 보는 두 변의 길이가 같으므로
□$=$㉠$=7$입니다.

8
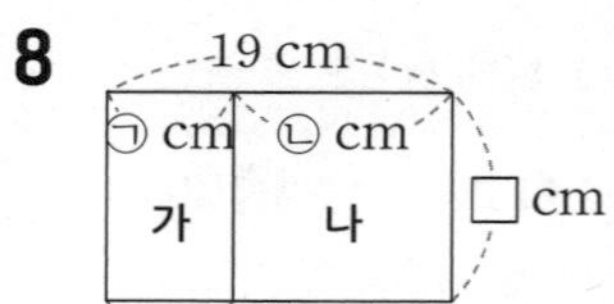

직사각형 **가**에서 마주 보는 두 변의 길이가 같으므로
㉠$=7$
㉠과 ㉡의 길이의 합이 19 cm이므로
㉡$=19-$㉠$=19-7=12$
⇨ 정사각형 **나**에서 네 변의 길이가 모두 같으므로
□$=$㉡$=12$입니다.

9
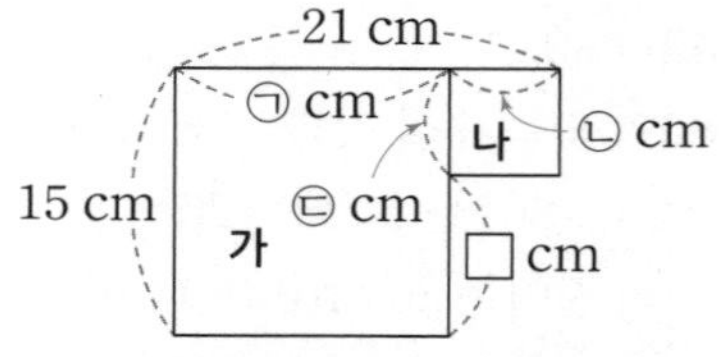

정사각형 **가**에서 네 변의 길이가 모두 같으므로 ㉠$=15$
㉠과 ㉡의 길이의 합이 21 cm이므로
㉡$=$㉢$=21-15=6$
⇨ □$=15-$㉢$=15-6=9$

유형 05 이어 붙여서 만든 도형의 둘레

43쪽
1 ❶ 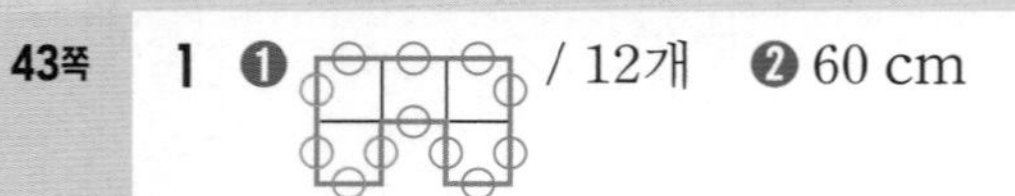 / 12개 ❷ 60 cm
답 60 cm
2 120 cm　3 63 cm

44쪽
4 ❶ 8 / 8, 21 ❷ 68 cm 답 68 cm
5 66 cm　6 62 cm

1 ❶ 도형을 둘러싼 굵은 선의 길이는 길이가 5 cm인 변이 12개 있는 것과 같습니다.
❷ (굵은 선의 길이)
$=5+5+5+5+5+5+5+5+5+5+5+5$
$=60$ (cm)

2 도형을 둘러싼 굵은 선의 길이는 길이가 10 cm인 변이 12개 있는 것과 같습니다.
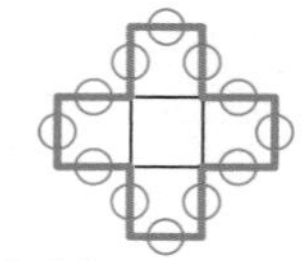
⇨ (굵은 선의 길이)
$=10+10+10+10+10+10+10+10$
$+10+10+10+10$
$=120$ (cm)

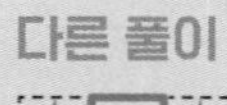

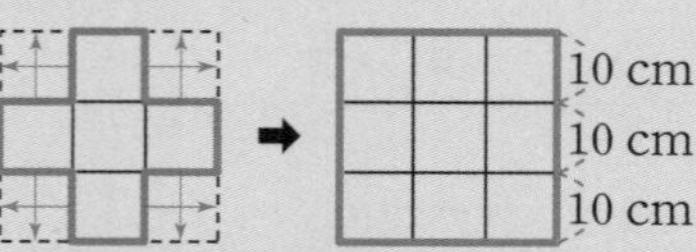

그림과 같이 변을 옮기면 굵은 선의 길이는 한 변의 길이가 $10+10+10=30$ (cm)인 정사각형의 네 변의 길이의 합과 같습니다.
⇨ (굵은 선의 길이)$=30+30+30+30=120$ (cm)

3 (삼각형의 한 변의 길이)
$=$(정사각형의 한 변의 길이)
$=7$ cm
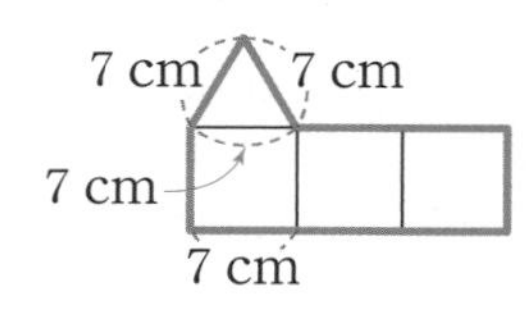

도형을 둘러싼 굵은 선의 길이는 길이가 7 cm인 변이 9개 있는 것과 같습니다.
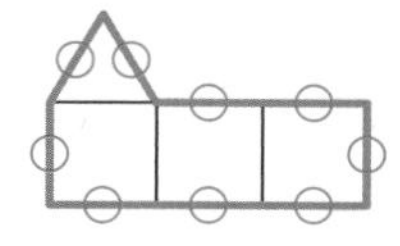
⇨ (굵은 선의 길이)
$=7+7+7+7+7+7+7+7+7$
$=7\times9=63$ (cm)

4 ❶
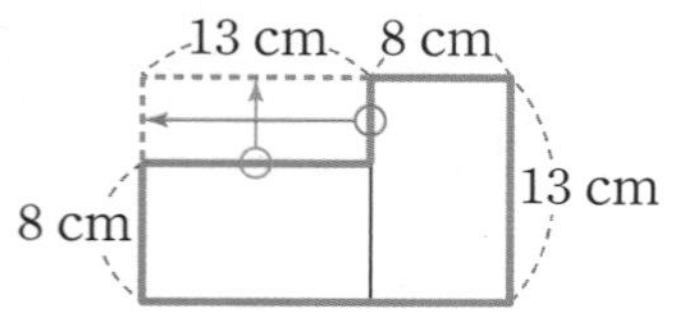

⇨ 가로가 $13+8=21$(cm), 세로가 13 cm인 직사각형이 됩니다.

❷ 굵은 선의 길이는 가로가 21 cm, 세로가 13 cm인 직사각형의 네 변의 길이의 합과 같으므로
(굵은 선의 길이)=21+13+21+13=68 (cm)

5

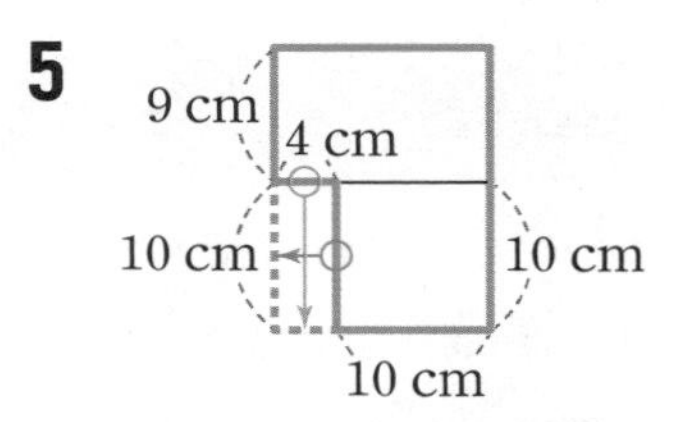

변을 옮기면 굵은 선의 길이는 가로가 4+10=14 (cm), 세로가 9+10=19 (cm)인 직사각형의 네 변의 길이의 합과 같습니다.
⇨ (굵은 선의 길이)=14+19+14+19
=66 (cm)

6

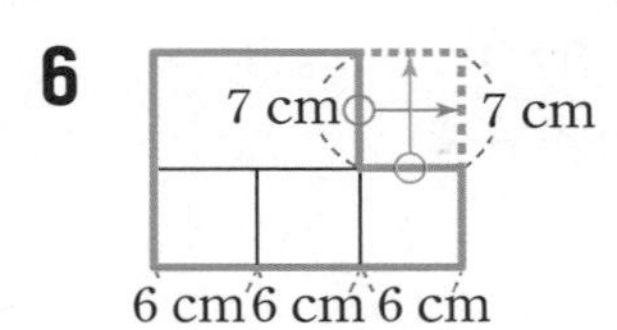

변을 옮기면 굵은 선의 길이는 가로가 6+6+6=18 (cm), 세로가 7+6=13 (cm)인 직사각형의 네 변의 길이의 합과 같습니다.
⇨ (굵은 선의 길이)=18+13+18+13
=62 (cm)

단원 2 유형 마스터

45쪽	01 6개	02 9개	03 10개
46쪽	04 10개	05 13 cm	06 6개
47쪽	07 15개	08 49개	09 128 cm

01

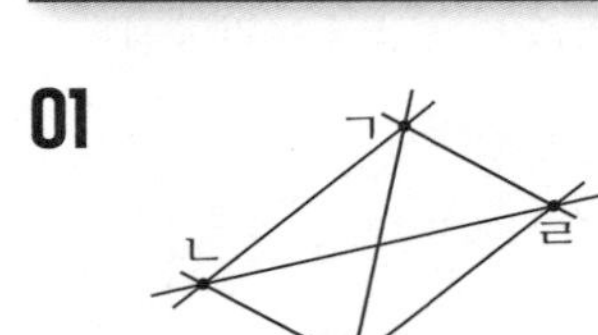

4개의 점 중에서 2개의 점을 이어 그을 수 있는 직선은 모두 6개입니다.

02 각 1개, 각 2개로 이루어진 각을 나타내면
〈각 1개짜리〉 〈각 2개짜리〉

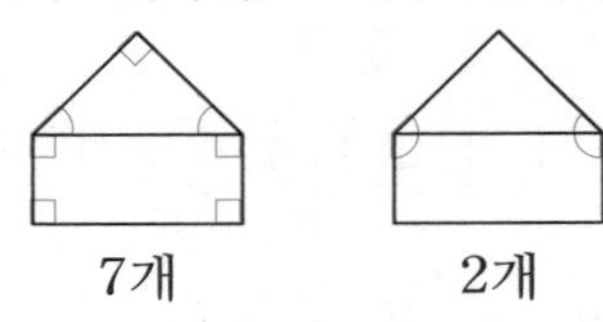

7개 2개
⇨ 도형에서 찾을 수 있는 각은 모두 7+2=9(개)입니다.

03 각 1개, 각 2개, 각 3개, 각 4개로 이루어진 각을 나타내면
〈각 1개짜리〉 〈각 2개짜리〉
〈각 3개짜리〉 〈각 4개짜리〉

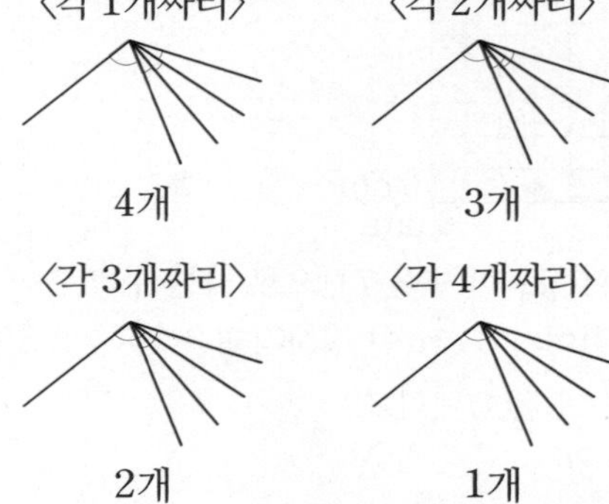

⇨ 도형에서 찾을 수 있는 각은 모두
4+3+2+1=10(개)입니다.

04 두 도형에서 찾을 수 있는 직각을 각각 찾아보면

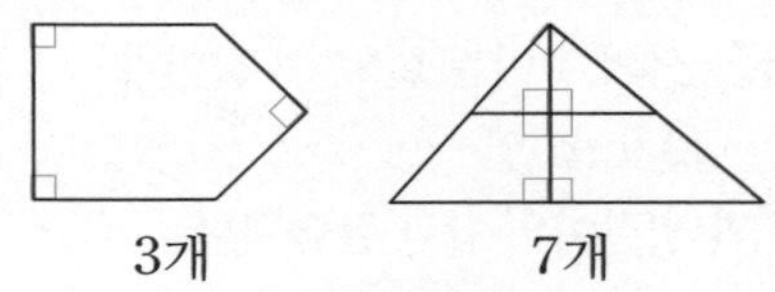

3개 7개
⇨ 두 도형에서 찾을 수 있는 직각은 모두
3+7=10(개)입니다.

05 직사각형의 세로를 □cm라 하면
17+□+17+□=60, 34+□+□=60,
□+□=26이고 13+13=26이므로 □=13
⇨ 직사각형의 세로는 13 cm입니다.

06

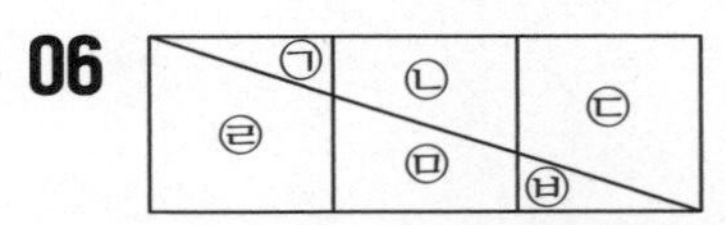

• 작은 도형 1개짜리: ㉠, ㉥ → 2개
• 작은 도형 2개짜리: ㉠+㉡, ㉤+㉥ → 2개
• 작은 도형 3개짜리: ㉠+㉡+㉢, ㉣+㉤+㉥ → 2개
⇨ 도형에서 찾을 수 있는 크고 작은 직각삼각형은 모두
2+2+2=6(개)입니다.

07

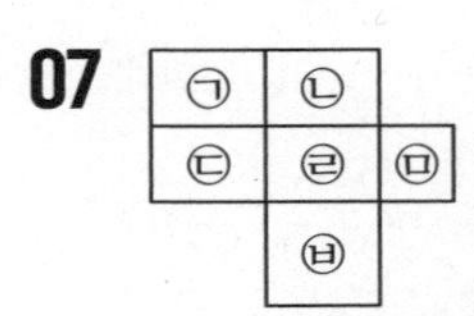

• 작은 직사각형 1개짜리: ㉠, ㉡, ㉢, ㉣, ㉤, ㉥ → 6개
• 작은 직사각형 2개짜리: ㉠+㉡, ㉢+㉣, ㉣+㉤, ㉠+㉢, ㉡+㉣, ㉣+㉥ → 6개
• 작은 직사각형 3개짜리: ㉡+㉣+㉥, ㉢+㉣+㉤ → 2개
• 작은 직사각형 4개짜리: ㉠+㉡+㉢+㉣ → 1개
⇨ 도형에서 찾을 수 있는 크고 작은 직사각형은 모두
6+6+2+1=15(개)입니다.

08

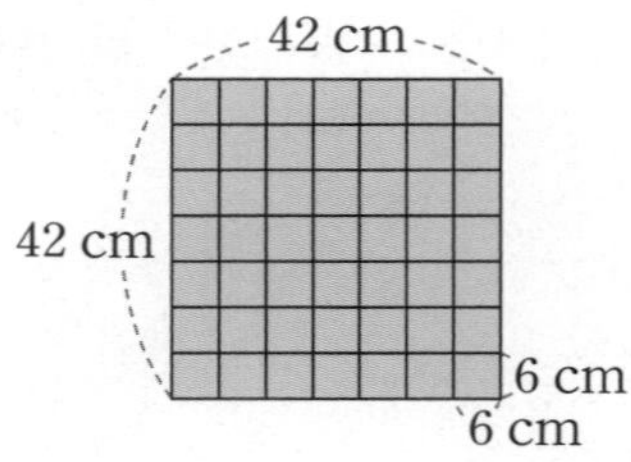

6×7=42이므로 한 변을 7칸으로 나눌 수 있습니다.
⇨ 한 변의 길이가 6 cm인 정사각형을 7×7=49(개)까지 만들 수 있습니다.

09

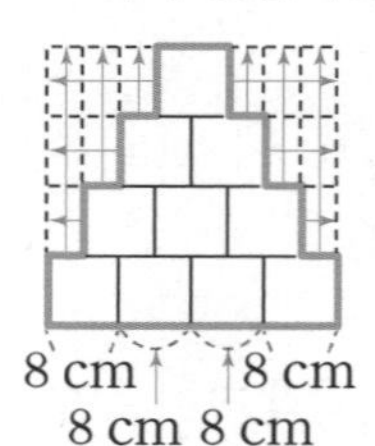

변을 옮기면 굵은 선의 길이는 한 변의 길이가 8+8+8+8=32 (cm)인 정사각형의 네 변의 길이의 합과 같습니다.
⇨ (굵은 선의 길이)
=32+32+32+32=128 (cm)

3 나눗셈

유형 01 나눗셈의 활용

50쪽	1 ❶ 3개 ❷ 7대 답 7대 2 8마리 3 3시간
51쪽	4 ❶ 54개 ❷ 9개 답 9개 5 3개 6 2봉지

1 ❶ 세발자전거 한 대의 바퀴 수는 3개입니다.
❷ (세발자전거의 수)
=(전체 세발자전거의 바퀴 수)
÷(세발자전거 한 대의 바퀴 수)
=21÷3=7(대)

2 돼지의 다리 수는 4개이므로
(돼지의 수)=(전체 돼지의 다리 수)÷4
=32÷4=8(마리)

3 일주일은 7일이므로
(하루에 읽어야 할 쪽수)=63÷7=9(쪽)
(하루에 읽어야 할 시간)=9÷3=3(시간)

4 ❶ (오전과 오후에 만든 떡의 수)
=(오전에 만든 떡의 수)+(오후에 만든 떡의 수)
=26+28=54(개)
❷ (한 상자에 담은 떡의 수)
=54÷6=9(개)

5 (삶은 달걀의 수)=30−3=27(개)
(한 사람이 먹은 달걀의 수)=27÷9=3(개)

6 (구슬을 나누어 담은 봉지의 수)=64÷8=8(봉지)
(한 사람이 가지게 되는 봉지의 수)=8÷4=2(봉지)

유형 02 규칙을 찾아 나눗셈 활용하기

52쪽	1 ❶ 8 2 7/8 2 7/8 2 7/…… ❷ 5/5, 7 답 7 2 9 3 ●
53쪽	4 ❶ 4 3 2 1/4 3 2 1/4 3 2 1/……, 4 ❷ 1, 4 답 4 5 2 6 검은색

1 ❶ 8 2 7 / 8 2 7 / 8 2 7 / ……
되풀이되는 수: 8, 2, 7
❷ 한 묶음 안의 수는 3개이고 $15 \div 3 = 5$이므로
15번째 수는 5번째 묶음의 마지막 수인 7입니다.

2 0 3 6 9 / 0 3 6 9 / 0 3 6 9 / ……
되풀이되는 수: 0, 3, 6, 9
→ 한 묶음 안의 수는 4개
$28 \div 4 = 7$이므로 28번째 수는 7번째 묶음의 마지막 수인 9입니다.

3 ■♥▼▼● / ■♥▼▼● / ■♥ ……
되풀이되는 모양: ■♥▼▼●
→ 한 묶음 안의 모양의 수는 5개
$30 \div 5 = 6$이므로 30번째에 올 모양은 6번째 묶음의 마지막 모양인 ●입니다.

4 ❶ 4 3 2 1 / 4 3 2 1 / 4 3 2 1 / ……
→ 되풀이되는 수: 4, 3, 2, 1
한 묶음 안의 수의 개수: 4개
❷ 21은 4로 나누어지지 않고 $20 \div 4 = 5$이므로
20번째 수는 5번째 묶음의 마지막 수인 1입니다.
21번째 수는 6번째 묶음의 첫 번째 수인 4입니다.

5 2 3 5 7 8 / 2 3 5 7 8 / 2 3 ……
되풀이되는 수: 2, 3, 5, 7, 8
→ 한 묶음 안의 수는 5개
$35 \div 5 = 7$이므로 35번째 수는 7번째 묶음의 마지막 수인 8이고, 36번째 수는 8번째 묶음의 첫 번째 수인 2입니다.

6 ○●●○○● / ○●●○○● / ○●●○○● / ……
되풀이되는 바둑돌: ○●●○○●
→ 한 묶음 안의 바둑돌의 수는 6개
$48 \div 6 = 8$이므로 48번째 바둑돌은 8번째 묶음의 마지막인 검은색, 49번째 바둑돌은 9번째 묶음의 첫 번째인 흰색, 50번째 바둑돌은 9번째 묶음의 두 번째인 검은색입니다.

유형 03 나누어지는 수 구하기

54쪽	1 ❶ ㉠: 6, ㉡: 5, ㉢: 4 ❷ ㉠, ㉡, ㉢ 답 ㉠, ㉡, ㉢	
	2 ㉢, ㉠, ㉡	3 4
55쪽	4 ❶ $4 \times 3 = 12$, $4 \times 4 = 16$ ❷ 2, 6 답 2, 6	
	5 0, 6	6 9
56쪽	7 ❶ $5 \times 6 = 30$, $5 \times 7 = 35$ ❷ $7 \times 5 = 35$ ❸ 5 답 5	
	8 8	9 4

1 ❶ ㉠ $42 \div 7 = \square \rightarrow 7 \times \square = 42$이고
7단 곱셈구구에서 $7 \times 6 = 42$이므로 $\square = 6$
㉡ $20 \div \square = 4 \rightarrow 4 \times \square = 20$이고
4단 곱셈구구에서 $4 \times 5 = 20$이므로 $\square = 5$
㉢ $\square \div 2 = 2 \rightarrow 2 \times 2 = \square$이고
2단 곱셈구구에서 $2 \times 2 = 4$이므로 $\square = 4$
❷ $6 > 5 > 4$이므로
□ 안에 알맞은 수가 큰 순서대로 기호를 쓰면 ㉠, ㉡, ㉢입니다.

2 ㉠ $\square \div 2 = 4 \rightarrow 2 \times 4 = \square$, $\square = 8$
㉡ $72 \div 8 = \square \rightarrow 8 \times \square = 72$
$8 \times 9 = 72$이므로 $\square = 9$
㉢ $21 \div \square = 7 \rightarrow 7 \times \square = 21$
$7 \times 3 = 21$이므로 $\square = 3$
⇨ $3 < 8 < 9$이므로 □ 안에 알맞은 수가 작은 순서대로 기호를 쓰면 ㉢, ㉠, ㉡입니다.

3 • $● \div 8 = 3 \rightarrow 8 \times 3 = ●$, $● = 24$
• $● \div ▲ = 6$에서 $24 \div ▲ = 6$
→ $6 \times ▲ = 24$
$6 \times 4 = 24$이므로 $▲ = 4$

4 ❶ 4단 곱셈구구에서 $4 \times 2 = 8$, $4 \times 3 = 12$, $4 \times 4 = 16$, $4 \times 5 = 20$……이므로
곱의 십의 자리 숫자가 1인 경우는 $4 \times 3 = 12$, $4 \times 4 = 16$입니다.
❷ $12 \div 4 = 3$, $16 \div 4 = 4$이므로
□ 안에 들어갈 수 있는 수는 2, 6입니다.

5 6단 곱셈구구에서 $6 \times 4 = 24$, $6 \times 5 = 30$, $6 \times 6 = 36$, $6 \times 7 = 42$……이므로
곱의 십의 자리 숫자가 3인 경우는 $6 \times 5 = 30$, $6 \times 6 = 36$입니다.
따라서 $30 \div 6 = 5$, $36 \div 6 = 6$이므로
□ 안에 들어갈 수 있는 수는 0, 6입니다.

6 7단 곱셈구구에서 $7 \times 5 = 35$, $7 \times 6 = 42$, $7 \times 7 = 49$, $7 \times 8 = 56$……이므로
7로 나누어지는 수 중에서 십의 자리 숫자가 4인 경우는 42, 49입니다.
따라서 몫이 가장 큰 경우는 $7 \times 7 = 49 \rightarrow 49 \div 7 = 7$이므로 □ 안에 알맞은 수는 9입니다.

7 ❶ $3\square \div 5$ → 5단 곱셈구구에서 $5 \times 6 = 30$,
$5 \times 7 = 35$
❷ $3\square \div 7$ → 7단 곱셈구구에서 $7 \times 5 = 35$
❸ 5와 7로 모두 나누어지는 수는 35이므로
□ 안에 알맞은 수는 5입니다.

8 4□÷6 → 6단 곱셈구구에서 $6\times7=42$, $6\times8=48$
4□÷8 → 8단 곱셈구구에서 $8\times5=40$, $8\times6=48$
따라서 6과 8로 모두 나누어지는 수는 48이므로
□ 안에 알맞은 수는 8입니다.

9 2□÷4 → 4단 곱셈구구에서 $4\times5=20$, $4\times6=24$, $4\times7=28$
2□÷3 → 3단 곱셈구구에서 $3\times7=21$, $3\times8=24$, $3\times9=27$
따라서 4와 3으로 모두 나누어지는 수는 24이므로
□ 안에 알맞은 수는 4입니다.

유형 04 수 카드로 나눗셈식 만들기

57쪽	**1** ❶ 13, 15, 16, 31, 35, 36, 51, 53, 56, 61, 63, 65 ❷ 16, 56 답 16, 56
	2 12, 24, 42 **3** 18, 45, 54, 81
58쪽	**4** ❶ 14 / 28, 42, 42, 6 ❷ $14\div2=7$, $42\div6=7$ 답 $14\div2=7$, $42\div6=7$
	5 $36\div4=9$, $63\div7=9$
	6 $16\div2=8$, $24\div3=8$, $32\div4=8$

1 ❷ $8\times2=16$에서 $16\div8=2$,
$8\times7=56$에서 $56\div8=7$이므로
8로 나누어지는 수는 16, 56입니다.

2 수 카드를 사용하여 만들 수 있는 두 자리 수:
12, 13, 14, 21, 23, 24, 31, 32, 34, 41, 42, 43
$6\times2=12$에서 $12\div6=2$,
$6\times4=24$에서 $24\div6=4$,
$6\times7=42$에서 $42\div6=7$이므로
수 카드를 사용하여 만든 두 자리 수 중에서
6으로 나누어지는 수는 12, 24, 42입니다.

3 수 카드를 사용하여 만들 수 있는 두 자리 수:
14, 15, 18, 41, 45, 48, 51, 54, 58, 81, 84, 85
$9\times2=18$에서 $18\div9=2$,
$9\times5=45$에서 $45\div9=5$,
$9\times6=54$에서 $54\div9=6$,
$9\times9=81$에서 $81\div9=9$이므로
수 카드를 사용하여 만든 두 자리 수 중에서
9로 나누어지는 수는 18, 45, 54, 81입니다.

4 ❶ $7\times1=7\rightarrow7\div1=7$, $7\times2=14\rightarrow14\div2=7$,
$7\times4=28\rightarrow28\div4=7$, $7\times6=42\rightarrow42\div6=7$
❷ $14\div2=7$, $42\div6=7$

5 9단 곱셈구구에서 곱하는 수가 3, 4, 6, 7일 때의 곱셈식을 몫이 9가 되는 나눗셈식으로 바꿔 보면
$9\times3=27\rightarrow27\div3=9$, $9\times4=36\rightarrow36\div4=9$,
$9\times6=54\rightarrow54\div6=9$, $9\times7=63\rightarrow63\div7=9$
이 중에서 주어진 수 카드를 사용하여 만들 수 있는 나눗셈식은 $36\div4=9$, $63\div7=9$입니다.

6 8단 곱셈구구에서 곱하는 수가 1, 2, 3, 4, 6일 때의 곱셈식을 몫이 8이 되는 나눗셈식으로 바꿔 보면
$8\times1=8\rightarrow8\div1=8$, $8\times2=16\rightarrow16\div2=8$,
$8\times3=24\rightarrow24\div3=8$, $8\times4=32\rightarrow32\div4=8$,
$8\times6=48\rightarrow48\div6=8$
이 중에서 주어진 수 카드를 사용하여 만들 수 있는 나눗셈식은 $16\div2=8$, $24\div3=8$, $32\div4=8$입니다.

유형 05 어떤 수 활용

59쪽	**1** ❶ 6, 24 ❷ 8 답 8
	2 3 **3** 2
60쪽	**4** ❶ ×에 ○표 ❷ 8 ❸ 4 답 4
	5 3 **6** 6
61쪽	**7** ❶ × / 15, 20, 25, 30 ❷ 작은 수: 6, 큰 수: 30 답 6, 30 또는 30, 6
	8 5, 40 또는 40, 5 **9** 48, 8

1 ❶ ■÷4=6 → 4×6=■, ■=24
❷ 어떤 수는 24이므로
어떤 수를 3으로 나눈 몫은 $24\div3=8$입니다.

2 어떤 수를 □라 하면 □÷6=2 → 6×2=□, □=12
이므로 어떤 수는 12입니다.
따라서 어떤 수를 4로 나눈 몫은 $12\div4=3$입니다.

3 어떤 수를 □라 하면 □÷4=4 → 4×4=□, □=16
이므로 어떤 수는 16입니다.
따라서 어떤 수를 ●로 나누면 몫이 8이 되므로
16÷●=8 → 8×●=16에서
$8\times2=16$이므로 ●=2

4 ❷ ■×2=16 → 16÷2=■, ■=8
❸ 어떤 수를 2로 나누면 $8\div2=4$입니다.

5 어떤 수를 □라 하면
잘못 계산한 식에서 □×3=27 → 27÷3=□, □=9
따라서 바르게 계산하면 $9\div3=3$입니다.

6 어떤 수를 □라 하면
잘못 계산한 식에서 $□\div9=4\rightarrow9\times4=□$, $□=36$
따라서 바르게 계산하면 $36\div6=6$입니다.

7 ❶ (큰 수)÷(작은 수)=5 → (작은 수)×5=(큰 수)

작은 수	1	2	3	4	5	6	……
큰 수	5	10	15	20	25	30	……

❷ $1+5=6$, $2+10=12$, $3+15=18$, $4+20=24$, $5+25=30$, $6+30=36$이므로 두 수의 합이 36이 되는 경우는 6과 30일 때입니다.

8 (큰 수)÷(작은 수)=8이므로 (작은 수)×8=(큰 수)가 되는 경우를 알아보면

작은 수	1	2	3	4	5	6	……
큰 수	8	16	24	32	40	48	……
두 수의 합	9	18	27	36	45	54	……

이 중에서 두 수의 합이 45가 되는 경우는 5와 40일 때입니다.

9 ㉠÷㉡=6이므로 ㉡×6=㉠이 되는 경우를 알아보면

㉡	1	2	3	4	5	6	7	8	……
㉠	6	12	18	24	30	36	42	48	……
두 수의 합	7	14	21	28	35	42	49	56	……

이 중에서 두 수의 합이 56이 되는 경우는 ㉠=48, ㉡=8일 때입니다.

유형 06 그림으로 이해하는 나눗셈의 활용

62쪽	1 ❶ 9도막 ❷ 8번 답 8번 2 4번 3 5 m
63쪽	4 ❶ 8군데 ❷ 9그루 답 9그루 5 12개 6 7 m

1 ❶ (나무 도막 수)=54÷6=9(도막)
❷ (자른 횟수)=(나무 도막 수)−1
=9−1=8(번)

2 (자른 도막의 수)=45÷9=5(도막)
(자른 횟수)=5−1=4(번)

3 (자른 도막의 수)=5+1=6(도막)
(자른 통나무 한 도막의 길이)=30÷6=5 (m)

4 ❶ (나무 사이의 간격 수)=56÷7=8(군데)
❷ (도로의 한쪽에 필요한 나무의 수)
=(나무 사이의 간격 수)+1
=8+1=9(그루)

5 (가로등 사이의 간격 수)=40÷8=5(군데)
(도로의 한쪽에 필요한 가로등의 수)=5+1=6(개)
⇨ (도로의 양쪽에 필요한 가로등의 수)
=6×2=12(개)

6 (깃발의 수)=(깃발 사이의 간격 수)+1이므로
(깃발 사이의 간격 수)=(깃발의 수)−1
=10−1=9(군데)
(깃발 사이의 간격)=63÷9=7 (m)

유형 07 시간, 거리, 빠르기에서 나눗셈의 활용

64쪽	1 ❶ 4, 4 ❷ 4 / 4, 5 답 5분 2 8분 3 35개
65쪽	4 ❶ 3, 9 ❷ 45 m ❸ 동하, 18 m 답 동하, 18 m 5 지수, 12 m 6 ㉯ 공장, 5개

1 ❷ 거북이 1분 동안 4 m를 가므로
(거북이 20 m를 가는 데 걸리는 시간)
=20÷(거북이 1분 동안 가는 거리)
=20÷4=5(분)

2 (달팽이가 1분 동안 가는 거리)=15÷3=5 (cm)
(달팽이가 40 cm를 가는 데 걸리는 시간)
=40÷(달팽이가 1분 동안 가는 거리)
=40÷5=8(분)

3 20분=10분+10분이므로
(기계가 10분 동안 만들 수 있는 부품의 수)
=14÷2=7(개)
(기계가 50분 동안 만들 수 있는 부품의 수)
=7×5=35(개)

4 ❶ (예은이가 27 m를 달리는 데 걸린 시간)
=27÷(예은이가 1초에 달리는 거리)
=27÷3=9(초)
❷ (동하가 9초 동안 달린 거리)
=(동하가 1초에 달리는 거리)×9
=5×9=45 (m)
❸ 27 m<45 m이므로 동하가 예은이보다 45−27=18 (m) 더 앞서 있습니다.

5 (지수가 36 m를 달리는 데 걸린 시간)
$=36\div$(지수가 1초에 달리는 거리)
$=36\div 6=6$(초)
(다희가 6초 동안 달린 거리)
$=$(다희가 1초에 달리는 거리)$\times 6$
$=4\times 6=24$ (m)
⇨ 36 m$>$24 m이므로 지수가 다희보다
$36-24=12$ (m) 더 앞서 있습니다.

> **다른 풀이**
> (지수가 36 m를 달리는 데 걸린 시간)$=36\div 6=6$(초)
> 지수가 다희보다 1초에 2 m씩 더 빠르게 달리므로
> 6초 후에는 지수가 $2\times 6=12$ (m) 더 앞서 있습니다.

6 (㉯ 공장에서 장난감 25개를 만드는 데 걸린 시간)
$=25\div$(㉯ 공장에서 1분에 만드는 장난감 수)
$=25\div 5=5$(분)
(㉮ 공장에서 5분 동안 만드는 장난감 수)
$=$(㉮ 공장에서 1분에 만드는 장난감 수)$\times 5$
$=4\times 5=20$(개)
⇨ 20개$<$25개이므로 ㉯ 공장에서 ㉮ 공장보다 장난감을
$25-20=5$(개) 더 많이 만들었습니다.

유형 08 도형에서 나눗셈의 활용

66쪽	1 ❶ 9 cm ❷ 36 cm 답 36 cm	
	2 16 cm	3 70 cm
67쪽	4 ❶ 10, 10, 34 / 14, 7 ❷ 7 cm 답 7 cm	
	5 6 cm	6 4 cm
68쪽	7 ❶ 7 cm ❷ 36 cm 답 36 cm	
	8 46 cm	9 8개

1 ❶ 직사각형의 네 변의 길이의 합은 정사각형의 한 변의 길이의 6배이므로
(정사각형의 한 변의 길이)$=54\div 6=9$ (cm)
❷ (정사각형의 네 변의 길이의 합)$=9\times 4=36$ (cm)

2 큰 정사각형의 네 변의 길이의 합은 작은 정사각형의 한 변의 길이의 8배이므로
(작은 정사각형의 한 변의 길이)$=32\div 8=4$ (cm)
⇨ (작은 정사각형의 네 변의 길이의 합)
$=4\times 4=16$ (cm)

3 (가장 작은 정사각형의 한 변의 길이)$=28\div 4=7$ (cm)
(직사각형의 가로)$=7\times 3=21$ (cm),
(직사각형의 세로)$=7\times 2=14$ (cm)
⇨ (처음 직사각형 모양 종이의 네 변의 길이의 합)
$=21+14+21+14=70$ (cm)

4 ❶ $10+■+10+■=34$, $20+■+■=34$,
$■+■=14$, $■\times 2=14$
→ $14\div 2=■$, $■=7$
❷ 직사각형의 세로는 7 cm입니다.

5 직사각형의 가로를 □ cm라 하면
$□+9+□+9=30$, $□+□+18=30$, $□+□=12$,
$□\times 2=12$ → $12\div 2=□$, $□=6$
따라서 직사각형의 가로는 6 cm입니다.

6 직사각형의 세로를 □ cm라 하면
$5+□+5+□=28$, $□+□+10=28$, $□+□=18$,
$□\times 2=18$ → $18\div 2=□$, $□=9$
따라서 직사각형의 세로는 9 cm이므로 가로와 세로의 차는 $9-5=4$ (cm)입니다.

7 ❶ (가장 작은 직사각형의 가로)$=21\div 3=7$ (cm)
❷ 가장 작은 직사각형의 가로는 7 cm, 세로는 11 cm이므로
(가장 작은 직사각형의 네 변의 길이의 합)
$=7+11+7+11=36$ (cm)

8 (가장 작은 직사각형의 가로)$=45\div 5=9$ (cm),
(가장 작은 직사각형의 세로)$=14$ cm
⇨ (가장 작은 직사각형의 네 변의 길이의 합)
$=9+14+9+14=46$ (cm)

9
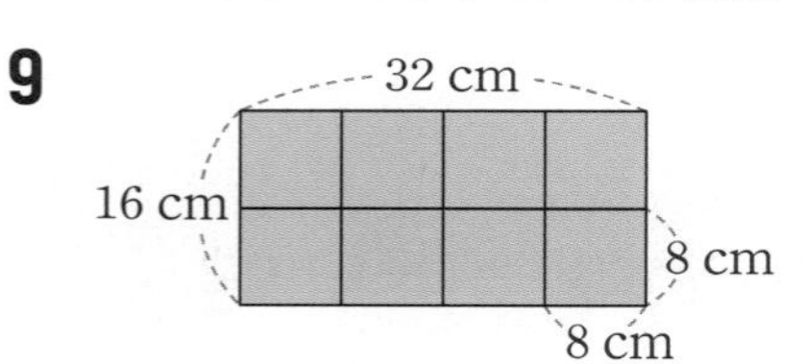

$32\div 8=4$, $16\div 8=2$이므로
⇨ 한 변의 길이가 8 cm인 정사각형을 $4\times 2=8$(개)까지 만들 수 있습니다.

단원 3 유형 마스터

69쪽	01 6개	02 35, 7	03 6줄
70쪽	04 2	05 12	06 21, 63
71쪽	07 8 cm	08 40분	09 16그루

01 서준이와 민서 2명이 똑같이 나누어 먹어야 하므로
(한 사람이 먹을 수 있는 사탕 수)=12÷2=6(개)

02 • ★×6=42 → ★=42÷6=7
• ◆÷5=★에서 ◆÷5=7 → ◆=5×7=35

03 (운동장에 서 있는 학생 수)=3×8=24(명)
(한 줄에 4명씩 세울 때 줄 수)=24÷4=6(줄)

04 어떤 수를 □라 하면
잘못 계산한 식에서 □×4=32 → 32÷4=□, □=8
따라서 바르게 계산하면 8÷4=2입니다.

05 3 6 9 / 3 6 9 / 3 6 9 / 3 6 ……
되풀이되는 수: 3, 6, 9 → 한 묶음 안의 수는 3개
18÷3=6이므로 18번째 수는 6번째 묶음의 마지막 수인 9입니다.
24÷3=8이므로 24번째 수는 8번째 묶음의 마지막 수인 9이고, 25번째 수는 9번째 묶음의 첫 번째 수인 3입니다.
⇨ (18번째 수)+(25번째 수)=9+3=12

06 수 카드를 사용하여 만들 수 있는 두 자리 수:
12, 13, 16, 21, 23, 26, 31, 32, 36, 61, 62, 63
7×3=21에서 21÷7=3, 7×9=63에서
63÷7=9이므로 수 카드를 사용하여 만든 두 자리 수 중에서 7로 나누어지는 수는 21, 63입니다.

07 직사각형의 가로를 □cm라 하면
□+10+□+10=36, □+□+20=36,
□+□=16, □×2=16 → 16÷2=□, □=8
따라서 직사각형의 가로는 8 cm가 됩니다.

08 (자른 도막의 수)=15÷3=5(도막)이므로
(자른 횟수)=5−1=4(번)
(철근을 모두 자르는 데 걸리는 시간)
=10+10+10+10=40(분)

09 (정사각형의 한 변에 심을 나무 사이의 간격 수)
=32÷8=4(군데)
(정사각형의 한 변에 심을 나무의 수)
=4+1=5(그루)

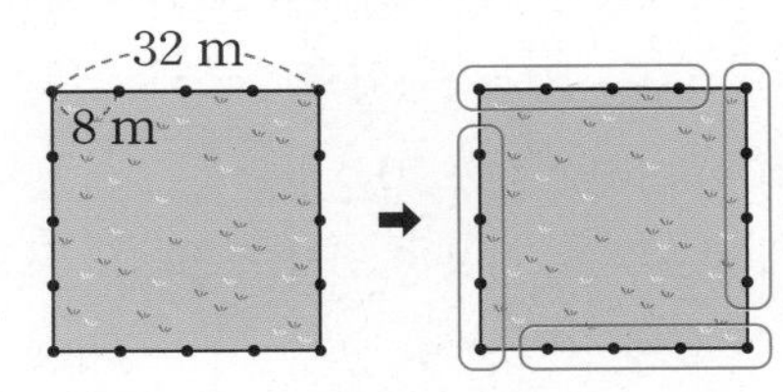

위의 그림처럼 나무를 묶어 보면 잔디밭 둘레에 심을 나무는 4×4=16(그루) 필요합니다.

4 곱셈

유형 01 곱셈식 완성하기

74쪽	1 ❶ 5 ❷ 5, 3 / 5 답 3, 5	
	2 2, 3	3 6, 7, 4
75쪽	4 ❶ 4 또는 9 ❷ 1 답 1, 9	
	5 3, 7	6 8, 6

1 ❶ 6×㉡의 일의 자리 숫자가 0이고
6×5=30이므로 ㉡=5입니다.
❷ ㉠×5+3=18에서
㉠×5=15이므로 ㉠=3입니다.

$$\begin{array}{r} {}^{3} \\ \boxed{㉠}\ 6 \\ \times\quad \boxed{5} \\ \hline 1\ 8\ 0 \end{array}$$

2 〈일의 자리 계산〉
7×㉡의 일의 자리 숫자가 1이고
7×3=21이므로 ㉡=3
〈십의 자리 계산〉
㉠×3+2=8에서
㉠×3=6이므로 ㉠=2

$$\begin{array}{r} {}^{2} \\ \boxed{㉠}\ 7 \\ \times\quad \boxed{3} \\ \hline 8\ 1 \end{array}$$

3 〈일의 자리 계산〉
9×㉡의 일의 자리 숫자가 3이고
9×7=63이므로 ㉡=7
〈십의 자리 계산〉
㉠×7+6=㉢8에서
㉠×7의 일의 자리 숫자가 2이고
6×7=42이므로 ㉠=6, ㉢=4

$$\begin{array}{r} {}^{6} \\ \boxed{㉠}\ 9 \\ \times\quad \boxed{7} \\ \hline \boxed{㉢}\ 8\ 3 \end{array}$$

4 ❶ 4×4=16, 4×9=36이므로 ㉡=4 또는 ㉡=9
❷ • ㉡=4일 때
㉠×4+1=12에서
㉠×4=11을 만족하는 ㉠은 없습니다.

$$\begin{array}{r} {}^{1} \\ \boxed{㉠}\ 4 \\ \times\quad \boxed{4} \\ \hline 1\ 2\ 6 \end{array}$$

• ㉡=9일 때
㉠×9+3=12에서
㉠×9=9이므로 ㉠=1입니다.

$$\begin{array}{r} {}^{3} \\ \boxed{㉠}\ 4 \\ \times\quad \boxed{9} \\ \hline 1\ 2\ 6 \end{array}$$

5 〈일의 자리 계산〉
6×㉡의 일의 자리 숫자가 2이고
6×2=12, 6×7=42이므로 ㉡=2 또는 ㉡=7
〈십의 자리 계산〉
• ㉡=2일 때
→ ㉠×2+1=25에서 ㉠×2=24를 만족하는 ㉠은 없습니다.

$$\begin{array}{r} {}^{1} \\ \boxed{㉠}\ 6 \\ \times\quad \boxed{2} \\ \hline 2\ 5\ 2 \end{array}$$

• ㉡=7일 때

→ ㉠×7+4=25에서

㉠×7=21이므로 ㉠=3

$$\begin{array}{r} {}^{4}\ \ \\ ㉠\ 6 \\ \times\ \ \boxed{7} \\ \hline 2\ 5\ 2 \end{array}$$

6 〈일의 자리 계산〉

●×●의 일의 자리 숫자가 4이고

2×2=4, 8×8=64이므로 ●=2 또는 ●=8

〈십의 자리 계산〉

●=2일 때

$$\begin{array}{r} 5\ 2 \\ \times\ \ \ 2 \\ \hline 1\ 0\ 4 \end{array}$$ (×)

●=8일 때

$$\begin{array}{r} {}^{6}\ \ \\ 5\ 8 \\ \times\ \ \ 8 \\ \hline 4\ 6\ 4 \end{array}$$

▲=6

유형 02 곱의 크기 비교 활용

76쪽	1 ❶ 98, 105 ❷ 99, 100, 101, 102, 103, 104 답 99, 100, 101, 102, 103, 104
	2 205, 206, 207 3 14개
77쪽	4 ❶ 210 / 235 / 188 ❷ 1, 2, 3, 4 답 1, 2, 3, 4
	5 7, 8, 9 6 6

1 ❶ 49×2=98, 21×5=105

❷ 98<■<105에서 ■에 들어갈 수 있는 자연수는 99, 100, 101, 102, 103, 104입니다.

2 34×6=204, 52×4=208이므로

204<□<208에서 □ 안에 들어갈 수 있는 자연수는 205, 206, 207입니다.

3 23×3=69, 12×7=84이므로

69<□<84에서 □ 안에 들어갈 수 있는 자연수는 70부터 83까지의 수이므로 83−70+1=14(개)입니다.

참고

●부터 ■까지의 자연수의 개수: (■−●+1)개

4 ❶ 47을 약 50으로 어림하면

50×5=250>30×7=210이므로

■에 5부터 넣어 보면 47×5=235>210

47×4=188<210

❷ ■에 들어갈 수 있는 수는 5보다 작은 수인 1, 2, 3, 4입니다.

5 53×5=265, 265<39×□에서 39를 약 40으로 어림하면 265>40×6=240이므로

□ 안에 6부터 넣어 보면 265>39×6=234

265<39×7=273

⇨ □ 안에 들어갈 수 있는 수는 6보다 큰 수인 7, 8, 9입니다.

6 18을 약 20으로 어림하면 20×5=100이므로

□ 안에 5부터 넣어 보면 18×5=90<100

18×6=108>100

⇨ 100−90=10, 108−100=8이므로

□ 안에 알맞은 수는 6입니다.

유형 03 곱셈의 활용

78쪽	1 ❶ 골프공: 140개, 야구공: 75개 ❷ 215개 답 215개
	2 168개 3 216팩
79쪽	4 ❶ 105쪽 ❷ 63쪽 답 63쪽
	5 41자루 6 30 cm
80쪽	7 ❶ 4분: 172 m, 3분: 195 m ❷ 367 m 답 367 m
	8 1188 m 9 동생, 1 m

1 ❶ (골프공의 수)

=(한 상자에 들어 있는 골프공의 수)×(상자의 수)

=20×7=140(개)

(야구공의 수)

=(한 상자에 들어 있는 야구공의 수)×(상자의 수)

=15×5=75(개)

❷ (골프공과 야구공 수의 합)=140+75=215(개)

2 염소는 다리가 4개, 오리는 다리가 2개이므로

(염소 23마리의 다리 수)=23×4=92(개)

(오리 38마리의 다리 수)=38×2=76(개)

⇨ (염소와 오리의 다리 수의 합)=92+76=168(개)

3 (한 상자에 들어 있는 우유의 수)=12×3=36(팩)

(6상자에 들어 있는 우유의 수)=36×6=216(팩)

4 ❶ 일주일은 7일이므로

(일주일 동안 읽은 쪽수)=15×7=105(쪽)

❷ (남은 쪽수)=(전체 쪽수)−(일주일 동안 읽은 쪽수)

=168−105=63(쪽)

5 (5상자에 들어 있는 연필의 수)=12×5=60(자루)

(남은 연필의 수)=60−19=41(자루)

6 정사각형은 네 변의 길이가 모두 같으므로

(정사각형을 1개 만드는 데 사용한 철사의 길이)

=(정사각형의 한 변의 길이)×4

=30×4=120 (cm)

⇨ (남은 철사의 길이)=150−120=30 (cm)

7 ❶ (4분 동안 걸어간 거리)=43×4=172 (m)
(3분 동안 걸어간 거리)=65×3=195 (m)
❷ (집에서 태권도 학원까지 걸어간 거리)
=(4분 동안 걸어간 거리)+(3분 동안 걸어간 거리)
=172+195=367 (m)

8 (6분 동안 달린 거리)=84×6=504 (m)
(9분 동안 달린 거리)=76×9=684 (m)
⇨ (집에서 공원까지 자전거를 타고 간 거리)
=(6분 동안 달린 거리)+(9분 동안 달린 거리)
=504+684=1188 (m)

9 (성규가 달린 거리)=52×7=364 (m)
(동생이 달린 거리)=73×5=365 (m)
⇨ 364<365이므로 동생이 365−364=1 (m) 더 많이 달렸습니다.

유형 04 곱셈으로 전체 길이 구하기

쪽	문제	답	문제	답
81쪽	1	❶ 나무, 7 ❷ 168 m [답] 168 m		
	2	375 m	3	344 cm
82쪽	4	❶ 1, 9 ❷ 180 m [답] 180 m		
	5	200 m	6	84 m
83쪽	7	❶ 150 cm ❷ 36 cm ❸ 114 cm [답] 114 cm		
	8	485 cm	9	8 cm

1 ❷ (연못의 둘레)=(나무 사이의 간격)×(간격의 수)
=24×7=168 (m)

2 (간격의 수)=(의자의 수)=75(군데)
(공원의 둘레)=(의자 사이의 간격)×(간격의 수)
=5×75=75×5=375 (m)

> **참고**
> 곱하는 두 수의 순서를 바꾸어 곱해도 계산 결과는 같습니다.
> ●×★=★×●

3 (간격의 수)=(깃발의 수)=8(군데)
(게시판의 둘레)
=(깃발 사이의 간격)×(간격의 수)
=43×8=344 (cm)

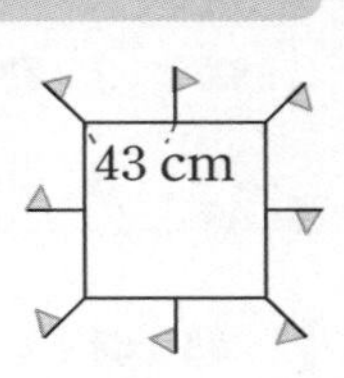

4 ❶ (간격의 수)=(가로등의 수)−1
=10−1=9(군데)
❷ (도로의 길이)=(가로등 사이의 간격)×(간격의 수)
=20×9=180 (m)

5 (간격의 수)=26−1=25(군데)
(도로의 길이)=(가로등 사이의 간격)×(간격의 수)
=8×25=25×8=200 (m)

6 (도로 한쪽에 심은 나무의 수)
=16÷2=8(그루)
(간격의 수)=8−1=7(군데)
⇨ (도로의 길이)=(나무 사이의 간격)×(간격의 수)
=12×7=84 (m)

7 ❶ (색 테이프 5장의 길이의 합)=30×5=150 (cm)
❷ (겹쳐진 부분)=5−1=4(군데)이므로
(겹쳐진 부분의 길이의 합)=9×4=36 (cm)
❸ (이어 붙인 색 테이프의 전체 길이)
=(색 테이프 5장의 길이의 합)
−(겹쳐진 부분의 길이의 합)
=150−36=114 (cm)

8 (색 테이프 8장의 길이의 합)=72×8=576 (cm)
(겹쳐진 부분)=8−1=7(군데)이므로
(겹쳐진 부분의 길이의 합)=13×7=91 (cm)
⇨ (이어 붙인 색 테이프의 전체 길이)
=(색 테이프 8장의 길이의 합)
−(겹쳐진 부분의 길이의 합)
=576−91=485 (cm)

9 (종이테이프 7장의 길이의 합)=24×7=168 (cm)
(겹쳐진 부분의 길이의 합)=168−120=48 (cm)
(겹쳐진 부분)=7−1=6(군데)이고, 겹쳐진 부분의 길이를 □cm라 하면
□×6=48 → □=48÷6, □=8
따라서 종이테이프를 8 cm씩 겹쳐서 이어 붙였습니다.

유형 05 곱의 규칙

쪽	문제	답	문제	답
84쪽	1	❶ 2 ❷ 128마리 [답] 128마리		
	2	104쪽	3	12마리
85쪽	4	❶ 3개 ❷ 11, 33 ❸ 37개 [답] 37개		
	5	43개	6	74개

1 ❶ 2일째에는 1일째의 2배, 3일째는 2일째의 2배가 되므로
규칙: (전날의 세균 수)×2=(다음 날의 세균 수)
❷ (5일째의 세균 수)=8×2×2×2×2=128(마리)

2 날짜: 첫째 날 둘째 날 셋째 날 ……

읽은 쪽수: 13 ? ? ……

×2 ×2

둘째 날에는 첫째 날의 2배, 셋째 날에는 둘째 날의 2배를 읽으려고 하므로

규칙: (전날에 읽은 쪽수)×2=(다음 날에 읽을 쪽수)

⇨ (넷째 날에 읽어야 하는 쪽수)

$=13\times2\times2\times2=104$(쪽)

3 전날의 2배로 수가 늘어나므로 첫째 날의 미생물의 수를 □마리라 하면

둘째 날: (□×2)마리

셋째 날: □×2×2=(□×4)마리

넷째 날: □×4×2=(□×8)마리

□×8=96에서 12×8=96이므로 □=12

따라서 첫째 날에는 미생물이 12마리였습니다.

4 ❶ 3개씩 늘어납니다.

❷ 정사각형 모양이 2개이면 성냥개비는 3개,
정사각형 모양이 3개이면 성냥개비는
$3+3=3\times2=6$(개),
정사각형 모양이 4개이면 성냥개비는
$3+3+3=3\times3=9$(개)…… 늘어납니다.
따라서 정사각형 모양이 12개이면 성냥개비는
$3+3+3+3+3+3+3+3+3+3+3$
$=3\times11=33$(개) 늘어납니다.

❸ 성냥개비가 4개에서 33개가 늘어나므로 필요한 성냥개비는 $4+33=37$(개)입니다.

5 〈삼각형 모양의 수〉 〈늘어나는 성냥개비의 수〉

〈삼각형 모양의 수〉	〈늘어나는 성냥개비의 수〉
2	$2=2\times1$
3	$2+2=2\times2$
4	$2+2+2=2\times3$
⋮	⋮

삼각형 모양을 21개 만들 때 늘어나는 성냥개비의 수:
$2\times20=40$(개)

⇨ 삼각형 모양을 21개 만들 때 필요한 성냥개비의 수:
$3+40=43$(개)

6

〈도화지의 수〉	〈늘어나는 누름 못의 수〉
2	$2=2\times1$
3	$2+2=2\times2$
4	$2+2+2=2\times3$
⋮	⋮

도화지 36장을 붙일 때 늘어나는 누름 못의 수:
$2\times35=70$(개)

⇨ 도화지 36장을 붙일 때 필요한 누름 못의 수:
$4+70=74$(개)

유형 06 수 카드로 곱셈식 만들기

86쪽	1 ❶ 7 / 52 ❷ 364 답 364	
	2 512	3 342
87쪽	4 ❶ 2 / 36 ❷ 72 답 72	
	5 224	6 51

1 ❷ $52\times7=364$

2 4장의 수 카드의 수의 크기를 비교하면 $8>6>4>3$이므로 곱하는 수 몇에 가장 큰 수인 8을 놓고, 남은 수 카드 3장 중 2장을 사용하여 가장 큰 몇십몇을 만들면 64입니다.

⇨ $64\times8=512$

3 곱이 가장 크려면 곱하는 수 ★에 가장 큰 수인 9를 넣고, 곱해지는 수의 일의 자리 수 ◆에 두 번째로 큰 수인 8을 넣어야 합니다.

⇨ $38\times9=342$

4 ❷ $36\times2=72$

5 4장의 수 카드의 수의 크기를 비교하면 $4<5<6<7$이므로 곱하는 수 몇에 가장 작은 수인 4를 놓고, 남은 수 카드 3장 중 2장을 사용하여 가장 작은 몇십몇을 만들면 56입니다.

⇨ $56\times4=224$

6 4장의 수 카드의 수의 크기를 비교하면 $1<3<7<8$이고, 곱하는 수는 1보다 큰 수이므로 곱하는 수에 1보다 큰 수 중에서 가장 작은 수인 3을 놓고, 남은 수 카드 3장 중 2장을 사용하여 가장 작은 두 자리 수를 만들면 17입니다.

⇨ $17\times3=51$

유형 07 어떤 수 활용

88쪽	1 ❶ ×에 ○표, 54 ❷ 324 답 324	
	2 245	3 320
89쪽	4 ❶ 5 ❷ 6 / 6, 30 ❸ 180 답 180	
	5 512	6 36개
90쪽	7 ❶ 4 ❷ 3 / 8, 32 ❸ 256 답 256	
	8 252	9 30개

1 ❶ ■÷6=9 → ■=9×6=54

❷ 어떤 수에 6을 곱하면 $54\times6=324$입니다.

2 어떤 수를 □라 하면

잘못 계산한 식에서 □÷7=5 → □=5×7=35

따라서 바르게 계산하면 $35\times7=245$입니다.

3 어떤 수를 □라 하면
잘못 계산한 식에서 $□ \div 4 = 20$ → $□ = 20 \times 4 = 80$
따라서 바르게 계산하면 $80 \times 4 = 320$입니다.

4 ❶ 큰 수는 작은 수의 5배이므로 (큰 수)$=■ \times 5$입니다.
❷ $■ \times 5$와 ■의 합은 ■가 6개 → $■ \times 6$이고, 두 수의 합이 36이므로 $■ \times 6 = 36$ → $■ = 36 \div 6 = 6$
(작은 수)$=6$이므로 (큰 수)$=6 \times 5 = 30$입니다.
❸ (큰 수)$\times$(작은 수)$=30 \times 6 = 180$

5 두 수 중 작은 수를 □라 하면 큰 수는 $□ \times 8$입니다.
$□ \times 8$과 □의 합은 □가 9개 → $□ \times 9$이고,
두 수의 합이 72이므로 $□ \times 9 = 72$ → $□ = 72 \div 9 = 8$
⇨ (작은 수)$=8$, (큰 수)$=8 \times 8 = 64$이므로
(두 수의 곱)$=64 \times 8 = 512$입니다.

6 초록색 구슬 수를 □개라 하면 빨간색 구슬 수는 ($□ \times 4$)개입니다.
두 구슬 수의 합이 45개이므로
$□ \times 4 + □ = 45$, $□ \times 5 = 45$ → $□ = 45 \div 5 = 9$
⇨ 초록색 구슬이 9개이므로
(빨간색 구슬 수)$=9 \times 4 = 36$(개)입니다.

7 ❶ 큰 수는 작은 수의 4배이므로 (큰 수)$=■ \times 4$입니다.
❷ $■ \times 4$와 ■의 차는 ■가 3개 → $■ \times 3$이고, 두 수의 차가 24이므로 $■ \times 3 = 24$ → $■ = 24 \div 3 = 8$
(작은 수)$=8$이므로 (큰 수)$=8 \times 4 = 32$입니다.
❸ (큰 수)$\times$(작은 수)$=32 \times 8 = 256$

8 두 수 중 작은 수를 □라 하면 큰 수는 $□ \times 7$입니다.
$□ \times 7$과 □의 차는 □가 6개 → $□ \times 6$이고,
두 수의 차가 36이므로 $□ \times 6 = 36$ → $□ = 36 \div 6 = 6$
⇨ (작은 수)$=6$, (큰 수)$=6 \times 7 = 42$이므로
(두 수의 곱)$=42 \times 6 = 252$입니다.

9 참외 수를 □개라 하면 방울토마토 수는 ($□ \times 6$)개입니다.
방울토마토와 참외 수의 차가 25개이므로
$□ \times 6 - □ = 25$, $□ \times 5 = 25$ → $□ = 25 \div 5 = 5$
⇨ 참외가 5개이므로
(방울토마토 수)$=5 \times 6 = 30$(개)입니다.

단원 4 유형 마스터

91쪽	**01** 1, 2, 3, 4	**02** 18, 54, 162	**03** 336쪽
92쪽	**04** 666	**05** 204 m	**06** 378
93쪽	**07** 343	**08** 65 cm	**09** 1시간 57분

01 $28 \times 9 = 252$, $52 \times □ < 252$에서 52를 약 50으로 어림하면 $50 \times 5 = 250 < 252$이므로
□ 안에 5부터 넣어 보면 $52 \times 5 = 260 > 252$
$52 \times 4 = 208 < 252$
⇨ □ 안에 들어갈 수 있는 수는 5보다 작은 수인 1, 2, 3, 4입니다.

02 보기 의 규칙: $3 \times 3 = 9$, $9 \times 3 = 27$, $27 \times 3 = 81$, $81 \times 3 = 243$이므로
(바로 앞의 수)$\times 3 =$(바로 뒤의 수)
⇨ $2 \times 3 = 6$, $6 \times 3 = 18$, $18 \times 3 = 54$, $54 \times 3 = 162$

03 일주일은 7일이므로
(일주일 동안 푼 수학 문제집의 쪽수)
$=12 \times 7 = 84$(쪽)
(4주 동안 푼 수학 문제집의 쪽수)$=84 \times 4 = 336$(쪽)

04 $9 > 7 > 4 > 2$이므로
곱하는 수 몇에 가장 큰 수인 9를 놓고, 남은 수 카드 3장 중 2장을 사용하여 가장 큰 몇십몇을 만들면 74입니다.
⇨ $74 \times 9 = 666$

05 (간격의 수)$=35 - 1 = 34$(군데)
(도로의 길이)$=6 \times 34 = 34 \times 6 = 204$ (m)

06 어떤 수를 □라 하면
잘못 계산한 식에서 $□ + 9 = 51$ → $□ = 51 - 9 = 42$
따라서 바르게 계산하면 $42 \times 9 = 378$입니다.

07 두 수 중 작은 수를 □라 하면 큰 수는 $□ \times 7$입니다.
두 수의 합이 56이므로
$□ \times 8 = 56$ → $□ = 56 \div 8 = 7$
⇨ (작은 수)$=7$, (큰 수)$=7 \times 7 = 49$이므로
(두 수의 곱)$=49 \times 7 = 343$입니다.

08 (달팽이가 1분 동안 실제로 올라간 거리)
$=12 - 3 = 9$ (cm)
(달팽이가 15분 동안 실제로 올라간 거리)
$=9 \times 15 = 15 \times 9 = 135$ (cm)
2 m$=$200 cm이므로
(남은 거리)$=200 - 135 = 65$ (cm)

09
5 m
45 m

$45 \div 5 = 9$(도막)으로 잘라야 하므로
$9 - 1 = 8$(번) 자르고 $8 - 1 = 7$(번) 쉽니다.
(자르는 데 걸리는 시간)$=12 \times 8 = 96$(분),
(쉬는 시간)$=3 \times 7 = 21$(분)
⇨ 96분$+$21분$=$117분$=$60분$+$57분$=$1시간 57분

주의
마지막으로 통나무를 잘랐을 때는 통나무가 모두 잘리게 되므로 쉬는 시간을 생각하지 않습니다.

5 길이와 시간

유형 01 길이 비교, 시간 비교

96쪽	**1** ❶ 500, 53 ❷ ㉡, ㉠, ㉢ 답 ㉡, ㉠, ㉢
	2 찬혁, 우진, 지유 **3** 수목원
97쪽	**4** ❶ 게임하기: 60분, 그림 그리기: 90분, 일기 쓰기: 10분 ❷ 일기 쓰기 답 일기 쓰기
	5 민호 **6** 예림

1 ❶ ㉡ 1 m=100 cm이므로
5 m=500 cm
㉢ 10 mm=1 cm이므로
539 mm=530 mm+9 mm
=53 cm 9 mm
❷ 500 cm>59 cm 3 mm>53 cm 9 mm이므로 길이가 긴 것부터 차례대로 기호를 쓰면 ㉡, ㉠, ㉢입니다.

2 900 mm=90 cm, 1 m=100 cm이므로
90 cm<95 cm 6 mm<100 cm
따라서 길이가 짧은 끈을 가지고 있는 사람부터 차례대로 이름을 쓰면 찬혁, 우진, 지유입니다.

3 7000 m=7 km, 6900 m=6 km 900 m이므로
68 km>7 km 500 m>7 km>6 km 900 m
따라서 민재네 집에서 거리가 가장 먼 곳은 수목원입니다.

4 ❶ • 게임하기: 1시간=60분
• 그림 그리기: 1시간 30분=1시간+30분
=60분+30분
=90분
• 일기 쓰기: 60초=1분이므로 600초=10분
❷ 10분<60분<90분<120분이므로
가장 짧은 시간 동안 한 일은 일기 쓰기입니다.

5 1시간 15분=1시간+15분=60분+15분=75분이므로
150분>85분>75분
따라서 책을 가장 오래 읽은 사람은 민호입니다.

6 2분 2초=2분+2초=120초+2초=122초,
1분 30초=1분+30초=60초+30초=90초이므로
90초<95초<122초<130초
따라서 가장 빨리 달린 사람은 예림입니다.

유형 02 길이의 합과 차 활용

98쪽	**1** ❶ 8 cm 4 mm ❷ 11 cm 9 mm ❸ 20 cm 3 mm 답 20 cm 3 mm
	2 23 cm 8 mm **3** 1 cm 1 mm
99쪽	**4** ❶ 5 cm 7 mm ❷ 24 cm 4 mm 답 24 cm 4 mm
	5 34 cm 6 mm **6** 43 cm 2 mm

1 ❶ 10 mm=1 cm이므로 84 mm=8 cm 4 mm
❷ (빨간색 테이프의 길이)
=(초록색 테이프의 길이)+3 cm 5 mm
=8 cm 4 mm+3 cm 5 mm
=11 cm 9 mm
❸ (두 색 테이프의 길이의 합)
=(초록색 테이프의 길이)+(빨간색 테이프의 길이)
=8 cm 4 mm+11 cm 9 mm
=20 cm 3 mm

2 145 mm=14 cm 5 mm이므로
(노란색 테이프의 길이)
=(파란색 테이프의 길이)−5 cm 2 mm
=14 cm 5 mm−5 cm 2 mm=9 cm 3 mm
⇨ (두 색 테이프의 길이의 합)
=(파란색 테이프의 길이)+(노란색 테이프의 길이)
=14 cm 5 mm+9 cm 3 mm=23 cm 8 mm

3 259 mm=25 cm 9 mm이므로
(짧은 도막의 길이)
=25 cm 9 mm−13 cm 5 mm=12 cm 4 mm
⇨ (긴 도막과 짧은 도막의 길이의 차)
=13 cm 5 mm−12 cm 4 mm=1 cm 1 mm

4 ❶ (가로)=(세로)−8 mm
=6 cm 5 mm−8 mm=5 cm 7 mm
❷ (직사각형의 네 변의 길이의 합)
=(가로)+(세로)+(가로)+(세로)
=5 cm 7 mm+6 cm 5 mm+5 cm 7 mm
+6 cm 5 mm
=24 cm 4 mm

5 (세로)=(가로)+9 mm
=8 cm 2 mm+9 mm=9 cm 1 mm
(직사각형의 네 변의 길이의 합)
=8 cm 2 mm+9 cm 1 mm+8 cm 2 mm
+9 cm 1 mm
=34 cm 6 mm

6 (가로)=(세로)×2
=72×2=144 (mm)
(직사각형의 네 변의 길이의 합)
=144 mm+72 mm+144 mm+72 mm
=432 mm=43 cm 2 mm

유형 03 거리의 합과 차 활용

100쪽	1 ❶ 서점: 2 km 700 m, 은행: 2 km 470 m ❷ 은행 답 은행 2 도서관
101쪽	3 ❶ 15 km 800 m ❷ 7 km 400 m 답 7 km 400 m 4 2 km 700 m 5 2 km 50 m
102쪽	6 ❶ 1 km 710 m ❷ 3 km 310 m 답 3 km 310 m 7 4 km 30 m 8 1 km 350 m

1 ❶ (서점을 거쳐서 가는 길의 거리)
=1 km 620 m+1 km 80 m
=2 km 700 m
(은행을 거쳐서 가는 길의 거리)
=970 m+1 km 500 m
=2 km 470 m
❷ 2 km 700 m>2 km 470 m이므로
은행을 거쳐서 가는 길이 더 가깝습니다.

2 (도서관을 거쳐서 가는 길의 거리)
=1 km 150 m+1 km 800 m=2 km 950 m
(우체국을 거쳐서 가는 길의 거리)
=1 km 700 m+1 km 480 m=3 km 180 m
⇨ 2 km 950 m<3 km 180 m이므로
도서관을 거쳐서 가는 길이 더 가깝습니다.

3 ❶ 5300 m=5 km 300 m이므로
(㉠~㉣)=(㉠~㉢)+(㉢~㉣)
=10 km 500 m+5 km 300 m
=15 km 800 m
❷ (㉠~㉡)=(㉠~㉣)−(㉡~㉣)
=15 km 800 m−8 km 400 m
=7 km 400 m

4 2400 m=2 km 400 m이므로
(㉡~㉢)
=(㉠~㉣)−(㉠~㉡)−(㉢~㉣)
=9 km 600 m−2 km 400 m−4 km 500 m
=2 km 700 m

5 3050 m=3 km 50 m이므로
(㉢~㉣)=(㉠~㉣)−(㉠~㉢)
=4 km 200 m−3 km 50 m
=1 km 150 m
⇨ (㉡~㉣)=(㉡~㉢)+(㉢~㉣)
=900 m+1 km 150 m=2 km 50 m

다른 풀이
(㉠~㉡)=(㉠~㉢)−(㉡~㉢)
=3050 m−900 m=2150 m
2150 m=2 km 150 m이므로
(㉡~㉣)=(㉠~㉣)−(㉠~㉡)
=4 km 200 m−2 km 150 m=2 km 50 m

6 ❶ 1710 m=1 km 710 m
❷ (공원 둘레)
=(진주가 걸은 거리)+(민규가 걸은 거리)
=1 km 600 m+1 km 710 m
=2 km 1310 m=3 km 310 m

7 2130 m=2 km 130 m이므로
(공원 둘레)
=(윤정이가 걸은 거리)+(성호가 걸은 거리)
=2 km 130 m+1 km 900 m=4 km 30 m

8 (두 사람이 달린 거리의 합)
=4 km 500 m+4 km 150 m=8 km 650 m
⇨ (더 달려야 하는 거리의 합)
=10 km−8 km 650 m=1 km 350 m

유형 04 시간의 합과 차 활용

103쪽	1 ❶ 1시간 30분 ❷ 3시간 15분 답 3시간 15분 2 3시간 10분 3 19분 30초
104쪽	4 ❶ 4, 35 ❷ 1시간 40분 ❸ 6시 15분 50초 답 6시 15분 50초 5 4시 5분 15초 6 6시 25분 10초
105쪽	7 ❶ 8시 15분 20초 ❷ 5시 55분 20초 답 5시 55분 20초 8 2시 55분 9 4시 30분

1 ❶ 60분=1시간이므로
90분=60분+30분=1시간+30분=1시간 30분
❷ (컴퓨터 게임을 하는 데 걸린 시간)
+(자전거를 타는 데 걸린 시간)
=1시간 30분+1시간 45분
=2시간 75분=3시간 15분

2 75분=60분+15분=1시간 15분이므로
(올라갈 때 걸린 시간)+(내려올 때 걸린 시간)
=1시간 55분+1시간 15분
=2시간 70분=3시간 10분

3 (연극을 보기 위해 기다려야 하는 시간)
=(연극이 시작하는 시각)−(극장에 도착한 시각)
=4시 10분−3시 50분 30초
=19분 30초

	3	60 / 9	60
	~~4~~시	~~10~~분	
−	3시	50분	30초
		19분	30초

주의
같은 단위끼리 뺄 수 없으면 1분을 60초로, 1시간을 60분으로 각각 받아내림하여 계산합니다.

4 ❷ 60분=1시간이므로
100분=60분+40분=1시간+40분
=1시간 40분
❸ (책 읽기를 마친 시각)
=(책 읽기를 시작한 시각)+(책 읽기를 한 시간)
=4시 35분 50초+1시간 40분
=6시 15분 50초

	1		
	4시	35분	50초
+	1시간	40분	
	6시	15분	50초

5 85분=1시간 25분이므로
(끝나는 시각)=(시작한 시각)+(진행되는 시간)
=2시 40분 15초+1시간 25분
=4시 5분 15초

	1		
	2시	40분	15초
+	1시간	25분	
	4시	5분	15초

6 초바늘이 시계를 한 바퀴 도는 데 걸리는 시간은 60초=1분이므로 50바퀴를 돌았다면 50분이 지난 것입니다.
(수영을 끝낸 시각)=오후 5시 35분 10초+50분
=오후 6시 25분 10초

	1		
	5시	35분	10초
+		50분	
	6시	25분	10초

7 ❷ (영화가 시작한 시각)
=(영화가 끝난 시각)−(영화가 상영된 시간)
=8시 15분 20초−2시간 20분
=5시 55분 20초

	7	60	
	~~8~~시	15분	20초
−	2시간	20분	
	5시	55분	20초

8 (김포국제공항에서 비행기가 출발한 시각)
=(제주국제공항에 도착한 시각)−(비행시간)
=오후 4시−1시간 5분=오후 2시 55분

	3	60
	~~4~~시	
−	1시간	5분
	2시	55분

9 (축구 경기를 하는 데 걸린 시간)
=(전반전 시간)+(쉬는 시간)+(후반전 시간)
=45분+15분+45분=105분
=1시간 45분
(축구 경기를 시작한 시각)
=(끝난 시각)−(걸린 시간)
=오후 6시 15분−1시간 45분=오후 4시 30분

	5	60
	~~6~~시	15분
−	1시간	45분
	4시	30분

유형 05 해가 뜨고 지는 시각의 활용

106쪽	**1** ❶ 9시간 ❷ 오후 1시 30분 답 오후 1시 30분 **2** 오후 2시 15분 **3** 12월 8일 오전 3시 40분
107쪽	**4** ❶ 19 ❷ 14시간 45분 ❸ 9시간 15분 답 9시간 15분 **5** 13시간 44분 **6** 11시간 28분 25초

1 ❶ 서울의 시각은 영국 런던의 시각보다 9시간 빠르므로 영국 런던의 시각은 서울의 시각보다 9시간 느립니다.
❷ (런던의 시각)=오후 10시 30분−9시간
=오후 1시 30분

2 태국 방콕의 시각은 서울의 시각보다 2시간 느리므로
(방콕의 시각)=오후 4시 15분−2시간
=오후 2시 15분

3 뉴질랜드 웰링턴의 시각은 서울의 시각보다 4시간 빠르므로
(웰링턴의 시각)=12월 7일 오후 11시 40분+4시간
=12월 8일 오전 3시 40분

4 ❷ (낮의 길이)=(해가 진 시각)−(해가 뜬 시각)
=19시 55분−5시 10분
=14시간 45분
❸ 하루는 24시간이므로
(밤의 길이)
=24시간−(낮의 길이)
=24시간−14시간 45분
=9시간 15분

```
 23      60
 24시간
− 14시간 45분
   9시간 15분
```

5 오후 5시 21분=17시 21분이므로
(낮의 길이)=17시 21분−7시 5분
=10시간 16분
하루는 24시간이므로
(밤의 길이)=24시간−10시간 16분
=13시간 44분

```
 23      60
 24시간
− 10시간 16분
  13시간 44분
```

6 오후 6시 36분 50초=18시 36분 50초이므로
(낮의 길이)=18시 36분 50초−6시 5분 15초
=12시간 31분 35초
하루는 24시간이므로
(밤의 길이)=24시간−12시간 31분 35초
=11시간 28분 25초

```
 23      59    60
 24시간
− 12시간 31분 35초
  11시간 28분 25초
```

유형 06 고장 난 시계의 시각

108쪽	1 ❶ 12시간 ❷ 12, 12, 108 / 48 ❸ 오후 6시 1분 48초 답 오후 6시 1분 48초 2 오후 4시 2분 3 오후 7시 1분
109쪽	4 ❶ 21분 ❷ 오후 1시 39분 답 오후 1시 39분 5 오후 7시 59분 24초 6 오후 4시 57분 40초

1 ❶ 오늘 오전 6시부터 오후 6시까지는 12시간입니다.
❸ (오후 6시에 시계가 가리키는 시각)
=오후 6시+1분 48초
=오후 6시 1분 48초

2 오늘 오후 4시부터 내일 오후 4시까지는 24시간이고, 한 시간에 5초씩 빨라지므로
(24시간 동안 빨라지는 시간)=5×24=120(초) → 2분
⇨ (내일 오후 4시에 시계가 가리키는 시각)
=오후 4시+2분
=오후 4시 2분

3 오늘 오전 7시부터 내일 오전 7시까지는 하루(=24시간)이므로 40초 빨라지고, 내일 오전 7시부터 오후 7시까지는 12시간이므로 20초 빨라집니다.
(오늘 오전 7시부터 내일 오후 7시까지 빨라지는 시간)
=40초+20초=60초 → 1분
⇨ (내일 오후 7시에 시계가 가리키는 시각)
=오후 7시+1분
=오후 7시 1분

4 ❶ 하루에 7분씩 느려지므로
(3일 동안 느려지는 시간)=7×3=21(분)
❷ (3일 후 오후 2시에 시계가 가리키는 시각)
=오후 2시−21분
=오후 1시 39분

```
  1    60
  2시
−      21분
  1시 39분
```

5 오늘 오전 8시부터 오후 8시까지는 12시간이고, 한 시간에 3초씩 느려지므로
(12시간 동안 느려지는 시간)
=3×12=36(초)
⇨ (오늘 오후 8시에 시계가 가리키는 시각)
=오후 8시−36초
=오후 7시 59분 24초

```
 7    59    60
 8시
−          36초
 7시 59분 24초
```

6 일주일=7일이고, 하루에 20초씩 느려지므로
(일주일 동안 느려지는 시간)
$=20\times7=140$(초) → 2분 20초
⇨ (일주일 후 오후 5시에 시계가 가리키는 시각)
=오후 5시−2분 20초
=오후 4시 57분 40초

```
  4  59  60
  5시
−      2분 20초
  4시 57분 40초
```

유형 07 시간과 거리의 활용	
110쪽	1 ❶ 20, 20 ❷ 3 km 800 m 답 3 km 800 m 2 4 km 200 m 3 20 km 500 m
111쪽	4 ❶ 25 ❷ 14 cm 1 mm 답 14 cm 1 mm 5 15 cm 6 mm 6 186 mm

1 ❶ 1시간=60분이므로
1시간 20분=1시간+20분=60분+20분
=20분+20분+20분+20분
❷ (1시간 20분 동안 달릴 수 있는 거리)
=950 m+950 m+950 m+950 m
=3800 m=3 km 800 m

2 1시간 30분=1시간+30분=60분+30분
=30분+30분+30분이므로
(1시간 30분 동안 달릴 수 있는 거리)
=1 km 400 m+1 km 400 m+1 km 400 m
=3 km 1200 m=4 km 200 m

3 8 km 200 m=4 km 100 m+4 km 100 m이므로
이 자동차는 5분 동안 4 km 100 m를 달릴 수 있습니다.
25분=10분+10분+5분이므로
(25분 동안 달릴 수 있는 거리)
=8 km 200 m+8 km 200 m+4 km 100 m
=20 km 500 m

4 ❶ 3분에 5 mm씩 타므로 $3\times5=15$(분) 동안에는
$5\times5=25$ (mm)만큼 줄어듭니다.
❷ (처음 양초의 길이)
=(남은 양초의 길이)+(15분 동안 탄 양초의 길이)
=11 cm 6 mm+25 mm
=11 cm 6 mm+2 cm 5 mm
=14 cm 1 mm

5 5분에 6 mm씩 타므로 $5\times6=30$(분) 동안에는
$6\times6=36$ (mm)만큼 줄어듭니다.
(처음 양초의 길이)
=(남은 양초의 길이)+(30분 동안 탄 양초의 길이)
=12 cm+36 mm=12 cm+3 cm 6 mm
=15 cm 6 mm

6 1시간=60분, 60분=20분+20분+20분이므로
1시간에 9 mm+9 mm+9 mm=27 mm씩 타는 것과 같습니다.
(3시간 동안 탄 양초의 길이)$=27\times3=81$ (mm)
⇨ (처음 양초의 길이)
=(남은 양초의 길이)+(3시간 동안 탄 양초의 길이)
=105 mm+81 mm=186 mm

단원 5 유형 마스터		
112쪽	01 ㉠, ㉣, ㉢, ㉡ 03 22 cm 3 mm	02 39 km
113쪽	04 오후 1시 5분 40초 06 4시 6분 55초	05 1시간 9분 30초
114쪽	07 찬서 09 오전 9시 2분 30초	08 10시간 30분 48초
115쪽	10 6 cm 1 mm 12 2시간 4분 40초	11 17 cm 2 mm

01 ㉠ 310초 ㉡ 3분 10초=190초 ㉢ 200초
㉣ 4분 50초=290초
⇨ 310초>290초>200초>190초이므로 긴 시간부터 차례대로 기호를 쓰면 ㉠, ㉣, ㉢, ㉡입니다.

02 $10\times3=30$(분)이므로
(30분 동안 달릴 수 있는 거리)$=13\times3=39$ (km)

03 306 mm=30 cm 6 mm이므로
(남은 색 테이프의 길이)
=52 cm 9 mm−30 cm 6 mm
=22 cm 3 mm

04 (KTX가 전주역에 도착한 시각)
=(KTX가 서울역에서 출발한 시각)+(걸린 시간)
=오전 11시 30분 10초+1시간 35분 30초
=13시 5분 40초
=오후 1시 5분 40초

05 (축구를 한 시간)
=(운동장에서 운동을 한 시간)−(줄넘기를 한 시간)
=2시간−50분 30초
=1시간 9분 30초

1	59	60
2시간		
−	50분	30초
1시간	9분	30초

06 세민이가 수영장에 들어간 시각은 5시 15분 10초이므로
(강우가 수영장에 들어간 시각)
=(세민이가 수영장에 들어간 시각)−1시간 8분 15초
=5시 15분 10초−1시간 8분 15초
=4시 6분 55초

	14	60
5시	15분	10초
− 1시간	8분	15초
4시	6분	55초

07 3070 mm=307 cm, 3 m=300 cm이므로
(다예가 사용한 철사의 길이)
=370 cm+307 cm−300 cm=377 cm
⇨ 307 cm<370 cm<377 cm이므로 사용한 철사의 길이가 가장 짧은 학생은 찬서입니다.

08 오후 7시 3분 52초=19시 3분 52초이므로
(낮의 길이)
=19시 3분 52초−5시 34분 40초
=13시간 29분 12초
하루는 24시간이므로
(밤의 길이)=24시간−13시간 29분 12초
=10시간 30분 48초

23	59	60
24시간		
− 13시간	29분	12초
10시간	30분	48초

09 (5일 동안 빨라지는 시간)=30×5=150(초)
→ 2분 30초
⇨ (5일 후 오전 9시에 시계가 가리키는 시각)
=오전 9시+2분 30초=오전 9시 2분 30초

10 349 mm=34 cm 9 mm이고,
(전체 길이)
=(보라색 테이프의 길이)+(주황색 테이프의 길이)
−(겹쳐진 부분의 길이)이므로
(겹쳐진 부분의 길이)
=(보라색 테이프의 길이)+(주황색 테이프의 길이)
−(전체 길이)
=17 cm 5 mm+23 cm 5 mm−34 cm 9 mm
=6 cm 1 mm

11 4분에 7 mm씩 타므로 4×5=20(분) 동안에는
7×5=35 (mm)만큼 줄어듭니다.
(처음 양초의 길이)
=(남은 양초의 길이)+(20분 동안 탄 양초의 길이)
=13 cm 7 mm+35 mm
=13 cm 7 mm+3 cm 5 mm
=17 cm 2 mm

12 시작한 시각: 9시 5분 35초, 끝낸 시각: 11시 10분 15초
이므로
(대청소를 하는 데 걸린 시간)
=11시 10분 15초−9시 5분 35초
=2시간 4분 40초

	9	60
11시	10분	15초
− 9시	5분	35초
2시간	4분	40초

6 분수와 소수

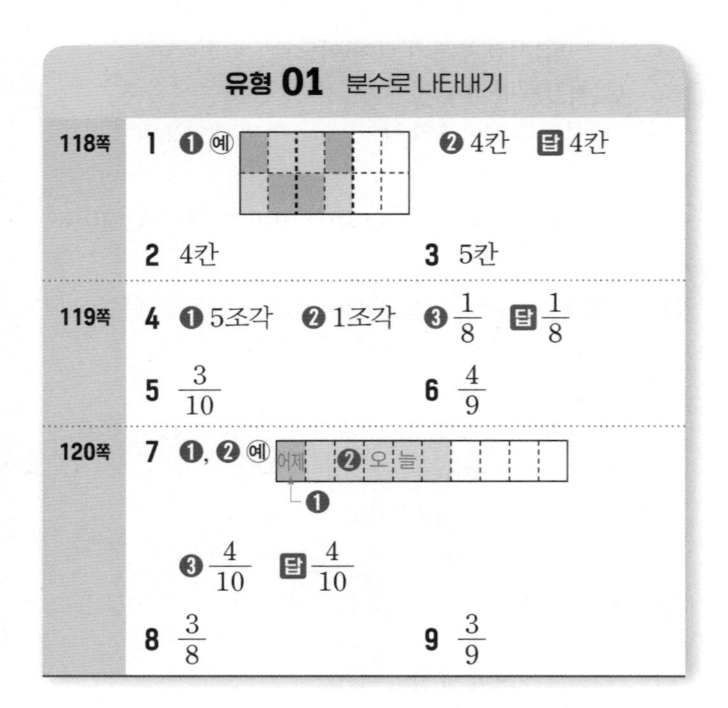

유형 01 분수로 나타내기

118쪽	1 ❶ 예 (그림) ❷ 4칸 답 4칸
	2 4칸 3 5칸
119쪽	4 ❶ 5조각 ❷ 1조각 ❸ $\frac{1}{8}$ 답 $\frac{1}{8}$
	5 $\frac{3}{10}$ 6 $\frac{4}{9}$
120쪽	7 ❶, ❷ 예 (그림) ❸ $\frac{4}{10}$ 답 $\frac{4}{10}$
	8 $\frac{3}{8}$ 9 $\frac{3}{9}$

1 ❷ 색칠한 부분이 전체의 $\frac{2}{3}$가 되려면 8칸이 색칠되어야 하는데 4칸이 색칠되어 있으므로
(더 색칠해야 하는 칸수)$=8-4=4$(칸)

2 전체의 $\frac{3}{4}$은 전체를 똑같이 4로 나눈 것 중의 3이므로 주어진 그림을 똑같이 4로 다시 나누어 3만큼 색칠하면 오른쪽 그림과 같습니다.

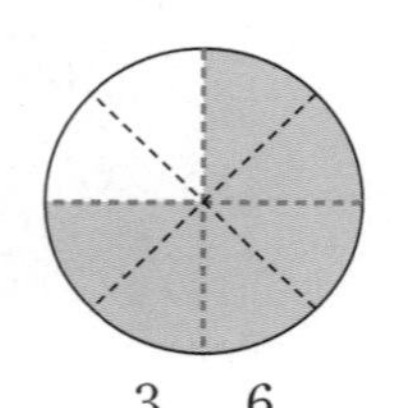

$\frac{3}{4}=\frac{6}{8}$

⇨ 색칠한 부분이 전체의 $\frac{3}{4}$이 되려면 6칸이 색칠되어야 하는데 2칸이 색칠되어 있으므로
(더 색칠해야 하는 칸수)$=6-2=4$(칸)

3 전체의 $\frac{4}{5}$는 전체를 똑같이 5로 나눈 것 중의 4이므로 주어진 그림을 똑같이 5로 다시 나누어 4만큼 색칠하면 오른쪽 그림과 같습니다.

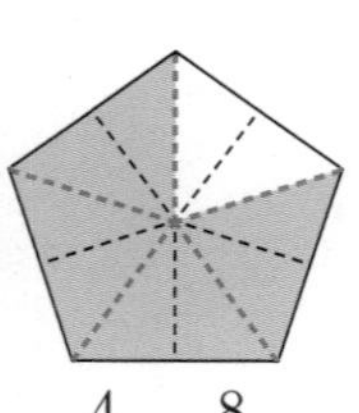

$\frac{4}{5}=\frac{8}{10}$

⇨ 색칠한 부분이 전체의 $\frac{4}{5}$가 되려면 8칸이 색칠되어야 하는데 3칸이 색칠되어 있으므로
(더 색칠해야 하는 칸수)$=8-3=5$(칸)

4 ❶ 전체의 $\frac{5}{8}$이므로 5조각입니다.
❷ 연우가 2조각, 지혁이가 5조각을 먹었으므로
(남은 케이크의 조각 수)$=8-2-5$
$=1$(조각)

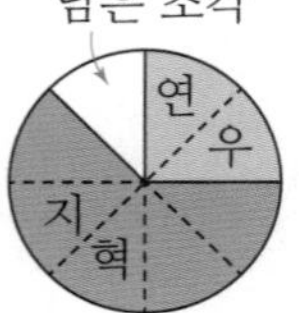

❸ 남은 케이크는 전체 8조각 중의 1조각이므로 전체의 $\frac{1}{8}$입니다.

5 방울토마토를 심은 부분: 4군데,
오이를 심은 부분:
전체의 $\frac{3}{10}$이므로 3군데

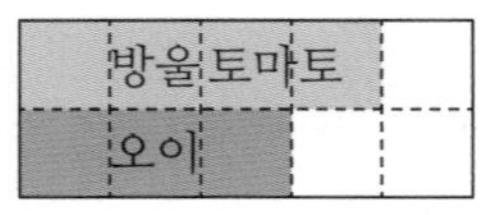

⇨ 방울토마토와 오이를 심지 않은 부분:
$10-4-3=3$(군데)이므로 전체의 $\frac{3}{10}$입니다.

6 초록색으로 색칠한 부분: 1조각,
노란색으로 색칠한 부분:
전체의 $\frac{4}{9}$이므로 4조각

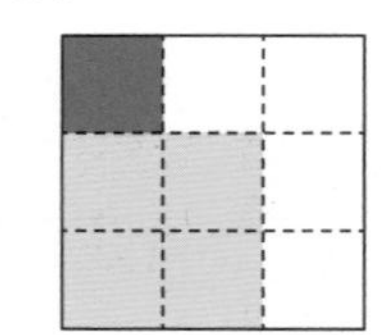

⇨ 색칠하지 않은 부분:
$9-1-4=4$(조각)이므로 전체의 $\frac{4}{9}$입니다.

7 ❶ 전체의 $\frac{1}{10}$ → 전체를 똑같이 10으로 나눈 것 중의 1이므로 1칸을 색칠합니다.
❷ 어제 읽고 남은 양은 9칸이므로
어제 읽고 남은 양의 $\frac{5}{9}$는 5칸입니다.
❸ 어제와 오늘 읽고 남은 양은 전체를 똑같이 10으로 나눈 것 중의 $10-1-5=4$이므로 전체의 $\frac{4}{10}$입니다.

8 미술 시간에 사용한 철사, 동생에게 준 철사를 그림으로 나타내면

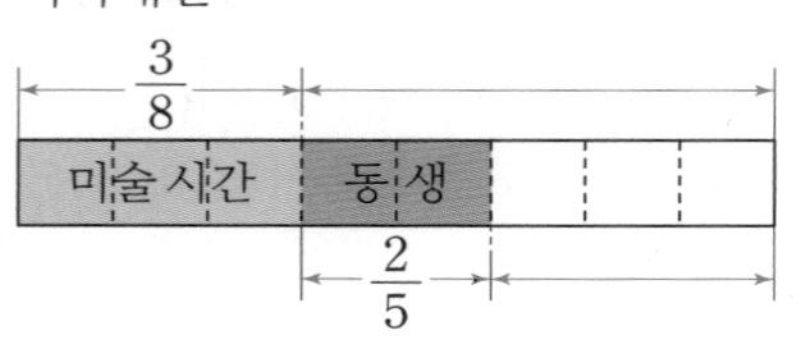

⇨ 지금 우찬이에게 남은 철사는 처음에 가지고 있던 철사를 똑같이 8로 나눈 것 중의 $8-3-2=3$이므로 처음에 가지고 있던 철사의 $\frac{3}{8}$입니다.

9 효민이는 9조각 중에서 2조각을 먹었으므로 초콜릿 한 상자의 $\frac{2}{9}$만큼을 먹었습니다.
효민이가 먹은 초콜릿, 승규가 먹은 초콜릿을 그림으로 나타내면

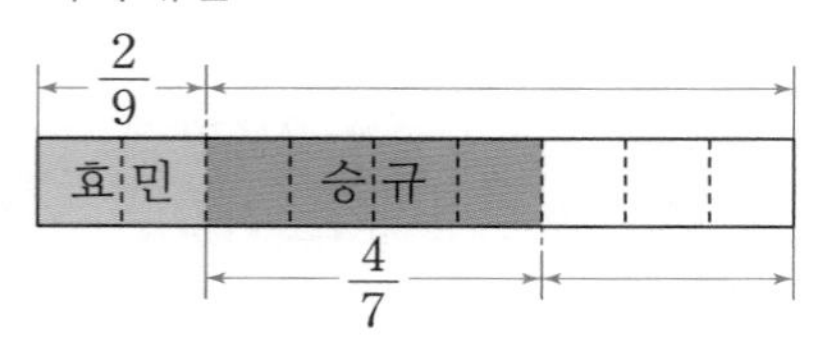

⇨ 초콜릿 한 상자에 초콜릿이 9조각 들어 있고, 효민이와 승규가 먹고 남은 초콜릿은 9조각 중의 $9-2-4=3$(조각)이므로 한 상자의 $\frac{3}{9}$입니다.

유형 02 소수로 나타내기

121쪽	1 ❶ 예 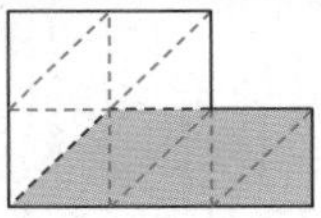 ❷ 0.5 답 0.5 2 0.3 3 0.6
122쪽	4 ❶ 예 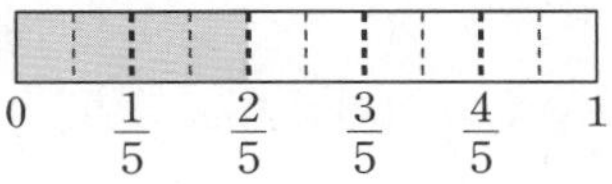 / 4, 0, 4 ❷ 10.4 답 10.4 5 7.5 6 38개
123쪽	7 ❶ 135 mm ❷ 162 mm ❸ 16.2 cm 답 16.2 cm 8 42.9 cm 9 38.3 cm

1 ❷ 색칠한 부분은 전체를 똑같이 10으로 나눈 것 중의 5이므로 $\frac{5}{10}=0.5$입니다.

2 도형 전체를 똑같이 10으로 나누면 오른쪽 그림과 같습니다.

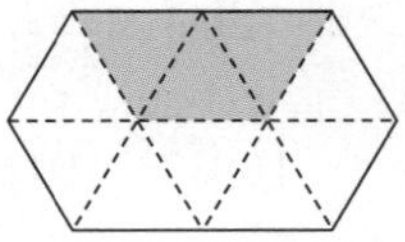

색칠한 부분은 전체를 똑같이 10으로 나눈 것 중의 3이므로 $\frac{3}{10}=0.3$입니다.

3 도형 전체를 똑같이 10으로 나누면 오른쪽 그림과 같습니다.

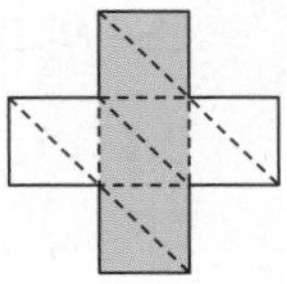

색칠한 부분은 전체를 똑같이 10으로 나눈 것 중의 6이므로 $\frac{6}{10}=0.6$입니다.

4 ❷ 10과 $\frac{2}{5}$는 10과 0.4만큼이므로 소수로 나타내면 10.4입니다.

5 수 막대를 똑같이 10칸으로 나누어 $\frac{1}{2}$을 나타내면

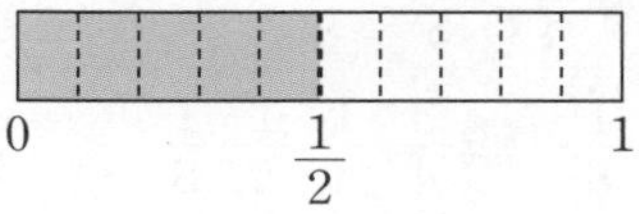

⇨ $\frac{1}{2}=\frac{5}{10}=0.5$

7과 $\frac{1}{2}$은 7과 0.5만큼이므로 소수로 나타내면 7.5입니다.

6 수 막대를 똑같이 10칸으로 나누어 $\frac{4}{5}$를 나타내면

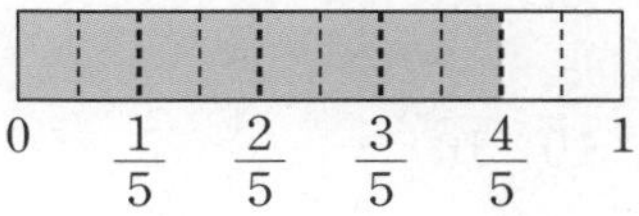

⇨ $\frac{4}{5}=\frac{8}{10}=0.8$

3과 $\frac{4}{5}$는 3과 0.8만큼이므로 소수로 나타내면 3.8입니다.

3.8은 0.1이 38개인 수와 같습니다.

7 ❶ 1 cm=10 mm이므로

13 cm 5 mm=130 mm+5 mm

=135 mm

❷ (빨간 색연필의 길이)

=(파란 색연필의 길이)+27 mm

=135 mm+27 mm=162 mm

❸ 1 mm=0.1 cm이므로

162 mm=16.2 cm

8 (호정이가 가지고 있는 철사의 길이)

=33 cm 6 mm

=330 mm+6 mm=336 mm

(재후가 가지고 있는 철사의 길이)

=(호정이가 가지고 있는 철사의 길이)+93 mm

=336 mm+93 mm=429 mm

⇨ 1 mm=0.1 cm이므로 429 mm=42.9 cm

9 (민우가 가지고 있는 색 테이프의 길이)

=42 cm 8 mm

=420 mm+8 mm=428 mm

(소희가 가지고 있는 색 테이프의 길이)

=(민우가 가지고 있는 색 테이프의 길이)−45 mm

=428 mm−45 mm=383 mm

⇨ 1 mm=0.1 cm이므로 383 mm=38.3 cm

유형 03 수의 크기 비교하기

124쪽	1 ❶ 7.3 ❷ 7.9 ❸ ㉡, ㉢, ㉠ 답 ㉡, ㉢, ㉠ 2 ㉠, ㉢, ㉡ 3 공원, 우체국
125쪽	4 ❶ $\frac{3}{4}>\frac{1}{4}$ ❷ $\frac{1}{4}>\frac{1}{5}>\frac{1}{8}$ ❸ $\frac{3}{4}, \frac{1}{4}, \frac{1}{5}, \frac{1}{8}$ 답 $\frac{3}{4}, \frac{1}{4}, \frac{1}{5}, \frac{1}{8}$ 5 $\frac{1}{11}, \frac{1}{7}, \frac{1}{6}, \frac{5}{6}$ 6 우재, 성아, 다은, 호진
126쪽	7 ❶ $\frac{5}{10}=0.5, \frac{3}{10}=0.3$ ❷ 1, 2 / 0, 7 / 0, 5 ❸ 1.2, 1, 0.7, $\frac{5}{10}, \frac{3}{10}$ 답 1.2, 1, 0.7, $\frac{5}{10}, \frac{3}{10}$ 8 $\frac{2}{10}$, 0.3, $\frac{8}{10}$, 1.1, 1.4 9 새봄, 민승, 다미, 서호
127쪽	10 ❶ $\frac{8}{10}$ cm ❷ 8, 9 / 8, 10 ❸ $\frac{8}{9}$ cm 답 $\frac{8}{9}$ cm 11 3 mm 12 빨간색, 초록색, 노란색

1 ❶ 0.1이 73개인 수: 7.3
❷ 7과 0.9만큼인 수: 7.9
❸ 8.2>7.9>7.3이므로 큰 수부터 차례대로 기호를 쓰면 ㉡, ㉢, ㉠입니다. (8>7, 9>3)

2 ㉠ 4와 0.5만큼인 수: 4.5, ㉡ 0.1이 55개인 수: 5.5
따라서 4.5<5.4<5.5이므로 작은 수부터 차례대로 기호를 쓰면 ㉠, ㉢, ㉡입니다. (4<5, 4<5)

3 우체국: 2와 0.6만큼은 2.6이므로 2.6 km
도서관: 0.1이 28개이면 2.8이므로 2.8 km
공원: 3 km보다 0.1 km 더 먼 거리는 3.1 km
따라서 3.1>3>2.8>2.6이므로 영우네 집에서 가장 먼 곳은 공원이고, 가장 가까운 곳은 우체국입니다.

4 ❶ $\frac{3}{4}$과 $\frac{1}{4}$의 크기를 비교하면 3>1이므로 $\frac{3}{4}>\frac{1}{4}$입니다.
❷ $\frac{1}{5}, \frac{1}{8}, \frac{1}{4}$의 크기를 비교하면 4<5<8이므로 $\frac{1}{4}>\frac{1}{5}>\frac{1}{8}$입니다.
❸ 네 분수의 크기를 비교하면 $\frac{3}{4}>\frac{1}{4}>\frac{1}{5}>\frac{1}{8}$이므로 큰 수부터 차례대로 쓰면 $\frac{3}{4}, \frac{1}{4}, \frac{1}{5}, \frac{1}{8}$입니다.

5 분모가 같은 분수 $\frac{1}{6}$과 $\frac{5}{6}$의 크기를 비교하면 1<5이므로 $\frac{1}{6}<\frac{5}{6}$입니다.
단위분수 $\frac{1}{6}, \frac{1}{7}, \frac{1}{11}$의 크기를 비교하면 11>7>6이므로 $\frac{1}{11}<\frac{1}{7}<\frac{1}{6}$입니다.
따라서 네 분수의 크기를 비교하면 $\frac{1}{11}<\frac{1}{7}<\frac{1}{6}<\frac{5}{6}$이므로 작은 수부터 차례대로 쓰면 $\frac{1}{11}, \frac{1}{7}, \frac{1}{6}, \frac{5}{6}$입니다.

6 분모가 같은 분수 $\frac{4}{9}, \frac{1}{9}, \frac{2}{9}$의 크기를 비교하면 4>2>1이므로 $\frac{4}{9}>\frac{2}{9}>\frac{1}{9}$입니다.
단위분수 $\frac{1}{9}$과 $\frac{1}{10}$의 크기를 비교하면 9<10이므로 $\frac{1}{9}>\frac{1}{10}$입니다.
따라서 네 분수의 크기를 비교하면 $\frac{4}{9}>\frac{2}{9}>\frac{1}{9}>\frac{1}{10}$이므로 사탕을 많이 가진 사람부터 차례대로 이름을 쓰면 우재, 성아, 다은, 호진입니다.

7 ❸ $1.2>1>0.7>0.5\left(=\frac{5}{10}\right)>0.3\left(=\frac{3}{10}\right)$이므로 큰 수부터 차례대로 쓰면 1.2, 1, 0.7, $\frac{5}{10}, \frac{3}{10}$입니다.

8 분수를 소수로 나타내면 $\frac{2}{10}=0.2, \frac{8}{10}=0.8$이므로 소수의 크기를 비교하면 $0.2\left(=\frac{2}{10}\right)<0.3<0.8\left(=\frac{8}{10}\right)<1.1<1.4$입니다.
따라서 작은 수부터 차례대로 쓰면 $\frac{2}{10}$, 0.3, $\frac{8}{10}$, 1.1, 1.4입니다.

9 분수 길이를 소수로 나타내면 $\frac{4}{10}$ m=0.4 m, $\frac{9}{10}$ m=0.9 m이므로 소수의 크기를 비교하면 $2.1>1.9>0.9\left(=\frac{9}{10}\right)>0.4\left(=\frac{4}{10}\right)$입니다.
따라서 가지고 있는 철사의 길이가 긴 사람부터 차례대로 이름을 쓰면 새봄, 민승, 다미, 서호입니다.

10 ❶ 8 mm=0.8 cm이고, 0.8 cm를 분수로 나타내면 $\frac{8}{10}$ cm입니다.

❷ 분자가 같은 분수 $\frac{8}{10}$과 $\frac{8}{9}$의 크기를 비교하면

9<10이므로 $\frac{8}{9}>\frac{8}{10}$입니다.

분모가 같은 분수 $\frac{8}{10}$과 $\frac{7}{10}$의 크기를 비교하면

8>7이므로 $\frac{8}{10}>\frac{7}{10}$입니다.

따라서 세 분수의 크기를 비교하면

$\frac{8}{9}>\frac{8}{10}>\frac{7}{10}$입니다.

❸ 가장 긴 길이는 $\frac{8}{9}$ cm입니다.

11 3 mm=0.3 cm이고, 0.3 cm를 분수로 나타내면 $\frac{3}{10}$ cm입니다.

분수의 크기를 비교하면 $\frac{3}{10}<\frac{4}{10}<\frac{4}{8}$이므로

가장 짧은 길이는 3 mm입니다.

12 10 cm=0.1 m이므로 50 cm=0.5 m이고,

0.5 m를 분수로 나타내면 $\frac{5}{10}$ m입니다.

분수의 크기를 비교하면 $\frac{6}{7}>\frac{6}{10}>\frac{5}{10}$이므로

길이가 긴 털실부터 차례대로 색깔을 쓰면 빨간색, 초록색, 노란색입니다.

유형 04 크기 비교에서 □ 안의 수 구하기

128쪽	1 ❶ 클수록에 ○표 / 5, 8 ❷ 6, 7 답 6, 7	
	2 3, 4, 5	3 5, 6, 7
129쪽	4 ❶ 1, 2, 3, 4, 5, 6 ❷ 4, 5, 6, 7, 8, 9 ❸ 4, 5, 6 답 4, 5, 6	
	5 5, 6	6 4, 5, 6, 7

1 ❶ 단위분수는 분모가 클수록 작은 수이므로

$\frac{1}{8}<\frac{1}{■}<\frac{1}{5}$에서 5<■<8입니다.

❷ ■에는 5보다 크고 8보다 작은 수인 6, 7이 들어갈 수 있습니다.

2 분모가 같은 분수는 분자가 클수록 큰 수이므로

$\frac{2}{7}<\frac{□}{7}<\frac{6}{7}$에서 2<□<6입니다.

따라서 □ 안에는 2보다 크고 6보다 작은 수인 3, 4, 5가 들어갈 수 있습니다.

3 • 단위분수는 분모가 클수록 작은 수이므로

$\frac{1}{□}<\frac{1}{4}$에서 □>4

→ □ 안에는 4보다 큰 수인

5, 6, 7, 8, 9가 들어갈 수 있습니다.

• 분모가 같은 분수는 분자가 작을수록 작은 수이므로

$\frac{8}{11}>\frac{□}{11}$에서 8>□

→ □ 안에는 8보다 작은 수인

1, 2, 3, 4, 5, 6, 7이 들어갈 수 있습니다.

따라서 □ 안에 공통으로 들어갈 수 있는 수는 5, 6, 7입니다.

4 ❶ 6.9>■.5에서 ■=6이면 6.9>6.5이므로

■에는 6보다 작은 수인 1, 2, 3, 4, 5와 6이 들어갈 수 있습니다.

❷ 0.3<0.■에서 자연수 부분이 0이므로

소수 부분의 크기를 비교하면 3<■이어야 합니다.

따라서 ■에는 3보다 큰 수인 4, 5, 6, 7, 8, 9가 들어갈 수 있습니다.

❸ ■에 공통으로 들어갈 수 있는 수는 4, 5, 6입니다.

5 • 8.4<8.□에서 자연수 부분이 같으므로 소수 부분의 크기를 비교하면 4<□이어야 합니다.

→ □ 안에는 4보다 큰 수인 5, 6, 7, 8, 9가 들어갈 수 있습니다.

• 7.2>□.9에서 □=7이면 7.2<7.9이므로

□ 안에는 7보다 작은 수인 1, 2, 3, 4, 5, 6이 들어갈 수 있습니다.

따라서 □ 안에 공통으로 들어갈 수 있는 수는 5, 6입니다.

6 0.1이 53개인 수는 5.3이고,

5와 0.8만큼인 수는 5.8이므로

5.3<5.□<5.8입니다.

자연수 부분이 같으므로 소수 부분의 크기를 비교하면

3<□<8이어야 합니다.

따라서 □ 안에는 3보다 크고 8보다 작은 수인 4, 5, 6, 7이 들어갈 수 있습니다.

유형 05 조건을 만족하는 수 구하기

130쪽	**1** ❶ 1 / 작을수록에 ○표 / 5, 4, 3, 2 ❷ $\frac{1}{3}, \frac{1}{4}, \frac{1}{5}, \frac{1}{6}$ 답 $\frac{1}{3}, \frac{1}{4}, \frac{1}{5}, \frac{1}{6}$ **2** $\frac{1}{7}, \frac{1}{8}, \frac{1}{9}$ **3** $\frac{1}{4}, \frac{1}{5}, \frac{1}{6}, \frac{1}{7}, \frac{1}{8}$
131쪽	**4** ❶ 2.5, 2.9 ❷ 2.6, 2.7, 2.8 답 2.6, 2.7, 2.8 **5** 6.4, 6.5 **6** 4.3, 4.5, 4.7

1 ❶ 단위분수는 분자가 1인 분수입니다.
단위분수는 분모가 작을수록 큰 수이므로
$\frac{1}{7}$보다 큰 단위분수: $\frac{1}{6}, \frac{1}{5}, \frac{1}{4}, \frac{1}{3}, \frac{1}{2}$

❷ $\frac{1}{6}, \frac{1}{5}, \frac{1}{4}, \frac{1}{3}, \frac{1}{2}$ 중에서 $\frac{1}{2}$보다 작은 분수는
$\frac{1}{3}, \frac{1}{4}, \frac{1}{5}, \frac{1}{6}$입니다.

2 단위분수는 분모가 작을수록 큰 수이므로
$\frac{1}{10}$보다 큰 단위분수는 $\frac{1}{9}, \frac{1}{8}, \frac{1}{7}, \frac{1}{6}, \frac{1}{5}, \frac{1}{4}, \frac{1}{3}, \frac{1}{2}$이고,
이 중에서 $\frac{1}{6}$보다 작은 분수는 $\frac{1}{7}, \frac{1}{8}, \frac{1}{9}$입니다.

3 단위분수는 분모가 클수록 작은 수이므로
$\frac{1}{3}$보다 작은 단위분수는 $\frac{1}{4}, \frac{1}{5}, \frac{1}{6}, \frac{1}{7}, \frac{1}{8}, \frac{1}{9}$……이고,
이 중에서 분모가 9보다 작은 분수는 $\frac{1}{4}, \frac{1}{5}, \frac{1}{6}, \frac{1}{7}, \frac{1}{8}$
입니다.

4 ❶ 0.1이 25개인 수: 2.5
2와 0.9만큼인 수: 2.9

❷ 2.5보다 크고 2.9보다 작은 소수 ▲.★은 2.6, 2.7, 2.8입니다.

5 0.1이 66개인 수는 6.6이고, 6과 0.3만큼인 수는 6.3이므로 6.3보다 크고 6.6보다 작은 소수 ▲.★은 6.4, 6.5입니다.

6 $\frac{1}{10}$=0.1이 42개인 수는 4.2이고, 4와 0.8만큼인 수는 4.8입니다.
4.2보다 크고 4.8보다 작은 소수 ▲.★은 4.3, 4.4, 4.5, 4.6, 4.7이고, 이 중에서 ★ 부분이 홀수인 수는 4.3, 4.5, 4.7입니다.

유형 06 수 카드로 소수 만들기

132쪽	**1** ❶ 7, 4, 3, 1 ❷ 7.4 답 7.4 **2** 8.6 **3** 9.2
133쪽	**4** ❶ 2, 4, 6, 8 ❷ 2.4 답 2.4 **5** 1.3 **6** 4.8
134쪽	**7** ❶ 5, 9 ❷ 9 / 1, 3, 5 답 5.1, 5.3, 5.9, 9.1, 9.3, 9.5 **8** 6.4, 6.5, 6.7, 7.4, 7.5, 7.6 **9** 5개

1 ❷ 큰 수부터 차례대로 쓰면 만들 수 있는 가장 큰 소수는 7.4입니다.

2 가장 큰 소수를 만들려면 자연수 부분에 가장 큰 수를, 소수 부분에 두 번째로 큰 수를 놓아야 합니다.
8>6>5>2이므로 만들 수 있는 가장 큰 소수는 8.6입니다.

3 9>7>2>1이므로
가장 큰 소수: 9.7, 두 번째로 큰 소수: 9.2입니다.

4 ❷ 작은 수부터 차례대로 쓰면 만들 수 있는 가장 작은 소수는 2.4입니다.

5 가장 작은 소수를 만들려면 자연수 부분에 가장 작은 수를, 소수 부분에 두 번째로 작은 수를 놓아야 합니다.
1<3<5<9이므로 만들 수 있는 가장 작은 소수는 1.3입니다.

6 4<6<7<8이므로
가장 작은 소수: 4.6, 두 번째로 작은 소수: 4.7,
세 번째로 작은 소수: 4.8입니다.

7 ❶ 수 카드의 수의 크기를 비교하면 9>5>3>1이고, 5보다 큰 소수를 만들어야 하므로
▲에는 5, 9를 놓을 수 있습니다.

❷ 5.★인 소수: 5.1, 5.3, 5.9
9.★인 소수: 9.1, 9.3, 9.5

8 7>6>5>4이고 6보다 큰 소수를 만들어야 하므로
▲에는 6, 7을 놓을 수 있습니다.
⇨ 6.★인 소수: 6.4, 6.5, 6.7
7.★인 소수: 7.4, 7.5, 7.6

9 0<2<4<8이고 4보다 작은 소수를 만들어야 하므로
▲에는 0, 2를 놓을 수 있습니다.
⇨ 0.★인 소수: 0.2, 0.4, 0.8
2.★인 소수: 2.4, 2.8
따라서 4보다 작은 소수를 모두 5개 만들 수 있습니다.

단원 6 유형 마스터

135쪽	01 0.5	02 7, 8, 9	03 $\frac{2}{9}$
136쪽	04 4개	05 $\frac{6}{7}$	06 0.2 m
137쪽	07 $\frac{8}{10}$, 0.6	08 2조각	09 6개

01 도형 전체를 똑같이 10으로 나누면 오른쪽 그림과 같습니다.

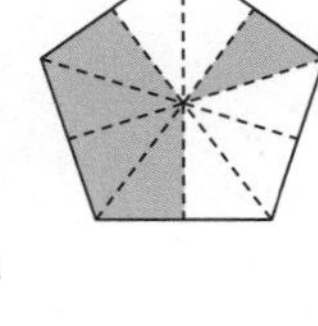

색칠한 부분은 전체를 똑같이 10으로 나눈 것 중의 5이므로 $\frac{5}{10}=0.5$입니다.

02 단위분수는 분모가 작을수록 큰 수이므로 $\frac{1}{10}<\frac{1}{\square}<\frac{1}{6}$에서 $6<\square<10$입니다.
따라서 □ 안에는 6보다 크고 10보다 작은 수인 7, 8, 9가 들어갈 수 있습니다.

03 장미를 심은 부분, 나팔꽃을 심은 부분을 그림으로 나타내면

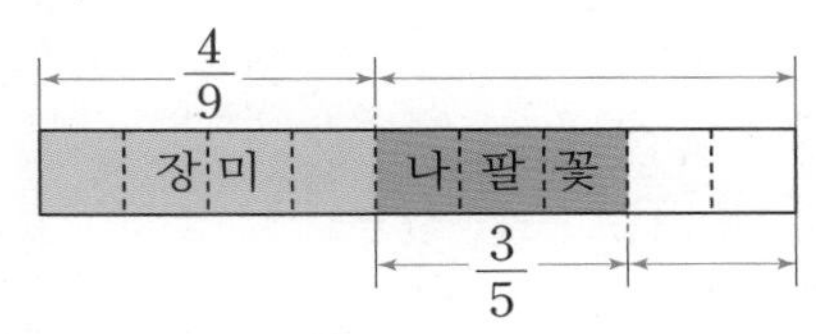

따라서 장미와 나팔꽃을 심고 남은 부분은 전체를 똑같이 9로 나눈 것 중의 $9-4-3=2$이므로 전체의 $\frac{2}{9}$입니다.

04 0.1이 2개인 수는 0.2이고, $\frac{7}{10}=0.7$입니다.
0.2보다 크고 0.7보다 작은 소수 0.★은 0.3, 0.4, 0.5, 0.6이므로 모두 4개입니다.

05 분모가 같은 분수 $\frac{4}{7}$와 $\frac{6}{7}$의 크기를 비교하면 $\frac{6}{7}>\frac{4}{7}$이고, $\frac{1}{9}$과 $\frac{4}{9}$의 크기를 비교하면 $\frac{4}{9}>\frac{1}{9}$입니다.
분자가 같은 분수 $\frac{4}{7}$와 $\frac{4}{9}$의 크기를 비교하면 $7<9$이므로 $\frac{4}{7}>\frac{4}{9}$입니다.
따라서 네 분수의 크기를 비교하면 $\frac{6}{7}>\frac{4}{7}>\frac{4}{9}>\frac{1}{9}$이므로 가장 큰 수는 $\frac{6}{7}$입니다.

06 리본 1 m를 똑같이 10조각으로 나누면 1조각은 $\frac{1}{10}$ m$=0.1$ m입니다.
연재와 해나가 사용한 리본: $3+5=8$(조각)
연재와 해나가 사용하고 남은 리본: $10-8=2$(조각)
따라서 남은 리본의 길이는 0.1 m가 2조각이므로 0.2 m입니다.

07 $\frac{8}{10}=0.8$, $\frac{3}{10}=0.3$입니다.
0.2, 0.8, 1.3, 0.6, 0.3 중에서 0.3보다 큰 수는 0.8, 1.3, 0.6이고, 이 중에서 1보다 작은 수는 0.8, 0.6입니다.
따라서 0.3보다 크고 1보다 작은 수는 $\frac{8}{10}$, 0.6입니다.

08
- 찬희가 먹은 피자: 전체를 똑같이 2로 다시 나누면 오른쪽 그림과 같으므로 전체의 $\frac{1}{2}$은 4조각입니다.

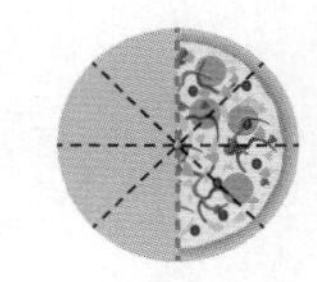

- 유주가 먹은 피자: 전체를 똑같이 4로 다시 나누면 오른쪽 그림과 같으므로 전체의 $\frac{1}{4}$은 2조각입니다.

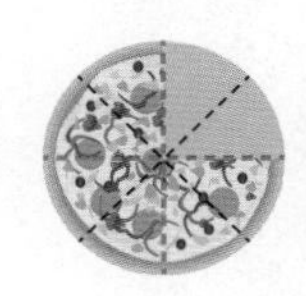

⇨ 남은 피자: $8-4-2=2$(조각)

09 $3<6<7<9$이고 ▲$=6, 7, 9$일 때 6.5보다 크고 9.5보다 작은 소수를 만들 수 있습니다.
⇨ 6.★인 소수: 6.7, 6.9
7.★인 소수: 7.3, 7.6, 7.9
9.★인 소수: 9.3
따라서 6.5보다 크고 9.5보다 작은 소수를 모두 6개 만들 수 있습니다.

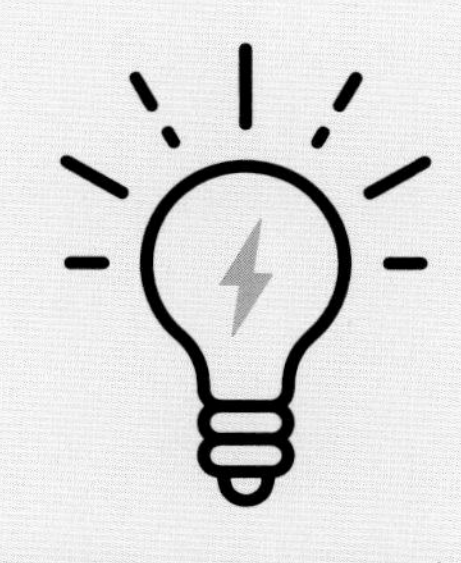

기적의 학습서

오늘도 한 뼘 자랐습니다.

1

정답과 풀이

길벗스쿨